观赏园艺实用生产技术研究

杨春起　主编
程东宇　徐　扬　副主编

中国农业大学出版社
·北京·

内 容 简 介

本书立足于北京市昌平区园林事业发展现状，与生产实践紧密结合，主要体现实用知识和操作技能。内容涉及球根花卉的研究前沿，花卉引种、繁殖、栽培管理、采后技术，以及园林植物、工程、设计方面的实用操作技术。深入浅出，有理有据，是指导生产实践、解决实际问题的专业技术书籍，对拓展基层农业技术人员的业务视野，提升花卉种植、园林植物修剪、园林设计等技术水平有积极的促进作用。适合基层技术人员及园林工作者阅读，为专业技术工作者提供参考。

图书在版编目(CIP)数据

观赏园艺实用生产技术研究/杨春起主编．—北京：中国农业大学出版社，2018.12

ISBN 978-7-5655-2132-4

Ⅰ.①观… Ⅱ.①杨… Ⅲ.①观赏园艺-园艺作物-栽培技术-研究 Ⅳ.①S6

中国版本图书馆 CIP 数据核字(2018)第 255021 号

书　　名　观赏园艺实用生产技术研究

作　　者　杨春起　主编

策划编辑　王笃利　汪春林　　**责任编辑**　洪重光

封面设计　郑　川

出版发行　中国农业大学出版社

社　　址　北京市海淀区圆明园西路 2 号　　**邮政编码**　100193

电　　话　发行部 010-62818525，8625　　读者服务部 010-62732336

编辑部 010-62732617，2618　　出　版　部 010-62733440

网　　址　http://www.caupress.cn　　**E-mail** cbsszs @ cau.edu.cn

经　　销　新华书店

印　　刷　北京鑫丰华彩印有限公司

版　　次　2018 年 12 月第 1 版　　2018 年 12 月第 1 次印刷

规　　格　787×1092　　16 开本　　17 印张　　420 千字

定　　价　46.00 元

主　编　杨春起

副主编　程东宇　徐　扬

编　委　（按姓氏音序排列）

程东宇　邓　明　胡新杰　金　环　李　婷
刘成青　刘　佳　路覃坦　马淑霞　史东霞
宋文雁　孙维娜　王军峰　王新宇　徐　扬
杨春起　杨永华　于号兵　张　岩

序

园林花卉产业具有融经济、社会、生态效益于一体的显著特征，是国家调整农业产业结构、增加农民收入、加快新农村建设重大战略的组成部分。进入21世纪以来，我国的城乡生态文明建设和环境美化建设取得了实质性的进展；我国的花卉产业也由数量型发展步入质量型发展的新阶段。园林花卉科研方面，近十年，高等学校和科研院所，无论是基础研究还是应用基础研究都取得了举世瞩目的成就，为北京城乡的园林生态文明建设和花卉产业发展提供了坚实的理论支撑；也在北京的美化居住环境、优化产业结构、繁荣农村经济、建设美好家园、扩大社会就业等多个方面发挥了重要作用。

今天有幸细读北京市昌平区园林绿化局及其下属单位生产技术人员撰写的论文，深感论文篇数虽然不多，但是涵盖面广，是各位作者深入生产一线，对园林花卉研究工作的总结。这本论文集是在查阅了大量国内外相关资料的基础上而撰写的，既有较强的应用性，也有一定的理论性，充分体现理论与实践的有机结合。难能可贵的是，各位作者在完成本职工作的同时，积极投身于科研中去，解决生产中实际遇到的问题，弥补科研院所研究工作过程中“鞭长莫及的细枝末节”。而正是这些细枝末节影响着城乡景观质量的整体提升以及规模化生产的质量和效益。因此，这本论文集的出版发行意义重大。

愿北京市昌平区园林花卉工作者乃至全国的同行读完这本书后能有所启发，产生思想碰撞的火花，将相关技术总结与提升，促进我国园林花卉事业的进一步发展。

中国农业大学教授

高俊平

2018年8月22日

前　言

为了记述北京市昌平区园林绿化及花卉产业科技工作者的研究成果，试图通过生产一线工作人员在实践与研究基础上，对现有生产技术、研究成果进行一次回顾、梳理与总结，撰写出有质量、有观点、有指导意义的研究论文。为了保留住这笔财富，使其成为今后生产与研究者的依据和参考，故集成现有的研究成果与技术总结编纂成书，让北京市昌平区乃至更大范围的园林工作者得以分享，以鼓励园林一线工作者在现有研究基础上，积极地总结、反思、开拓、创新，在更深层面上开展实践与研究工作。

本书涵盖观赏园艺领域的几个方面，包括球根花卉研究、花卉生产、园林树木养护及工程与设计技术等。在研究我国百合切花和种球产业，以及球根花卉的研究进展基础上，提出百合及球根花卉产业存在的问题，论述我国百合及球根花卉产业的发展趋势，并对百合切花的引种评价、百合种球繁殖技术进行深入的探讨，在实践基础上归纳总结出百合种球繁殖及采后处理技术，是适用于百合切花种植者、种球生产者的良好读物。本书从农业产业结构调整、丰富绿化用花卉种类的角度，详细阐述香草植物、乡土植物、绿化用菊花引种及栽培技术，对增加农民收益、创造区域性独特景观意义深远。本书针对园林设计与施工、道路绿化造景与维护等方面进行解读，并以图文并茂的形式呈现，更加便于工作人员的理解与应用；同时，对北京市昌平区优势盆花生产技术进行介绍，对技术的交流与推广、促进优质高效化栽培和工厂化生产起到积极的推进作用。

由于编者水平有限，时间仓促，书中难免有疏漏和错误之处，恳请业内人士及广大读者给予批评指正。

编　者

2018 年 7 月

目　　录

中国百合及球根花卉产业研究进展

杨春起

北京市昌平区园林绿化局

摘要：花卉产业是集经济效益、社会效益和生态效益于一体，劳动、资金和技术密集型的绿色朝阳产业。百合又是花卉产业中重要的观赏植物，也是世界范围内重要的鲜切花种类之一。本文通过对近年来国内外百合及种球繁育、切花百合生产、球根花卉产业等研究成果的梳理，阐述我国百合切花及种球产业和球根花卉的研究进展，提出百合及球根花卉产业存在的问题，进而论述我国百合及球根花卉产业的发展趋势，对促进我国花卉业的可持续发展及深入研究百合种球繁育、采后打破休眠和贮藏等适应我国百合大规模生产的各个关键技术环节具有重要的理论和现实价值，对于调整农业种植结构、提高农民收入、满足人民对美好生活的需要具有重要意义。

关键词：百合；种球繁育；切花百合；球根花卉

球根花卉(flower bulbs)是指植株地下部分的茎或根变态、膨大并贮藏大量养分的多年生草本植物。由于球根花卉种类丰富、适应性强、栽培容易、管理简便，加之球根种源交流便利，是园林布置中比较理想的一类植物材料，常应用于花坛、花境、水景及基础种植。球根花卉还是切花和盆花的生产中的重要组成部分，如用于切花生产的球根花卉常见的有百合(*Lilium* spp.)、唐菖蒲(*Gladiolus hybrids*)、马蹄莲(*Zantedeschia aethiopica*)等。其中百合切花的销售量在国内外花卉市场上一直名列前茅，居世界第四大切花和中国第三大切花，也是世界范围内重要的鲜切花种类之一[1]。2014 年中国仅百合切花产量就超 20 亿支，即使扣除其中多茬球的使用，每年我国对百合种球的需求仍然超过 4 亿粒。近代，欧美园艺专家利用中国百合资源，通过杂交育种途径培育出多系列观赏百合新品种，这些花色丰富、花形多变、花期较长、多数具有浓郁芳香味的新品种，深受消费者的青睐。中国观赏百合除了应用于切花和盆花生产外，还选用抗逆性强、能自然越冬、花色艳丽的庭院百合品种，用于城市公共绿地和庭园绿化中种植[2]。然而，由于中国生产、贮藏等技术缺乏及国外对种球繁育、采后处理、贮藏等关键技术的限制和高额的技术转让费用，使得改变 80%以上的百合种球需从荷兰等国进口的现状步履艰难，导致我国百合种球的生产成本居高不下，严重受制于人。因此，深入研究球根花卉，特别是百合种球繁育、采后打破休眠和贮藏等适应我国百合大规模生产的各个关键技术环节具有重要的理论和现实意义。

1 百合切花和种球生产、供应现状

中国百合种质资源丰富，是百合的主要起源中心之一，栽培历史已有2 000多年。全世界百合野生种有96个种，其中有47个种18个变种原产中国，占世界百合种类的近1/2，其中有36个种15个变种为中国特有，主要分布在全国27个省(自治区、直辖市)，其中以川西部、滇西北、藏西南种类最多。然而，由于中国经济发展长期未能与世界经济发展同步，更落后于西方发达国家，使得国家对花卉研发资金投入严重不足，制约了中国花卉产业的发展。近些年，伴随着国家经济的高速发展，人民对美好生活的期许日益增长、文化生活的持续改善，对精神文化需求快速提升，花卉的需求不断增加。作为切花中的贵族，百合以其“百年好合”的美好寓意，婀娜多姿的外形赢得消费者的追捧，使得百合切花的需求量迅速攀升。然而，由于我国的百合生产、研究起步较晚，百合切花生产的产业化、百合种球繁育的国产化尚未完成，百合种球的需求主要依赖从荷兰等国家进口，百合产业的发展严重依赖于国外的局面还将持续一段时间。特别是在我国的百合种球的生产繁育、采后处理、贮藏等技术研发严重滞后的背景下，进口百合种球的价格居高不下，迫使花农为降低生产成本，不得不一次购买百合种球，多茬次种植，甚至一次种植多次采收，导致百合病害蔓延，引发农药的过度使用，最终造成对环境不可逆转的污染，严重影响国家土壤和生态安全。从20世纪80年代开始，中国的国家和省市科研部门及大专院校相继开始了百合种质资源调查、品种选育、组培快繁、种球生产等技术研发。2005年以后，观赏百合主要产区开始试探百合种球国产化繁殖技术研发。经过多年的不懈探索，在百合无病毒种球国产化繁殖关键技术等环节取得明显进展，在有限区域及小规模示范区域范围内实现了百合种球的成功生产。然而，就整体而言，要进一步扩大规模和保持长期稳定生产，实现百合种球商品化生产，仍需进一步探索和实践。

对百合种球的国产化繁殖技术的研发迫在眉睫的现实是显而易见的，另一方面对百合种球用途与需求也正在改变。根据有关数据统计，以百合种球为主体用于“种子”的花卉销量同比增长近100.26%，而花坛植物种植面积2015年是2014年的93.65%，转变为2016年比2015年增加9.45%，异军突起的花卉文化节、景观花海、花卉小镇、特色花园、小微绿地、花卉餐厅等花卉旅游项目迅猛发展，花卉旅游项目从最初的薰衣草庄园、月季园、郁金香园、百合园，向打造生态景观花带、各种宿根植物的花海和精致花境转变，花卉与文化旅游结合的产业优势逐渐显现，也为百合种球的需求提供了更大的空间。

1.1 百合切花在鲜切花中的地位

百合是世界范围内重要的鲜切花种类之一。据2012年荷兰花卉拍卖市场切花交易份额(AIPH统计)统计结果(图1.1a)，百合切花的交易额占花卉总交易额的7.0%，位列鲜切花交易的第四位，仅次于荷兰的国花郁金香。我国从20世纪90年代初开始进行百合切花生产，有近30年历史。1990年以前，作为切花栽培的百合品种尚未在我国推广，市场上销售的百合切花基本上来自以荷兰为代表的国外进口，市场价格最高卖到28元/支。直到1990年以后，随着我国花卉产业的快速发展，百合鲜切花在市场上的地位开始得到生产者和科研工作者的关注。据中国花卉协会2006年统计，全国花卉种植面积430 000 hm^2，其中百合鲜切花种植面积2 300 hm^2，占花卉总种植面积的0.5%，比1996年的6 hm^2增加了383倍，生产切花5亿支，实现了百合鲜切花市场的部分自给。据农业部统计2012年中国切花交易份额中，百合切花占20.0%跃升到第二位(图1.1b)，2013年百合切花种植面积增加到了9 989 hm^2，生产百合切花17.2亿支，百合鲜切花实现了自给，也走进了平民百姓家中。我国切花百合主要生产地除集中在云南、辽宁凌源老产区外，又向广东、浙江、江苏连云港、福建南平等新区发展。百合切花生产面积不断增加，切花质量也不断提高，经济效益稳定。中国百合切花生产实现了从无到自给自足，百合产业在弹指之间实现了跨越式发展，百合产业的市场地位是显而易见的。但是，在梳理着百合产业飞速发展数据的同时，我们还必须看到由于种球繁育和产业研发的严重滞后，百合产业发展依赖于国外的现状没有改变，百合种球依赖进口的业态没有改变，品种单一、生产成本高、种植风险高的现状没有改变。

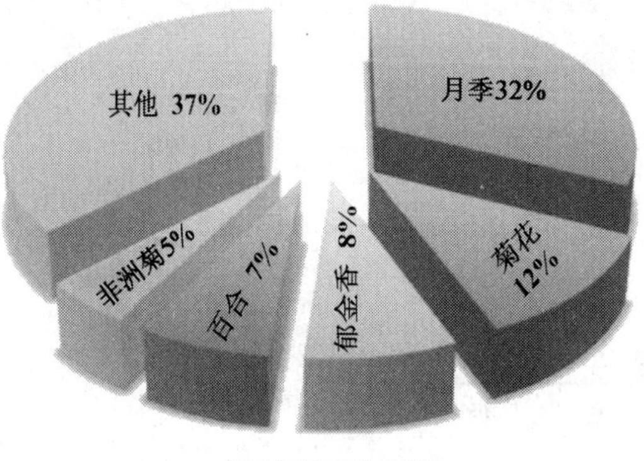

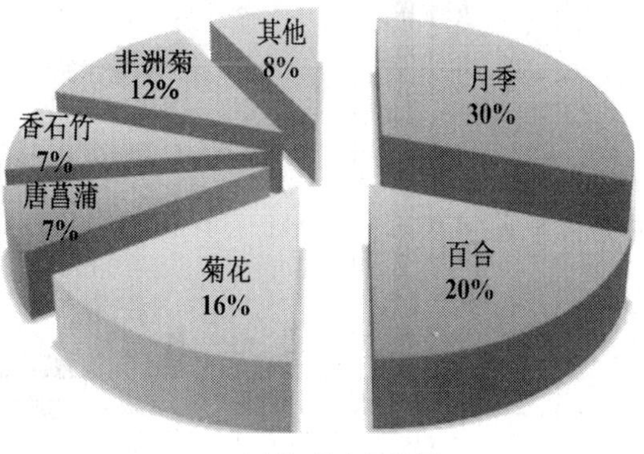

图1.1　2012年荷兰和中国切花交易份额

盆栽百合生产规模小，市场上不多见，仅是年宵花卉中的一个新类型。盆栽百合以东方百合、OT百合、LA百合和亚洲百合中的早花品种为主，生长周期短，株形矮化紧凑，花期一致性强，容易包装，适合远距离运输。生产基地主要集中在北京、上海、广州等大城市周边，有较好的发展前景。

我国庭院百合生产尚处于起步阶段，发展势头强劲。庭院百合花期长，花姿优雅别致，花色艳丽。每年开花季节举办百合花卉展览，宣传与普及百合花文化，引来成千上万的观众参观游览，带来丰厚的经济效益和社会效益。

早在2 000多年前中国古人就将百合球茎作为药用植物使用，总结出百合具有清肺润燥、滋阴清热的药用功效。从距今约500多年的明代就开始了食用百合栽培。当今全国已形成以甘肃兰州百合、江西万载百合、湖北隆回龙牙百合、江苏宜兴百合为中心的国家级百合产区，百合加工方式和商品生产也日趋多样化。

1.2　中国主要切花百合生产区分布

中国幅员辽阔、地理纬度跨度大，土壤、水文条件适宜开展百合切花和种球生产的地域较多。经过多年的不断探索，各个地区根据自己地域的气候、土壤、水文、基础设施条件和经济现状，研究总结出适合各地区百合切花生产技术和种球种植及多茬次生产技术，形成了跨越中国南北各具特色的不同百合产区。例如，主要产区分布在云南昆明(嵩明、大哨)、会泽、沅江、玉溪，辽宁凌源、沈阳，江苏连云港，福建南平，广东惠州，浙江海宁，北京昌平(图 1.2)。这些产区全年生产百合切花 16.5 亿支，百合切花产量占全国的 80%以上，种植二茬、三茬以上的种球 11 亿粒，自繁球 0.8 亿粒，进口百合种球 4.3 亿粒，种球繁育占全国的 90%以上。云南百合产区的花农，将进口百合种球使用二茬、三茬甚至多茬，也有的花农和百合生产企业种植一季后，将百合种球收获、低温处理解除休眠，然后进行低温贮藏，降低了百合种球采购成本，取得了较好的经济效益。辽宁百合产区的花农主要进行二、三茬百合切花生产，总结出了二、三茬百合切花高效种植技术。

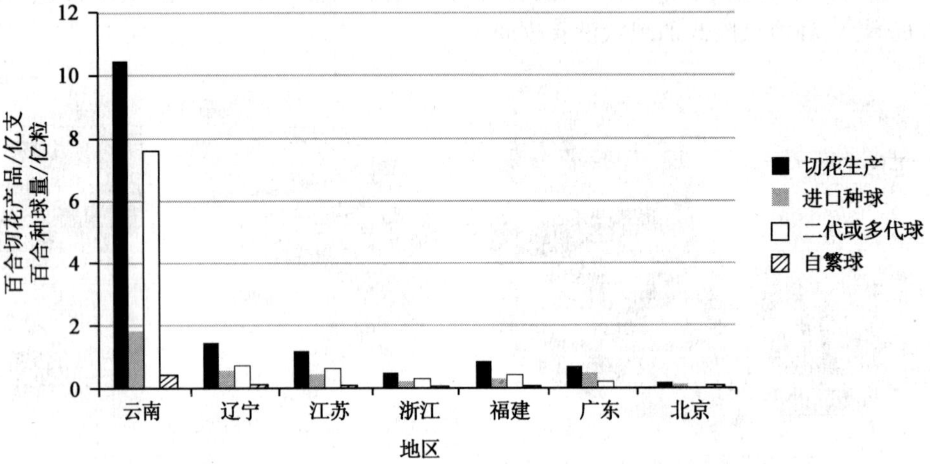

图 1.2　全国主要百合产区数据统计

1.3　北京百合产业发展现状

北京是全国的主要花卉消费市场，仅百合切花年需求量就超过 5 800 万支，而北京自产的百合鲜切花市场占有率不足 20%。截至 2014 年，全市花卉生产面积 4 667 hm^2，其中设施面积 750 hm^2，年产值 11 亿元，年销售收入 7.9 亿元，出口创汇 344 万美元。昌平区自 2003 年开始百合切花生产，2006 年以后进入快速增长期，最高时百合切花产量接近 800 万支(图 1.3)。昌平区集成北京科技资源优势，与中国农业大学合作，自 2006 年开始进行种球繁育技术研究，先后承担了北京市重大科技项目、农业推广项目、星火项目及国家百合科技示范区等项目。昌平区利用西部地区光照、风力资源丰富的优势，确定了在高海拔地区繁殖百合种球，低海拔地区进行百合切花生产的总体布局，引进荷兰种球专利品种繁殖许可，自 2007 年开始研发种球繁育关键生产技术和脱毒百合种球隔离种植、鳞片扦插、籽球繁育、商品球生产、采后处理及贮藏关键技术，探索出一条适合北京地区的百合种球规模化生产的系统技术体系。2012 年百合种球产量达到了 700 余万粒，降低了百合种球进口依赖程度，进而影响了进口百合种球的价格。由于百合种球国产化的快速推进，以及人民币的升值和欧元的贬值，使得荷兰进口的百合种球价格下降了近 30%。面对国产种球与进口种球价格相差不多，而质量却略逊一筹的情况下，国产种球生产企业面临减产、停产、转产的痛苦抉择。另外，人工成本的不断攀升也是不可回避的诱因，北京地区最低工资标准已从 2006 年的 860 元/(人・月)，上调至 2016 年的 1 890 元/(人・月)。以上种种原因使得国产百合种球生产从 2013 年开始下滑。因此，降低国产百合种球繁育的生产成本、提高产品质量尤为重要。

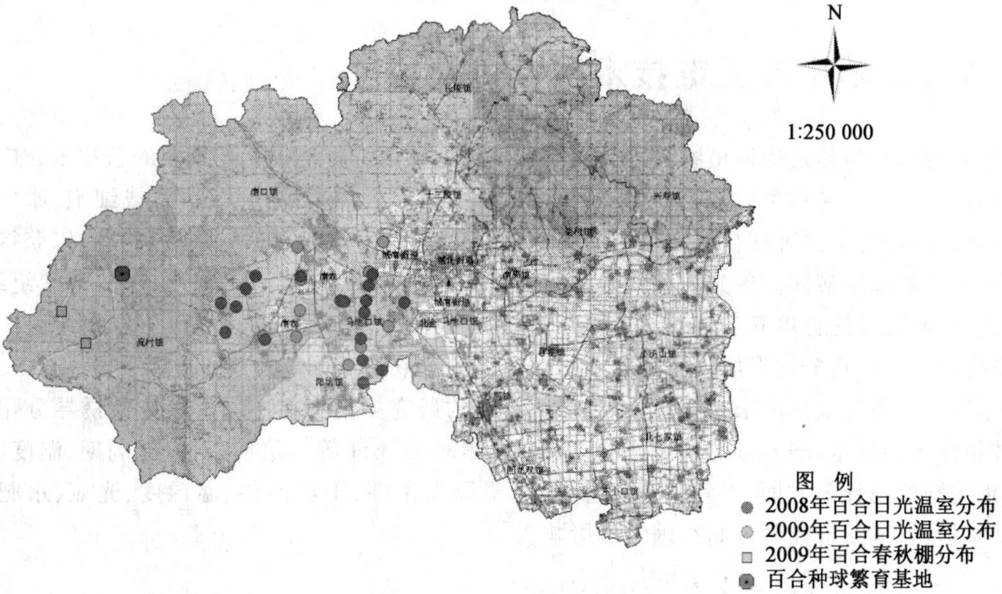

a.昌平区百合生产基地分布

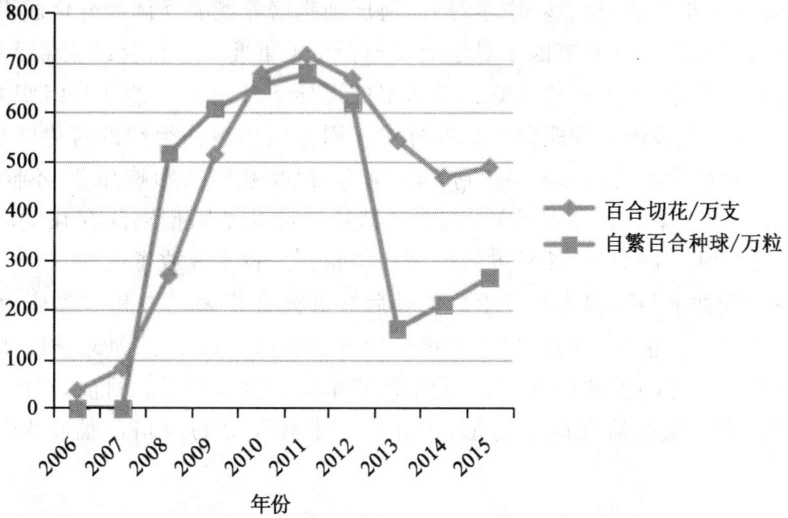

b.百合产量变化趋势

图 1.3 北京市昌平区百合产业数据统计

非首都功能疏解给北京花卉商品的交易与流通带来局部阵痛和暂时波动。据统计数据，全国花卉市场 2016 年较 2015 年减少 191 个，北京花卉市场 2016 年较 2015 年减少 5 个。终端花卉市场减少的原因一方面是在疏解整治的背景下，由于拆迁改造，2014 年北京莱太花卉市场正式拆移缩减，2015 年北京通厦花卉市场关停，2016 年北京玉泉营花卉市场(部分展厅)、山东日照海曲园艺等也因为城市规划建设而关停。另一方面则是虚拟花店、多功能商铺、电商、微商等多种销售方式的快速发展，使得花卉销售对实体市场的依赖性逐渐降低，花卉销售的多样性替代了传统花卉市场的部分功能，花卉产业的新业态正在悄然形成。由于百合产业的特殊性，其面临的与生产、包装、储运、快递等新业态融合的挑战更加严峻。

2 百合鳞茎生产关键技术研发进展

植物的组织培养是依据植物细胞具有全能性这个理论进行植物无性繁殖的新技术。广义的植物的组织培养又称离体培养，系指从植物体分离出符合需要的组织、器官或细胞、原生质体等，在无菌条件下接种在含有植物所需各种营养物质及植物激素的培养基上培养，以获得再生的完整植株或生命体。狭义的植物组织培养是指用植物各部分组织，如形成层、薄壁组织、叶肉组织、胚乳等进行培养获得再生植株，也指在培养过程中从各器官上产生愈伤组织的培养，愈伤组织经过再分化形成再生植物。组织培养是获取脱毒百合鳞茎的重要手段。自Robb首次培养百合鳞茎成功以来[3]，关于百合组织培养的研究多集中在不同外植体的诱导分化能力，外植体灭菌技术，培养基的配方（蔗糖浓度、激素种类、pH等），培养条件（光周期、温度等）和体细胞胚的诱导等方面[4-6]。脱毒籽球栽培，受隔离条件、土壤条件、温湿度、光照、水肥管理、栽培措施、病虫害控制等制约因素的影响。

2.1 百合籽球组培繁育技术研究

百合不同部位（花托、叶片、茎、鳞茎等）的薄层细胞培养能够受调控分化成不同器官[7]，活性炭和蔗糖等添加物及生长调节因子对于成功与否至关重要[8]。百合细胞悬浮体系中得到的原生质体也可用于再生，原生质体细胞在毒莠定的诱导下产生可见的愈伤组织并继续分化成苗，小苗能够直接入土栽植无须驯化[9]。通过对不同外植体愈伤组织的再生转化效率进行评估，发现36个栽培品种的再生率从0%到89%不等，但受基因型影响显著，不同来源（花丝和鳞茎）的外植体的再生率没有显著差异，而在外植体来源和基因型之间存在关联[10]。百合鳞片的接种部位以鳞茎下段为好，接种方式以鳞片竖直插入较平放放置为好[11]。

组培苗在田间抽茎与否很大程度上影响其后续的光合积累能力和对养分、水分的吸收能力。同样大小的组培苗抽薹的膨大速度大约快于不抽薹的一倍[12]。因此，提高组培苗抽薹率对于加快百合商品种球的繁育速度，及降低生产成本具有重大意义。目前，国内外对百合组培苗抽薹相关的生理机制的研究尚不清楚，实际生产中有关提高组培苗抽薹率的研究更未见报道。

2.2 百合鳞茎发育影响因素研究

百合鳞茎发育过程中受到各种环境因素的影响，如温度、光照。同时，也会受到内部因素的影响，如激素。在百合鳞茎的栽培过程中，各种栽培技术对其生长会产生不同的影响，如施肥、种植深度、去蕾处理等[13,14]。

光照和温度作为两个重要的生物环境影响因子，在百合的生长种植过程中起到重要的调节作用。当花蕾长至7 cm时去除叶片，1 200 lx光照强度下，60%的花蕾可以发育成花，而无光环境下则全部落蕾[15]。引起上述差异的原因可能是光照的差异[16]。

高温或者强光对百合叶的伤害较大，同样，环境湿度对百合生长的影响也很大。百合是喜湿的植物，土壤轻微的缺水便可导致百合叶片的萎蔫失水，甚至能造成更严重的不可逆性后果[17]。土壤湿度也不宜过大,否则容易造成百合地下鳞茎的腐败[18]。百合生长对空气中的相对湿度也有一定的要求,适宜百合生长的空气相对湿度为80%~85%。

适当的肥料能够有效促进百合鳞茎膨大和充分发育[13]。不同的生长周期内和不同的生长季节里百合对肥料的种类和用量要求有所不同。在百合的各个器官中,氮、磷、钾的分布随着生长时期呈现出一定规律性,幼期叶片为主,后期鳞茎为主,茎叶比重减少[19]。鳞片生成、鳞茎发育时,合理施肥可以促进鳞茎抽薹,并且促进茎根的发育[20]。

百合籽球的栽植深度和籽球的大小呈正相关,适当的加深种植深度可以显著提高鳞茎繁殖系数,并可以有效地防止鳞茎退化和花期的推迟。种植带茎根的百合时,栽植深度应该超过鳞茎的2倍高度,若是没有茎生根的百合则应该栽植浅些[21]。

去蕾可以有效促进百合鳞茎增大增重,同时可以使新鳞茎形成时间提前[22]。去蕾时间应该以花蕾伸出顶端2~3 cm为宜,或以长叶数为依据,在植株长出60片以上且日平均气温在25℃以下为宜[23,24],以避免造成损伤,从而影响鳞茎的营养生长。

百合栽培过程中应该注重对各种病虫害的防治。百合在栽培过程中常遇到的病害包括灰霉病、病毒病和各种生理性病害。在种植前应该认真检查并及时清除被侵染的籽球。同时应对土壤进行消毒处理,而且避免连作,以免造成病害的发生及传播。栽培过程中应注意百合根系的发育情况,并给予适当强度的充足光照,以免造成芽干缩的现象。此外,注意调节土壤的pH,及时追施矿物质肥料,并合理安排种植密度,可以有效减少各种生理性病害的发生[25]。

2.3 百合鳞片繁育技术研究

百合鳞片繁殖具有低成本、易操作和高繁殖率的特点,是百合繁殖最为快捷、经济的方法[26]。百合鳞片扦插的主要影响因素来自内因和外因两个方面。内因方面主要包括扦插百合种的差异性,扦插时鳞片的取材部位等;外因方面主要包括外界培养的温度、湿度、光照质量和强度以及激素处理、培养基质、消毒处理、扦插手法等[27]。

百合具有广泛的种质资源,且不同品种间的差异较大,这种差异性决定了百合培养环境的复杂性,在其快繁条件严格控制的情况下,其种的差异性更加显著[28]。不同百合品种由于其遗传组成的差异性和自身生理生化水平上的差异性导致鳞片扦插成球率和生根成活率的明显差异[29,30]。对东方百合Sorbonne(索邦)和Siberia(西伯利亚)、亚洲百合Navona(白天使)和麝香百合Snow queen(雪皇后)4种材料的扦插特性进行研究,发现东方百合Siberia的出芽率最高[31]。对5种铁炮百合研究表明,相同培养条件下,成活率和平均繁殖系数存在明显差异[30]。对兰州百合、细叶百合、丹东布朗百合鳞片扦插过程中发现影响百合鳞片扦插成活的主要因素是百合种类[31]。

在百合扦插过程中,取材的部位和取材的方法也是影响扦插效果的重要决定因素。鳞片不同部位上的分化能力存在差异,形成小鳞茎的效力也各有不同[32]。由于所含营养成分的差异,越接近中心部位的鳞茎越轻,所以利用外部和中部的鳞片进行扦插效果较好[19]。百合鳞茎形成小鳞茎的能力差异表现在扦插后鳞片的腐烂程度,由外到内层鳞片的腐烂率由高到低,小鳞茎增殖数由高到低依次为中层、内层和外层,因此扦插选取中层鳞片最佳[34]。亚洲百合品种外层鳞片扦插繁殖效果最好,内层鳞片较差[35]。

鳞片扦插方式分为整叶扦插和切割后扦插,不同的扦插方式对扦插效果的影响也有所不同。将每个鳞片平均切分成若干小块进行培养时,每个小块形成小鳞茎的能力也有所不同[3]。

Toro 和 Siberia 切去 1 cm 鳞片顶尖后，小鳞茎的结实率显著提高[36]。切割扦插的有效长度为不超过 1/3，鳞片的“二等分”能够提高繁殖系数和成苗率[37]。用刀切割和用手掰的方式对鳞茎进行切割，其栽培后小鳞茎生成数有明显差异，前者高于后者[38]。对东方百合索邦鳞片进行纵切，切割处理后的鳞片小鳞茎发生率、繁殖系数、直径、根数、根长都显著高于未切割的鳞片[39]。相比而言，整叶扦插繁殖系数较高，而且腐烂率较低[34,40]。

扦插的基质配方和基质的条件是影响扦插的因素之一。有研究表明，纯细河沙、沙和草炭 1∶1 以及沙、草炭和壤土 1∶1∶1，三种扦插基质对鳞片生籽球数目、球茎大小、根数、叶片数均无显著影响[41]。但另有研究表明，采用沙土、原土和锯末混合的方式配制扦插基质，对鳞片的生根有极显著的影响，小鳞茎生根后长出的苗也较为健壮，移栽成活率较高[27,42]。扦插百合鳞片的繁殖系数随着珍珠岩含量的增加有较大程度的提高，但是形成的小鳞茎的增长量逐渐变小，而使用腐殖土却呈现出相反的趋势[37]。锯木屑埋片处理最有利于提高繁殖系数和生根数量，形成的小鳞茎个体较大，萌发率高[43]。泥炭＋珍珠岩和泥炭＋沙的两种混合基质是最适用于龙牙百合的扦插基质[44]。

扦插时用适当浓度的植物生长调节剂进行处理，可以明显地提高扦插效率。不同的浓度和不同的处理时间下，扦插的结果有较大差距。植物生长调节剂处理各因素的影响效力为：激素种类＞处理时间＞浓度[43]。吲哚丁酸（IBA）显著地促进鳞片扦插过程中小鳞茎的形成，而赤霉素（GA3）处理有利于获得个体较大、外形周正的小鳞茎[45]。200 mg/L 的 IBA 处理，小鳞茎发生率、繁殖系数、直径、根数、根长都显著高于 100、300 mg/L 浓度处理[40]。300 mg/L 的萘乙酸（NAA）可以显著提高百合鳞片的扦插效率[46]，而 100 mg/L NAA 溶液处理能明显提高成球率和生根率[47]。NAA 处理增加了鳞片的腐烂率，但是 300 mg/L 的 IBA 的处理可以有效提高小鳞茎的生成[48]。索邦以外层鳞片用 100 mg/L NAA 处理扦插结果最好，而西伯利亚以外层鳞片用 150 mg/L 细胞分裂素（6-BA）处理扦插结果最好[49]。麝香百合在 1 mg/L 6-BA＋1 mg/L NAA 处理下能够提高鳞片的扦插繁殖系数，同时低浓度的 GA3 促进植株的生长，而高浓度则抑制其生长[50]。在东方百合鳞片扦插中用 300 mg/L NAA 在鳞片扦插前速蘸比 1 mg/L NAA 在鳞片扦插后多次喷施效果更好，更有利于鳞片的繁殖[51]。用营养液浸种后扦插鳞片有利于提高小鳞茎分化率和整齐度[52]。

扦插鳞片的生根和小鳞茎的形成要求最大的环境条件是温度[53]。鳞片繁殖中，小鳞茎形成的数目受温度影响，形成小鳞茎数目最多的温度为 23℃[54]。昼温为 20～25℃，夜温为 10～15℃时，最适宜百合的生长。百合鳞片扦插时，高温高湿更加有利于鳞片的生长[39,53]。小鳞茎生根萌叶的能力与土壤温度、小鳞茎大小及成熟度有关，较大的鳞茎对较高温度处理比较敏感[19]。麝香百合鳞片形成小鳞茎最佳温度是 23℃[54]。扦插前，对百合进行适当的低温处理有助于提高成功率。亚洲百合 Toro 和东方百合 Siberia 的鳞片扦插在 2～4℃处理一个月后，结球率和小鳞茎生叶率均有所升高[37]。

光照条件会影响百合的籽球的形成，不同百合品种鳞片扦插对光照的反应不同，并受多重因子的影响。细叶百合鳞片 25℃扦插的最佳光照条件是遮光黑暗[39]。东方百合 Siberia 和 Sorbonne 的鳞片小鳞茎在黑暗条件下的诱导率明显高于光下的诱导情况[55]，但是这种黑暗处理会造成繁殖系数的降低[46]。

3 百合鳞茎休眠解除技术研究进展

影响百合鳞茎休眠的环境因素有温度、光照、水分及激素等，其中，高温、短日照、水分亏缺可加速百合鳞茎的休眠。解除休眠常用的方法可以分为物理方法和化学方法两大类。物理方法包括低温处理，高温处理，温水浸泡去除皮膜和切割鳞茎等；化学方法包括使用激素和生长调节剂、乙醇、硫化物处理等[56]。目前常用的方法主要是低温处理。

3.1 百合鳞茎高温处理

储藏温度影响种球的休眠[57]。秋植鳞茎通常可以通过高温处理解除休眠。进入休眠的鳞茎，由于没有经过充分的高温处理，就不能正常发芽。休眠通过变温处理也可以解除，通常先经短期的低温(0～5℃)或短期的高温 (28～32℃)处理后，然后在合适的温度下黑暗储藏，可以缩短休眠期。同样，在冷凉地区生长的百合鳞茎高温处理的效果比在温暖地区生长的效果好。亚洲百合与铁炮百合一样，低温处理之前采用温汤处理有利于鳞茎以后的生长发育[58]。东方百合与亚洲百合一样属于冬季休眠型，但与亚洲百合相比，东方百合的鳞茎成熟期较晚，最早收获期在 10 月下旬，鳞茎没有经过高温期就进入低温休眠阶段，因此，在进行东方百合促成栽培时可直接进行低温处理而不需要温汤处理[59]。

3.2 百合鳞茎低温处理

百合鳞茎由于类群多，品种丰富，因此鳞茎打破休眠的温度需求也不尽相同。不同品种对于低温的感应程度不同。东方百合属于冬季休眠的种类，一般在鳞茎成熟以后从秋季开始进入休眠阶段，由于鳞茎成熟晚，没有经过高温期就直接进入休眠。1～10℃的低温均能打破休眠[60]，低温处理时间越长，鳞茎萌发的时间越早越整齐[61]。在实际生产中，多采用低温层积处理，温度一般为 5℃左右，需要 2～3 个月。这需依据其生活周期而采取相应的对策[62]。亚洲百合鳞茎进入休眠以后，必须低温处理才能够解除休眠，低温是打破休眠和诱导花芽分化的重要因素[63]。打破亚洲百合鳞茎休眠的有效温度在 15℃以下。通常，鳞茎收获以后，在 14℃以下预冷 2 周，然后放在 2～8℃的低温处理 8～10 周，可以有效地缩短种植到开花的天数，提高开花率[58]。

3.3 百合鳞茎植物生长调节剂处理

化学方法主要是采用外施激素的方法。植物激素和其他一些化学物质都有调节休眠的作用。此前已有报道的多为外源赤霉素(GA3)处理。GA3 处理的鳞茎没有出现淀粉降解和可溶性碳水化合物含量增加等变化[64]。用低浓度的乙烯利(CEPA)处理药百合后，不但加快了休眠解除，而且可以使其开花提前[65]。化学药剂结合低温处理增加了其打破休眠的效应，而药剂二次处理能在一次处理的基础上促进鳞茎的萌发，缩短发芽时间，使开花提前[66]。GA3 浸泡部分代替了冷处理的效果，但 GA3 只有和低温结合应用才能完全解除休眠。中低浓度的 GA3(0～200 mg/L)和低浓度的 CEPA (30 mg/L)处理冷藏的香水百合鳞茎后发现，鳞茎内可溶性糖、可溶性蛋白质和淀粉含量较高，处理后的百合鳞茎有利于解除休眠[67]。在 2℃条件下，GA3 处理兰州百合二级鳞茎发芽时间由 105 d 缩至 90 d，而 ABA 处理三级鳞茎发芽时间由 95 d 延长至 115 d。外源 GA3 处理加快鳞茎内物质变化，而外源 ABA 处理延缓了鳞茎内的物质变化[68]。

目前，对百合鳞茎休眠生理的研究已从形态、生理水平深入碳水化合物、激素及酶等物质代谢、细胞超微结构和分子水平。新一代测序技术的发展也为阐明百合低温休眠，淀粉代谢途径提供了大量数据，同时激素代谢、DNA 甲基化和能量代谢途径都参与其中[69-75]。

4　百合鳞茎贮藏技术研发进展

贮藏是控制百合鳞茎休眠的有效方法，也是调控百合鳞茎种植时间，实现百合切花周年供应的必要措施。因此，百合鳞茎的贮藏技术问题备受关注。

4.1　百合鳞茎贮藏设施功能

利用国产种苗冷库对百合鳞茎安全贮藏期进行了检验，结果表明从冷库性能和贮藏处理技术两方面来看，基本达到了安全贮藏 10 个月的目标，说明符合设计要求的国产冷库可以承担百合鳞茎安全贮藏的更大规模试验[76]。百合鳞茎的冷藏需用专用冷藏室，冷藏室温度即使是很微小的差异都可能引起百合鳞茎冻害或发芽，从而影响冷藏效果。冷藏室必须安装自动慢速通风装置，有一定的空气环流和良好的制冷能力[77]。

4.2　百合鳞茎贮藏前处理措施

鳞茎采收后立即进行低温处理，鳞茎会有较高的发芽率。若将鳞茎先在室温下干燥贮藏 1～3 周，再进行低温处理，发芽率会急剧降低。如果将低温处理的时间适当延长，鳞茎的发芽率会明显提高[78]。鳞茎采收后的清洗、分级、包装及冷处理打破休眠是长期冷藏前的重要工作。泥炭与锯末是百合冷藏的优良介质，介质的蒸汽消毒效果明显优于药液消毒[79]。冷藏室中箱与箱之间需要保持适当空间，放置时遵循以下原则：上不靠顶，下不靠地，箱不靠墙，箱不靠箱，从而保持良好通风透气性，使整个冷藏室温度均匀，保持相对一致[77]。在实际生产中，不同产地的鳞茎，休眠程度也不同。在冷凉地区生产的鳞茎休眠较浅，而温暖地区生产的鳞茎休眠较深。一般来说，商业化生产用的亚洲系百合和东方系百合鳞茎采用的冷处理温度和时间范围分别是 4℃处理 6～8 周和 4℃处理 10～12 周[18]，其中 5℃处理 3 个月更适合东方百合鳞茎打破休眠[80]。

4.3　百合鳞茎贮藏中的环境调控

中国农业科学院作物品种资源所以 1.5～2.0 cm 高的百合组培苗为试材，于 16～18℃、光照 1 000 lx、光照时间 8 h 的条件下保存，结果显示附加 2%甘露醇的 MS 培养基离体保存百合种质效果最好，存活率达 92.9%[81]。荷兰农科院植物育种繁殖研究中心将百合鳞茎在 −2℃ 条件下冷藏了 3 年，仍未丧失活力[82]。由室温降到冷藏温度不应该一蹴而成，而应是一个循序渐进的过程，如果降温幅度太大，可能会导致百合鳞茎的冻害。由室温逐渐降到适宜的冷藏温度时间一般不超过 7～10 d[77]。一般来说，百合鳞茎贮藏期越长，能开花的花芽数就会减少，导致脱落的花芽数就会增加。东方百合杂种系和麝香百合杂种系冷藏超过7个月就有可能会发芽或发生冻害，而亚洲百合杂种系一般冷藏1年以内较为合适，若贮藏时间太长将减少花芽数并会导致早期落蕾[83]。且新生芽距离鳞茎顶2/3处进行冷藏要优于新生芽与鳞茎顶高度一致进行冷藏，并且此模式可将贮藏时间延长到12个月[80]。

5 百合鳞茎休眠解除机制研究进展

休眠是一个复杂的生理过程，它是指任何含有分生组织的植物结构其可见生长的暂时停止[84]，是植物在进化中形成的一种对环境条件和季节性气候变化的生物学适应和驯化的结果，以生长活动暂时停止为表现的一系列积极发育过程[66]。

百合鳞茎具有自然休眠特性，若休眠解除不彻底，种植后会出现发芽率低和盲花的现象[63]，因此打破休眠是百合种植中的关键问题。百合组培苗在离体培养过程中是逐渐进入休眠状态的，形成小鳞茎后必须要经过低温处理解除休眠后才能够在田间萌发。因此在种植前，必须打破百合鳞茎的休眠。百合生产用的鳞茎一般为前一年生产的，已经解除休眠。但这些鳞茎由于贮藏时间过长，消耗大量养分，易萌发，易感染病菌或腐烂，致使鳞茎质量降低，生产成本提高。所以实现百合的促成栽培及百合切花的周年供应，其关键在于快速打破百合鳞茎的休眠。因此，百合鳞茎的休眠机理一直备受学者的关注。

5.1 环境因素对百合鳞茎休眠解除的影响

目前解除百合鳞茎休眠最有效的方法是低温冷藏[85]。低温解除休眠不仅需要适宜的温度，还要持续一定的时间。Aung[86]研究指出低温处理持续时间将影响鳞茎植物开花所需要的时间，开花的比例和花的质量。对百合鳞茎进行合理的低温处理，可打破百合的休眠，缩短生育期，促进花芽分化，并使植株营养生长旺盛，叶面积增大，形成花多、花大、切花重增加，提高切花质量和商品率[87]。有研究表明，伊贝母鳞茎端的叶和花芽分化完成之后需要一定时期的低温处理才能萌发，低温处理时间长短对其休眠解除程度及植株生长发育有明显的影响[88,89]。

现阶段对低温处理可解除鳞茎休眠的机理还不十分清楚[87]。低温作用下鳞茎解除休眠是生长促进物质和生长抑制物之间的相互作用，或包括营养元素在内的相互作用共同控制的[90]。鳞茎休眠不仅与鳞茎内激素的绝对含量有关系，更与各激素间的平衡作用有关，特别是生长促进激素与生长抑制激素间的比例及平衡作用。一般认为，内源生长素、赤霉素、细胞分裂素和生长抑制物质在解除鳞茎休眠中起重要作用。低温作用引起鳞茎内源激素水平变化，而其生理生化变化最终导致鳞茎解除休眠是一个复杂的问题[91]。

5.2 生理生化方面的研究

低温下多糖向蔗糖的转化是具有贮藏器官的植物的一个共同特征[92]。在休眠导入期糖类物质主要以淀粉的形式存在，而休眠解除过程中，碳水化合物转化为可利用态。蔗糖是可溶性糖的主要成分，还原糖的含量与解除休眠有密切关系。低温处理过程中鳞茎内可溶性糖含量增加，干物质含量下降，同时淀粉含量也下降。可溶性总糖和蔗糖含量随着冷藏时间的延长均呈不断升高的趋势[93]。另有研究发现，贝母鳞茎解除休眠过程中，还原糖含量升高，还原糖升高到一定值，鳞茎打破休眠。离体培养的小鳞茎在休眠解除过程中蔗糖是主要的可溶性糖，葡萄糖和果糖含量很低[79]。不同鳞片层来看，冷藏初期外层鳞片的淀粉含量最高，经过5个月的长期冷藏，百合内层鳞片的淀粉含量明显高于中层和外层[93]。在低温处理过程中，百合各部分的蔗糖含量有一个先升高后降低的过程，而在休眠解除时，子鳞茎和生长点的蔗糖、葡萄糖含量达到最高，果糖含量最低[94]。4℃冷藏过程中百合鳞茎淀粉含量明显下降，可溶性糖、蔗糖和还原性糖含量呈上升趋势[95]。

氨基酸是植物休眠变化的敏感指示者。鳞片中蛋白质含量越高，鳞茎所处的休眠程度越低，萌发所需要的时间越少。低温作用下鳞片中可溶性蛋白质含量增加是鳞茎解除休眠的内在的因素之一[96]。低温贮藏期间百合鳞茎中的游离氨基酸中含量最高、变化最大的是精氨酸。顶芽的氨基酸含量和精氨酸含量随贮藏温度的升高而增加。在贮藏过程中，鳞茎盘的氨基酸含量下降，顶芽和贮备组织中含量有着明显升高的过程[97]。

酶是影响代谢的基本因素，是活细胞内能催化生化反应的生物催化剂，酶的活性变化是植物体生理活性变化的具体反映。伊贝母鳞茎的α-淀粉酶活性、可溶性糖含量和鳞茎解除休眠之间表现了明显的相互关系和时间顺序。低温作用开始后，更新芽的含水量和过氧化物酶活性，以及鳞片的过氧化物酶和IAA氧化酶活性均迅速下降，40 d后开始上升[89]。兰州百合鳞茎分别在2℃、6℃、8℃下保湿贮藏100 d，在冷藏过程中的鳞茎内酚类物质含量呈增加趋势[97]。百合鳞茎中的α-淀粉酶活性显著高于β-淀粉酶活性，并且较大鳞茎的淀粉酶活性高于较小鳞茎的[98]。离体再生的小鳞茎中，未休眠鳞茎的过氧化物酶活性和过氧化物酶、同工酶的数量高于休眠鳞茎的[99]。CAT、POD、SOD的活性在冷藏第一周下降极显著，而α-淀粉酶在第3周出现峰值[100]。GA3参与诱导卵叶韭更新芽萌发和α-淀粉酶的合成，以及促进α-淀粉酶的分泌[101]。随着休眠的解除，百合POD活性、PAL活性和总酚含量下降，PPO活性升高，POD及PAL活性的变化趋势与总酚含量一致，因而它们可能是调控鳞茎休眠的关键酶之一[102]。SOD活性在细叶百合冷藏2～6周呈下降趋势，6～12周后逐渐增加[103]。通过低温处理打破细叶百合鳞茎休眠后，鳞茎休眠解除过程中鳞茎各个部位总可溶性糖含量与蔗糖、葡萄糖含量及淀粉磷酸化酶(SP)、SS、α-淀粉酶及β-淀粉酶活性都存在显著或极显著的正相关性，糖类代谢成为鳞茎休眠解除的物质基础[104]。

5.3 内源激素方面的研究

在球根休眠和打破休眠的动态变化中，激素的变化是非常复杂的[105]。各种植物激素对于休眠的作用不是独立的，它们之间表现出复杂的互作关系[63]。鳞茎的休眠与高水平的抑制物有关，其中以脱落酸(ABA)为主[87]。在低温作用过程中鳞茎ABA含量很低。ABA参与休眠的建立和维持，并存在于休眠组织和正在进入休眠的器官中。ABA可能是引起休眠最重要的激素，但其含量的动态变化又不一定与休眠状态一致，因而可能是ABA与其他激素的平衡作用更为重要。麝香百合在4.5℃条件下贮藏80 d的过程中，GA含量无明显变化，而ABA含量略有增加[107]。休眠百合与发芽百合中ABA的水平差异很小，ABA含量与小鳞茎的休眠没有相关性[108,109]。

细胞分裂素(CTK)是一种生长促进物质，在休眠种子胚中的含量很低，打破休眠萌发过程中逐渐增加，对休眠芽和种子的萌发具有重要的作用[110]。鳞茎在低温作用过程中CTK活性增高。休眠可能与CTK含量水平有关，并且在不同的品种中变化趋势有所差异[111]。对打破休眠种子萌发的研究中发现GA促进萌发的作用受ABA的拮抗，而CTK可以清除ABA的抑制作用。ZR和GA3在内、外层鳞片内含量变化规律不明显，这两种激素对黄天霸百合打破休眠的作用不明显[95]。

低温下鳞茎解除休眠过程中赤霉素(GA)的变化研究报道比较多。低温作用下鳞茎中GA活性增高，赤霉素发生着自由态和束缚态的转变，以及鳞茎各组织部分中GA含量的变化[86]。外施GA可以完全或部分代替低温的作用[112]。在唐菖蒲上球茎成熟后GA的含量并不处于最低水平。对花魔芋块茎的研究中发现，当脱落酸含量升高或保持较高水平时，GA3含量下降或保持较低水平，花魔芋块茎趋向休眠或保持休眠状态；当脱落酸下降，而GA3上升时休眠向结束的方向发展，当二者的比值(ABA/GA3)降到3左右时休眠结束，顶芽具有萌发力[105]。卵叶韭更新芽休眠的解除主要受控于内源激素GA3含量的上升和ABA含量的下降以及GA3/ABA值的上升[101]。随着百合鳞茎休眠的解除，鳞茎各部位中GA3/ABA、IAA/ABA、ZT/ABA的变化趋势较为相似。芽中各激素比值在整个处理期呈现降低—升高的变化过程，而根中各激素呈上升趋势。GA3、IAA和ABA是激素中对百合鳞茎休眠解除起主要作用的激素[110]。

6 球根花卉的休眠机理研究

6.1 球根花卉的概念

球根花卉是指具有地下贮藏器官的观赏植物，地下贮藏器官为花卉季节性的生长与发育提供养分和水分。根据地下贮藏器官的形态与功能可分为：鳞茎、球茎、块茎、根状茎、块根等[113]。球根花卉大多属于单子叶植物，少数属于双子叶植物。根据采收部位的不同，球根花卉的生产分为切花生产(花葶采收)、盆花生产(整株采收)、种球生产(底下球根的采收)。球根花卉在花卉产业中占有重要地位，其商品深受消费者青睐，如百合、郁金香、唐菖蒲等都是极其重要的商业切花，很多球根花卉也是备受欢迎的盆花植物，如朱顶红、球根秋海棠等，在环境绿化和花园布置中广泛应用。

单子叶植物亚纲百合科(Liliaceae)百合属(*Lilium* L.)所有种类的植物总称为百合(*Lilium* spp.)。百合以其切花装饰之精美与丰富的艺术内涵，逐渐成为“球根花卉之王”[114]。全世界百合属植物约96个种，主要分布在北半球的温带和寒带地区。中国是百合的起源中心，北起黑龙江，东南至台湾、西南至云南和西藏，西至新疆均有广泛分布，起源于中国的百合属植物有47个种和18个变种，其中有36个种15个变种为中国所特有。同时，中国也是最早应用和栽培百合的国家。中国种植百合有上千年的历史，公元3世纪初，东汉代医学家张仲景在《金匮要略》中已详述百合的药用价值。南北朝后梁宣帝曾赞美百合花：“接叶多重，花无异色，含露低垂，从风偃柳。”16世纪中后期，明朝《平凉县志》记载，兰州百合在甘肃作为名药栽培。1578年，李时珍在《本草纲目》中记载并辨别了百合、渥丹和卷丹，并首次将百合归入蔬菜类。

中国观赏百合商品化栽培历史较短，生产和技术水平落后于荷兰等花卉发达国家。有关百合的研究工作主要集中在分类学、繁殖及栽培学、细胞学、育种学等四个方面[115]。20世纪90年代中后期，我国在百合种质资源保护利用、观赏百合杂交育种等方面取得了显著进展，但是，就观赏百合育种、生产和采后研究而言还有很大的提升空间。

百合属最早由植物分类学家林奈(C. Linnaeus)于 1753 年建立。Wilson 的著作《东亚百合》中记载了 46 种百合,分 4 个亚属和 4 个组,M. B. Eapallol 经过系统深入研究,将全世界百合分为 11 组 12 亚组,12 系,共计 117 种。傅立国于 2002 年归纳,世界百合属植株共有 115 种,中国拥有其中的 55 种。而《中国植物志》中介绍的中国百合属植物有 39 种,分为 4 个组,分别是百合组、钟花组、卷瓣组和轮叶组,南北均有分布,尤以西南和华中居多。

随着 20 世纪初百合产业的兴盛,人们开始重视百合栽培类型的研究,用于观赏和食用的百合种类和品种日渐增多,杂交与野生种百合在应用上各领风骚。为适应百合的商业化生产,形成了百合的商业性分类学科。英国皇家园艺学会和北美百合学会依据百合的各个栽培品种的原始亲源种与杂种的遗传衍生关系将百合分为 9 类:①亚洲杂种(Asiatic hybrids);②欧洲百合杂种(Martalgon hybrids);③纯白百合杂种(Candidum hybrids);④美洲百合杂种(American hybrids);⑤麝香百合(Longiflorum hybrids);⑥喇叭形杂种和奥列莲杂种(Trumpet hybrids and Aurelian hybrids);⑦东方百合杂种(Oriental hybrids);⑧各式各样杂种(Miscellaneous hybrids);⑨百合原种系(Lily species)[116]。目前主要形成了以东方杂交系百合、亚洲杂交系百合、铁炮杂交系百合、喇叭杂交系百合等的主要百合品种群。由荷兰育种专家培育的 L/A、O/A、O/T、L/O、T/A 等复合杂交系百合品种,基本选用上述杂交系百合为亲本。20 世纪 80 年代初至 90 年代中后期,观赏百合生产以亚洲系百合为主,进入 90 年代后期东方系百合成为主角。在市场需求的作用下,推动东方系与杂交系百合品系更新换代,如今东方系与 O/T 为代表复合杂交系百合在生产上大有平分秋色的趋势。

球根花卉具有休眠的习性。原产在季节性气候变化明显地区的球根,为了能够在不良条件如低温、高温或干旱下生存,形成了一种适应机制,即休眠[105]。球根花卉在漫长的生物进化过程中,以其地下部分的茎或根变态、膨大并贮藏大量养分,通过感应外界环境因子的变化,促使其内部发生系列保护性变化,获得在恶劣的环境条件下遗传信息的传承。休眠期因不同的种类和品种而异,不同类型球根内部的变化或活动亦存明显差异,如风信子(*Hyacinthus orientalis*)、朱顶红(*Hippeastrum vittatum*)、郁金香(*Tulipa gesneriana*)等进行器官的发生(花芽、叶芽、根的分化),而唐菖蒲(*Gladiolus vbridus*)、百合(*Liliumsp* spp.)等器官的发生被减弱或暂时被抑制。诚然,通过对球根花卉休眠现象的研究,诠释休眠规律,利用其休眠周期性,指导生产、储藏、运输等具有重要意义。

6.2 休眠的概念与分类

植株的休眠(dormancy)是一个复杂的生理过程[84],任何含有分生组织的植物结构单元,其可视生长的相对静止都可称为植物的休眠。例如,在植物生长季中,当恶劣环境变化临近时,无论是多年生草本还是木本植物,其为了适应生存环境的改变会自觉做出生长调整,减缓生长速度并出现保护性结构,或形成贮藏养分的"贮藏器官",以抵御外界干旱、低温或高温伤害。休眠是相对于可视生长的概念,休眠期内植物体的生命活动并未停止,它是一个复杂的生理过程,在进化中,植物休眠是一种对环境条件和季节性气候变化的生物学适应和驯化的结果,是以生长活动暂时停止为表现的一系列积极发育的周期性变化过程。

按休眠原因可分成生态休眠(ecodormancy)、结构休眠(paradormancy)和内源休眠(endodormancy)三种类型,它们分别由环境条件、种皮等外部结构和内在生理状态控制[84];按照休眠与环境条件的关系,休眠又分为自发休眠和被迫休眠,受基因调控为自发休眠的表现,其不会因环境条件的改变而迅速进入新的生长阶段;而在不利于球根花卉生长的外界环境条件下(如日照减少,温度持续下降或遇干旱高温),器官启动相关抑制因子,导致植株生长暂时停顿的现象则归类为被迫休眠。据此,百合鳞茎的休眠被认为是属于自发休眠的范畴,亦是适应其起源地自然环境变化及长期生长发展的自然选择的必然结果。

按照休眠时期,可将球根花卉分为冬季休眠和夏季休眠两种类型。在冬季进入休眠期的球根花卉,其生长处于停止状态,如葱、唐菖蒲、百合等。此类球根花卉的生长旺盛期及开花期通常在夏季,花期后伴随着气温的下降植株生长势逐渐衰弱,经过秋季地下鳞茎营养器官的膨大和营养物质回流储藏,进入冬季低温时生长停止或休眠。冬季休眠球根花卉休眠期较长,休眠期内新器官的分化和生长相对静止。因为其翌年的抽茎生长必须满足低温需求,故此其生长周期需要冷—暖—冷的温度交换过程。遭遇夏季,感受高温干旱后即停止生长而进入休眠的球根花卉被称为夏季休眠,如小苍兰、风信子、郁金香等。此类球根花卉一般生长在温带的自然物候下,于春季开花,夏季高温、干燥气候来临后,叶片即停止生长并老化枯萎,地面植株枯死,但地下部位仍然存活。度过夏季休眠期后,秋凉时鳞茎内部又开始生长,故其完成生长周期需要暖—冷—暖的温度交替过程。夏季休眠的球根花卉在球根充实后不久便进入花芽分化,休眠期较短。

6.3 影响休眠的因素

6.3.1 外因

光周期和温度是诱发和控制休眠最重要的环境因素[105]。光照对于休眠的作用主要发生在球根花卉植株的生长发育阶段,鳞茎采收后的影响未见报道。不同类型的球根花卉诱导休眠的周期和温度条件不同,对于春季种植,夏季到秋季形成的球根,通常长日照促进植株生长,短日照诱导休眠。短日照条件有利于休眠的球根植物贮藏器官的形成,加速球根进入休眠。但是,日照长短对于植物的影响也有例外情况发生,Roh[117]认为长的光周期和短的光周期均可诱发麝香百合(*Lilium longiflorum*)的休眠。Aguettaz[118]等研究发现,光照通过激素作用对鳞茎休眠产生间接影响。如在光照培养条件下,外源 ABA 对鳞片叶生成具有显著的抑制作用,氟啶酮可以降低鳞茎的休眠程度,当外源 ABA 与其同时存在时,氟啶酮这种降低鳞茎休眠程度的作用会被逆转,表明外源 ABA 存在促进鳞茎休眠的作用。

冬季休眠的诱导因子是短日照。研究者分析了短日照诱导休眠的可能机理,即短日照条件下叶内产生抑制物质的流动路径,这种抑制物质从感光部位叶片转移至球根的生长点。但是在同样的长短光照条件下,不同植物受体可能出现例外,光照小鳞茎的试验表明,光周期对小鳞茎休眠无影响[118]。而不同的光质也会对长短日照试验产生影响,Suh J K[119]研究表明,红光和远红光均可诱导小鳞茎的休眠。

水分亏缺往往可以加速休眠,甚至可以直接引起休眠,无论是冬季休眠还是夏季休眠的球根都会产生这种现象。其中,休眠状态的球根比非休眠状态的球根束缚水的比例要高[120]。具体原因并没有得到验证,但是有人分析这是由于水分变化诱导了 ABA 的积累,而 ABA 参与了球根的休眠[121]。在生产上,百合鳞茎多采用湿润的泥炭土包装,以此尽量地减少物理损失和水分丧失。在不考虑空气和光照影响下,干燥贮藏比湿润泥炭土包装贮藏更容易导致鳞茎鲜重的损失。

6.3.2 内因

引起球根休眠的内在因素多数是内源激素的平衡与波动。百合鳞茎的休眠不仅与鳞茎内激素的绝对含量有关,更重要的是与各激素间的平衡作用有关,特别是生长促进激素与生长抑制激素间的比例及平衡作用。多数认为是由于脱落酸等的抑制效应与赤霉素和(或)细胞分裂素等的促进效应互相协调的作用,生长素、赤霉素、细胞分裂素和生长抑制物质这些内源激素在解除鳞茎休眠中起重要作用[87],且抑制物质含量的多少与休眠程度有关。在唐菖蒲的休眠球茎中已经检测到的有脱落酸、脂肪酸类物质(如亚油酸、亚麻酸、硬脂酸、棕榈酸)和酚类物质。

6.4 百合鳞茎的休眠特性

根据对球根花卉休眠时期的划分,百合属于冬休眠球根花卉。百合鳞茎经过夏季生长旺盛期和开花期后,随后其新鳞茎逐渐形成,此过程中百合植株生殖生长与营养生长同时进行,经过秋末冬初植株地上部位枯萎,营养回流后,新鳞茎达到完全成熟状态。

北京地区在自然条件下生长的百合,新鳞茎通常在 7 月中旬到 10 月中旬成熟,且随着温度的降低和光照时数的缩短与新鳞片的膨大速度呈现正相关,百合鳞茎内部开始进入休眠的准备,高温休眠被秋季气温打破,百合鳞茎开始接受外界环境的冷量蓄积。冬季低温来临,百合鳞茎完成休眠准备并以休眠状态度过冬季寒冷气候条件。春季气温回升,百合鳞茎感受气温回升信息后,利用鳞茎的营养物质,顶芽开始生长并出土,同时伴随茎生根的生长,在植株生长到一定阶段开始花芽分化,再次进入开花、结果、枯萎的新生长周期。

在百合周年生产中,需要经过人工或机械采收鳞茎,并通过低温解除鳞茎休眠。自然情况下,北京地区人工采收鳞茎的时间一般为 10 月下旬至 11 月上旬,此时鳞茎已进入低温休眠期。在园艺生产中,需要人为调控百合鳞茎冬季休眠期,最大程度上实现百合鳞茎的商品率,即鳞茎球体的营养充实饱满、发芽整齐粗壮、开花适期可控。百合鳞茎的自然休眠和调控是实现百合鲜切花周年生产供应的前提,同时如何适时解除百合鳞茎自发休眠是百合商品化和周年供应的关键要素。

百合属植物属于深度休眠植物。要解除鳞茎休眠,冷处理和冷需求量必须充足而适宜[122]。在百合解除休眠过程中,休眠鳞茎外部并没有明显的生长变化,而在其内部却有着休眠的生理学反应[123]。解除百合鳞茎休眠的处理温度和时间长短依据种类、品种和基因型不同而异。高温是诱导麝香百合(*Lilium longiflorum*)休眠的主要因素,因此,解除休眠需要在 1.5～7.0℃的低温潮湿环境中贮藏 6 周。亚洲和东方百合属于低温休眠型植物,其需要在 1.0～2.0℃温度下贮藏 6～9 周。东方百合杂种系(如 Siberia、Sorbonne)一般为长需冷性,至少需要处理 10 周以上。东方百合对于低温贮存期间温度的波动最为敏感,在 2～4℃低温下处理,最低温度不能低于－1.5℃。否则将出现冻伤现象,即鳞茎内部幼芽萌动出芽,发生冻伤。这是东方百合鳞茎黑心现象的最主要原因,在生产上多发且难以避免,一定程度上降低东方百合鳞茎的商品性。

人们普遍认为低温贮藏对于百合属植物解除休眠是不可或缺的,但是,相关研究仍然缺乏深入,比如,低温对于百合鳞茎茎芽伸长、植株生长、花蕾数量和开花进程影响的机理研究等。一般的研究多关注贮藏在低温条件(通常是 4℃)下鳞茎的生理变化,比如连锁引发了鳞茎内促进物的增强和抑制物的减弱导致快速的芽生长[90]。同时,低温处理时间对于休眠解除的作用有其相应的峰值,换句话说就是低温处理效果不是正相关的。同一品种的百合鳞茎,低温处理时间越久,则从定植到开花所需时间越短,在一定时期后,继续低温处理,对植株及花的发育会产生不良影响。例如,粉色系东方杂交系品种(如 Sorbonne)随着处理时间的增加,植株的叶烧现象也显著增加,有时可出现 80%以上。因此,研究百合鳞茎低温处理指标体系十分重要。

6.5 百合鳞茎贮藏

低温处理过程中百合鳞茎内物质变化十分复杂。许多研究证明,鳞茎植物在低温作用下,外观上几乎没有形态和结构的变化,但鳞茎中发生着复杂的生理生化变化[124]。

6.5.1 碳水化合物变化

低温糖化是指植物球根或球茎在低温处理过程中,有明显的淀粉含量降低和可溶性糖含量上升的过程。虽然低温糖化现象已经被发现并记录,但是其诱因和发生机理还没有确定。淀粉是百合鳞茎的主要储藏物质,研究证明低温可以提高包括 α-淀粉酶、异淀粉酶、α-葡聚苷酶和磷酸化酶等一系列酶的活性,进而提高可溶性糖含量。研究者针对低温处理过程中的碳水化合物的变化进行了一系列研究。对储藏在泥炭基质中的麝香百合品种 Nellie White 的鳞茎不同低温条件下的可溶性碳水化合物以及淀粉含量进行检测发现:储藏在-1.0℃条件下的鳞茎蔗糖、甘露糖、果糖以及寡糖积累量明显高于 4.5℃条件下储藏的鳞茎。淀粉浓度在储藏过程中显著下降,甘露糖含量的上升暗示二级储藏碳水化合物葡甘露聚糖也被降解了[125]。

6.5.2 酚类及氨基酸物质变化

酚类物质长期以来被认为具有抑制植物生长的作用。但有研究表明酚类物质在某些植物中有促进芽萌发的作用[65]。比较不同温度下酚类物质的变化幅度,发现处理温度越低,酚类物质的含量越高。在兰州百合不同低温处理过程中鳞茎内各个部位均出现不同程度的酚类物质含量上升,其中顶芽和外部鳞片的上升幅度最大。孙红梅等[97]将兰州百合鳞茎分别在 2℃,6℃,8℃下保湿贮藏 100 d,测定酚类物质含量、苯丙氨酸解氨酶(PAL)活性、多酚氧化酶(PPO)活性以及游离丙氨酸含量,发现冷藏过程中鳞茎内酚类物质含量呈增加趋势。贮藏 34 d 是酚类物质含量以及相关酶活性变化的关键时期。

6.5.3 激素变化

一般认为在休眠导入过程中,抑制生长的激素增加;休眠解除过程中促进生长的激素增加。对新铁炮百合的研究表明,4℃、8℃、12℃处理下,ABA 含量总体都是呈现先下降后上升的趋势,冷藏第五周其含量迅速上升,休眠状态的鳞茎 GA3/ABA 最低,随着休眠状态的解除,其比值增加,冷藏第五周时达到最大值[91]。植物激素也通过影响百合鳞茎内碳水化合物含量变化影响百合鳞茎休眠解除。刘芳等[126]以亚洲百合“精粹”和“普瑞头”为试材,研究水杨酸浸球处理对百合鳞茎碳水化合物含量的影响。结果表明,5 $mmol \cdot L^{-1}$ 水杨酸处理,可以促进百合鳞茎内淀粉、可溶性糖及可溶性蛋白质含量的积累。鳞茎内碳水化合物的积累为鳞茎发育提供物质基础。孙红梅[127]研究认为,百合鳞茎内有 ABA 等生长抑制物,有 GA3、ZR、酚类物质等生长促进物,二者相互影响促成了百合鳞茎的休眠和休眠解除。其中 GA3/ABA 值可以作为鳞茎萌发的关键因素。因为该比值的升高将促进淀粉酶及 PAL 活性升高,促进淀粉分解，可溶性糖含量增加，同时酚类物质含量上升，促进了鳞茎萌发。另外，也有人在分子机理方面研究了百合鳞茎休眠的原因，认为休眠由一个主要基因诱发，多个基因共同控制[84]，但相关研究的详细论述并未见报道。

关于百合鳞茎休眠机理研究，仍处于假说阶段，科学界尚未形成一致的看法。对植物休眠的研究，仍然停留在了解物候学上的特性、观察植物通过休眠的变化及环境变化对休眠的影响。鉴于研究手段、测定技术及材料来源不同，不同种、品种、栽培种中，研究相同物质的变化模式也不尽一致，同一鳞茎不同部位的物质变化趋势也不尽相同。在对不同植物或不同材料的研究中，研究人员提出了不同的学说，如植物激素控制论、多因素控制论、光敏素激活学论、氧化途径的转换学说、能量控制学说等。

6.6 球根花卉休眠的调控研究

球根花卉休眠调控的研究，其主要目的在于如何合理利用球根花卉的休眠属性，通过人为干预手段，解除或延长鳞茎的休眠状态，延长或缩短球根花卉的种植期，从而人为地改变花期，满足生产、贮藏和运输上的要求，实现生产上的周年供应。

6.6.1 解除休眠的手段

对球根花卉解除休眠方法可以分为物理方法和化学方法两大类。物理方法包括低温处理，高温处理，温水、热水浸泡，去除皮膜和切割鳞茎等；化学方法包括激素和生长调节剂、乙醇、硫化物处理等。生产上常用的主要是调节温度和激素处理。用 6-BA 处理秋萬苣可有效促进萌发，GA 与 6-BA 混合施用则可能更有利休眠的解除[128]。百合类球根由于类群多，品种丰富，因此鳞茎打破休眠的温度需求也不尽相同。东方百合和亚洲百合属于冬季休眠的种类，一般在球根成熟以后从秋季开始进入休眠阶段，由于鳞茎成熟晚，没有经过高温期就直接进入休眠，目前打破休眠最有效的方法是低温处理。

低温作用打破百合鳞茎休眠方面的研究层出不穷，百合鳞茎在低温解除休眠期间，鳞茎内顶芽不断伸长，芽生长点离鳞茎顶部的距离越来越小是一个重要的形态标志。何桂芳[71]等研究了东方百合鳞茎在 5℃低温处理下休眠解除过程中的形态和生理变化。结果表明，百合鳞茎内的新芽在冷藏过程中不断伸长，60 d 后芽生长点距鳞茎端部的距离小于 1 cm。王丽花[129]等以东方百合 Siberia 为供试材料，－1℃冷藏 117 d。冷藏前 Siberia 鳞茎的直立平均高度约为 5.3 cm，顶芽离鳞茎顶部的平均距离约为 4 cm，在－1℃冷藏处理过程中，芽处于不断的伸长生长中，芽生长点距离鳞茎顶部越来越小，经过 52 d 的冷藏处理后，此距离小于 1 cm。

对亚洲百合杂种系品种 Pollyanna(多安娜)、Prato(普瑞头)和 Siberia(西伯利亚)的鳞茎进行 4℃低温处理。结果发现，Pollyanna、Prato 和 Siberia 完成低温处理的最佳时期分别在 56 d、49 d 和 63 d，而较短或较长的低温处理时间都将使百合鳞茎生长状况变差[130]。

6.6.2 解除休眠的监测

对福建省山地自繁的 3 个东方百合栽培品种进行研究，发现东方百合鳞茎内的新芽在冷藏过程中不断伸长。品种不同其伸长量不同，OT 百合的芽长为最长、其次为索邦，最短的为西伯利亚。淀粉含量先是明显下降，54 d 后变化平缓，并且都存在淀粉含量上升过程。还原糖含量先升高，到达峰值后下降[131]。

对亚洲百合杂种系品种 Pollyanna、Prato 和 Siberia 的鳞茎进行 4℃低温处理并监测解除休眠的最佳时期，提出在生产实践中，可通过测定百合鳞茎生长点鳞片蔗糖含量，判断鳞茎完成低温处理的最佳时期[130]。周艳萍等[132]发现百合品种普瑞头 0℃贮藏 1 周后转入 5℃的处理在第 4 周时可溶性糖含量达到峰值并开始出现下降，证明了可溶性糖含量出现降低与形态指标相吻合，可作为鳞茎休眠解除临界点的生理指标。

国内报道将总可溶性糖含量出现降低作为鳞茎休眠解除临界点的生理指标，国外利用测定鳞片中可溶性糖含量出现下降作为判断低温处理解除百合商品鳞茎休眠的依据[100]。荷兰的花卉业的科技含量一直处于世界领先水平。正是由强大的科技作为支撑，荷兰在百合研究上取得了大量成果，不断有大量的百合新品种育成并申请专利保护。完善的低温冷藏设施如冷库、冷藏运输车以及系统的解除休眠监测体系给百合鳞茎的大规模和较高机械化的培育、生产、运输和贸易等提供了保障。

目前我国百合鳞茎生产还处于初级阶段，百合鳞茎生产尚未实现机械化和规模化，百合鳞茎采后处理和低温冷藏处理技术方面缺乏数据支撑。当前国内科技工作者的相关研究多止步于形态与生理变化研究，对百合鳞茎尤其是东方百合低温贮藏过程中理化指标缺乏探讨，从而造成生产上并没有系统的百合鳞茎的贮藏温度控制及休眠解除监测指标。国产百合鳞茎在贮藏、萌芽和切花等方面均存在不同程度的质量问题。我国百合切花生产所使用的鳞茎大部分依靠从荷兰进口。如要长久地发展我国的百合生产，其中的瓶颈问题是实现优质鳞茎的国产化，而百合鳞茎国产化的基础就是研究探讨百合鳞茎采后处理和冷藏解除休眠技术，为百合鳞茎商品性的保持和实现周年供应创造可能性。

7 球根花卉的长期贮藏研究

7.1 冷藏技术的研究进展

当今世界上应用最广泛的园艺产品贮藏方法是冷藏。通过控制冷库的温度，达到增加花卉果蔬等园艺产品的贮藏期。一年四季都可进行和打破食品供应的季节性是冷藏技术的最主要意义。1875 年后冷藏技术发展迅猛，目前世界范围内机械冷藏库主要向操作机械化、规范化，控制精细化、自动化方向发展。我国大型、大中型贮藏果蔬等园艺产品的冷藏库占的比例较小，中小型库较多；资金投入较多，运行成本较高，且贮藏库房运行要求有良好的管理技术，这些是限制冷库发展的主要原因[133]。

气调贮藏（controlled atmosphere，CA）是利用园艺产品在低氧和高二氧化碳环境中呼吸降低的原理，使农产品处于休眠状态，延缓成熟过程，从而达到保鲜的目的[134]。其设备包括气调机、制冷系统、加湿器和气密保温材料。自然降氧法和人工降氧法是调节气体的两种方法。气调贮藏的过程中，如果气体浓度控制不好，容易发生气体伤害。气调贮藏在国外应用很多，如新西兰的苹果和猕猴桃气调贮藏量为总产量的 30％以上；法国、意大利以及荷兰等国家气调贮藏苹果均达到总贮藏的 50％～70％；美国和以色列的柑橘总产量 50％以上使用气调保鲜；事实证实了气调贮藏保鲜水果的光明前景。

冰温贮藏是继冷藏、CA 后的第三代保鲜技术，通过将园艺产品贮藏在 0℃以下至各自冻结点的范围内，不破坏生物细胞，抑制有害微生物活动，抑制呼吸作用，延长保鲜期，在一定程度上保持果蔬品质，属于非冻结保存。贮藏产品作为具有生命的活体，在低温条件下，生物体经过一系列生理反应保持生存状态，生物学上称此过程为“生物体防御反应”。当温度临近冻结点（冰点）时，贮藏产品达到一种近似“冬眠”的状态，这时产品新陈代谢率最小，所消耗的能量最小，可以有效地保存贮藏产品的品质与能量，从而使产品得以保存[135]。

减压贮藏又称低压贮藏、负气压贮藏或真空贮藏等，将园艺产品置于密闭容器或密闭库内，用真空泵将容器或库内的部分空气抽出，使内部气压降低，同时经压力调节器输入新鲜湿润的空气（相对湿度 80％～100％），在整个系统不断进行气体交换，维持贮藏容器内压力的动态恒定和一定的湿度环境[136]。这种贮藏方式是在冷藏和气调贮藏的基础上进一步发展起来的特殊气调贮藏方法。低压下，空气中氧气的含量降低，园艺产品的呼吸作用被抑制，贮藏期间乙烯、乙醇等有害气体的积累被阻止，从而达到延长货架期的目的。自二十世纪七十年代，该种贮藏方式已经引起人们普遍关注，应用范围从苹果迅速扩大到其他水果、蔬菜等园艺产品，并取得了良好效果。近年来，我国学者在减压贮藏技术上也进行了深入的研究。

7.2 球根花卉长期贮藏技术的研究进展

地下贮藏器官为球根花卉季节性的生长提供养分和水分。球根的好坏，对切花的质量起着关键性的作用，只有球根贮藏得好，切花才能优质。多花水仙贮藏在 10℃低温下，可保持休眠到翌年的 2—3 月份，以此延长休眠期。

百合上常采用低温贮藏延迟解除鳞茎的休眠，但在生产上要实行百合切花的全年供应，还需采用冰点贮藏技术对百合进行长期贮藏。通过抑制鳞茎的生活力，延缓顶芽萌发，延长贮藏期，实现鳞茎周年供应的目的。研究资料表明，亚洲百合和麝香百合最佳冰点贮藏温度为－2℃，东方百合最佳冰点贮藏温度为－1℃。所有的百合品种都可通过延长休眠的方法，进行抑制栽培。冰点贮藏前，需要先预备冷藏。一般在 1～2℃下预冷 4～8 周，在此过程中，细胞渗透压提高，鳞茎耐冻性增强。预冷处理的时间最迟在 12 月份以前，预冷处理后，进行冰点贮藏，贮藏时间可长达 14～15 个月。需要注意的是，预冷时间不能过长，否则球根休眠解除导致提前发芽。

东方百合杂种系的某些品种对于冰点贮藏的温度要求稍有不同，东方系和麝香系百合适宜在－1.5℃条件下长期贮藏，安全的长期贮藏期只有 7 个月，超过这一时间易造成鳞茎发芽或冻害。亚洲系百合对冰点贮藏的温度几乎没有特殊要求，适宜在－2℃条件下长期贮藏，亚洲百合的长期贮藏时间较长，可以达到 1 年以上，出库时要先在 10～15℃温度下解冻。

百合鳞茎冰点贮藏期间，要求冷库温度波动小于±0.5℃，并确保冷库内没有有害气体蓄积。荷兰对长期储藏百合鳞茎的冷库有以下要求：①墙体必须有 0.3 W/(m^2·K)的绝缘水平；②制冷机必须有每立方米 30～60 W 的制冷能力；③必须安装自动慢速换气装置；④冷库内鳞茎筐之间、筐与墙之间必须留有空隙；⑤必须安装循环风扇，保证各处温度一致。

对百合鳞茎冰点贮藏过程中次要因素，如基质的材料、消毒、含水量等研究发现，锯末是经济、环保的鳞茎储藏基质。蒸汽消毒虽然成本略高，但综合效益比药液消毒要好。高含水量基质容易造成鳞茎须根酒化以及鳞片细菌性腐烂，而过低的基质含水量容易造成鳞茎失水以及鳞片真菌病害。因此，中等的基质含水量（40％～60％）有利于鳞茎的长期贮藏。鳞茎在－1.5～0℃条件下可以贮藏 6～7 个月，继续贮藏则鳞茎顶芽萌发，后期开花率下降[76]。

7.3 球根花卉长期贮藏期间的理化变化

淀粉含量逐渐下降，可溶性糖含量逐渐上升，是百合鳞茎解除休眠过程中的主要理化变化。当可溶性糖含量达到最大值时，鳞茎解除休眠。此时将鳞茎转入冰点贮藏条件下进行长期贮藏，以减缓鳞茎内部的生理生化活动，延长鳞茎的储藏期。然而，尽管生理代谢已被降到了极低的水平，鳞茎内的生命活动还在继续，物质和能量转化还在进行，这也是鳞茎贮藏过程中质量逐渐下降，贮藏期不能无限长的原因。

亚洲百合鳞茎采收后直接置于－1.8～－2.1℃低温条件下进行贮藏。对其生理生化变化研究发现，在6个月的时间内，黄尖百、布鲁拉诺、精粹3种冷藏期间蛋白质、葡萄糖含量逐渐上升，里昂蛋白质、葡萄糖含量略有降低。所有鳞茎过氧化物酶活性在贮藏期间均逐渐下降，其中黄尖百、布鲁拉诺、精粹下降速率较快，里昂下降速度较慢[137]。

将采收后的东方百合西伯利亚置于－1℃条件下储藏，检测其含水量、淀粉、可溶性糖和还原糖含量以及花芽分化等变化情况。结果表明，储藏期间鳞茎含水量略有上升，而根部含水量总体下降；淀粉含量在储藏前50 d内迅速下降，52～69 d内略有上升，之后又逐渐下降；可溶性糖和还原糖含量在前50 d内逐渐上升，之后逐渐下降；根据之前的研究，认为当可溶性糖含量达到最大值时，鳞茎恰好解除休眠，因此该试验中储藏前50 d可以认为是解除休眠阶段，之后是贮藏阶段。可见就碳水化合物含量来说，贮藏阶段淀粉含量呈先上升后下降的趋势，可溶性糖和还原糖呈逐渐下降趋势[129]。

8　百合切花采后品质保持及其调控

8.1　鲜切花采后保鲜技术研究进展

脱离植株具有生命力的花枝称为切花。切花的生产有很大的季节性，在现代化切花生产中为了调节淡旺季的切花平衡供应，切花的贮藏保鲜已成为商品性花卉生产的重要环节。为提高切花的观赏价值，除在品种选择、栽培管理上下工夫外，切花的贮藏能显著地延长切花商品寿命和观赏寿命，降低切花的损耗率。随着中国花卉产业的迅速发展，鲜切花的消费比例逐年上升，对切花的保鲜处理提出了更高的要求。

切花观赏期被称为切花采后寿命，不同种类的切花有很大的差异。火鹤花的瓶插寿命可达20～40 d，鹤望兰在室温条件下的货架寿命可达14～30 d，而非洲菊的瓶插寿命仅为3～8 d。同一种类不同品种切花的瓶插寿命差异也很大，石竹、月季、百合和火鹤花等不同品种的切花瓶插寿命可能会相差一倍，如火鹤花中的Poolster品种，瓶插寿命为30 d，而NovaAurora品种仅为15 d[114]。

切花要保证其鲜活和品质，就必须保持较高的膨胀状态和水分含量，否则，切花就会提前凋谢和死亡。鲜切花离体后，含水量通常达到70%～80%，此时，叶面蒸腾与根系吸水之间的水分平衡被破坏，吸水量小于蒸腾量，就会造成水分亏缺。例如，月季“弯颈”的主要原因之一就是花茎组织失水，使细胞膨胀度下降，花蕾在重力的作用下使幼茎弯曲。有研究表明，切花衰老主要是由于花茎被微生物等堵塞而造成花瓣组织缺水，从而造成切花的凋谢。此外，环境湿度对切花的寿命也有一定的影响，如香石竹切花接近饱和的湿度下的寿命是在80%湿度下的2～3倍[138]。

碳水化合物（主要是指葡萄糖）是切花体内的重要能源物质，为切花的生命活动提供能量，其含量高低与切花的品质有直接的关系。如唐菖蒲切花观赏性和耐插性与含糖量直接相关；

百合、月季采收时花瓣中的淀粉含量越高，其瓶插寿命也就越长[139]。

乙烯与一切乙烯敏感型植物的衰老相关，切花的衰老与其也有密切的联系。乙烯有促进百合、月季、菊花切花衰老的作用。衰老过程中，切花产生乙烯，而乙烯反过来又促进切花衰老，最终导致切花凋谢变质。衰老速度快的切花，其乙烯产生的速度均较快。同时，呼吸作用，矿物质、有机酸、蛋白质的含量以及叶绿素、保护酶等的降解速度和细胞膜的完整性等均与切花的衰老有关[140]。

8.2 切花保鲜技术

所谓切花保鲜技术，就是采取物理、化学或生物工程等措施，最大限度地维持其观赏部位的新鲜状态。广义上的切花保鲜概念，包含从切花采收后的预处理、贮藏、运输、上货架销售环境以及消费者购买后观赏期间等整个切花采后的延缓衰老过程[141]。

8.2.1 预冷

田间热是指花材从田间带入贮藏室内的热量。切花从田间采收后，如长时间堆放在一起，由于切花自身温度较高，其局部环境温度随着呼吸作用不断升高，鲜切花品质会产生不可逆的变化。因此，在切花采收后，进入冷库贮藏或运输前应该尽快除去所携带的田间热，使花卉呼吸代谢保持较低水平，此过程称为预冷处理。大规模生产者由于收获切花数量庞大、产品堆积在一起，田间热难以散失，不能及时清除，同时切花的呼吸作用所产生的热量也在积累，往往出现所收获的切花产品局部过热的现象，因为局部高温导致切花品质的下降往往是不可逆的。生产上预冷的方法有接触冰预冷、冷库预冷、真空预冷、强制通风预冷和冷水预冷等。

8.2.2 贮藏保鲜

低温贮藏保鲜：又称为常规冷藏。切花在低温条件下贮藏，代谢减慢、乙烯的产生受到抑制，可以避免切花的形变、色变，同时低温可抑制微生物的滋生，从而延缓了衰老的过程。切花品种不同，其适当贮藏的温度也有所不同。一般来说，起源于温带的切花适宜贮藏温度为 0～1℃，亚热带和热带的花卉贮藏温度分别为 4～7℃和 7～15℃。

气调贮藏保鲜：该方法主要是调节贮藏环境的气体，延缓切花衰老。通常采用聚乙烯膜包裹，降低呼吸消耗和乙烯生成量，防止蒸腾失水。研究表明，在 8℃低温条件下，结合厚膜(0.35 mm)包装，能有效降低月季切花呼吸强度和乙烯生成量，使瓶插寿命明显延长。在不同厚度聚乙烯膜包装的相对密闭环境中，厚膜比薄膜的气密度高，气调效果更明显。通过切花的自身呼吸，O_2 浓度降到 12.21%以下，CO_2 则升到 3.11%以上。

减压贮藏保鲜：又称为低压贮藏或降压贮藏，是通过降低外界气压，以压力差促使花卉内源乙烯及其他挥发物质向外扩散，从而延缓衰老的贮藏方式。通常贮藏环境的空气减压到 1/10 个大气压，同时不断地更新减压室内的空气，排出乙烯、二氧化碳等有害气体和挥发物，输入用水蒸气饱和的新鲜空气，空气湿度一般在 85%～100%，使切花在整个贮藏期间始终处于新鲜湿润和低压的环境中。

辐射保鲜：采用一定辐射剂辐射鲜花，可改变其生理活性，既可抑制蒸腾作用，又可以延迟植株的衰老，从而延长切花寿命。目前，辐射保鲜的研究还在起步阶段。

化学保鲜：采用化学药剂进行保鲜的方法称为化学保鲜，所用的药剂称为保鲜剂。化学保鲜具有多个优点：成本低、易操作、效果明显，在生产上应用广泛。保鲜剂一般含有营养成分、生长调节剂、乙烯抑制剂和杀菌剂等。通常根据保鲜剂使用的时间、方法和目的不同，可将其分为预处理液、催花液和瓶插液。

(1)预处理液　预处理液处理是一项非常重要的采后处理措施，其作用可持续到整个货架寿命，常在贮藏或运输前进行，一般由栽培者或中间批发商完成。预处理液一般由去离子水配制，其中含有糖、杀菌剂、活化剂和有机酸。其目的是由于鲜切花采后处理过程或贮藏运输过程发生不同程度失水时，用水分饱和的方法使失水的鲜切花恢复细胞膨压，为鲜切花补充外来糖源，防止微生物的危害，以延长其在水中的瓶插寿命。预处理液糖浓度一般较高，其最适浓度因不同种类而异，如唐菖蒲、非洲菊等用20%或更高的浓度，香石竹、鹤望兰等用10%的浓度，月季、菊花等用2%～3%的浓度。

(2)催花液　人工处理促使花蕾开放的处理液称为催花液。一般含有1.5%～2.0%的蔗糖，200 mg/kg杀菌剂，75～100 mg/kg的有机酸，蔗糖浓度低于预处理液。处理时间比预处理液处理时间长，在室温和高湿度条件下进行，有的鲜切花需要结合补光措施，应配有通风系统，防止乙烯积累造成危害。当花蕾开放后，转至较低的温度环境中。

这一方法最早应用于木本鲜切花，如紫丁香和连翘，后来月季、香石竹、菊花、唐菖蒲、非洲菊、鹤望兰和金鱼草也都有应用。

(3)瓶插液　主要在货架期和瓶插期保存鲜切花直至售出或在瓶插寿命将结束时使用。不同的鲜切花种类有不同的瓶插液配方，其中糖浓度较低(0.5%～2%)，还含有有机酸和杀菌剂。

将切花基部切口浸入瓶插液稀释液，在常温或低温(如8℃)下浸泡一定时间，如12 h，取出后用自来水冲洗干净。

配制保鲜剂时，最好用去离子水或用自来水煮沸冷却后把沉淀物过滤掉，这样可以有利于完全溶解保鲜剂中各种化学成分，并保证保鲜剂化学成分不会和水中的污染物发生反应而产生沉淀。

8.3　低温贮藏对百合开花速率和开花品质的影响

百合花芽分化及开花过程可以人为地分为3个时期：①花芽起始期即花芽生理分化期；②花芽起始期到花芽可见期；③花芽可见期到开花期。沈革志等[142]在对亚洲百合杂种系中的8个品种花芽分化进程的研究中发现，虽经相同的低温处理，不同品种的花芽分化进程存在明显的差异，它们中或“先现蕾后长高”，或“先长高后现蕾”，或“边长高边现蕾”。

通过对不同冷藏处理时间鳞茎的花芽分化过程观察，认为4℃低温条件下，必需冷藏处理30 d以上，如果达不到这一基本的天数，往往会造成不发芽或出芽后莲座化现象[143]。

同一品种的百合鳞茎，低温处理时间越长，从定植到开花所需时间越短，如Prominence品种，低温处理3、4、5、6周，开花所需时间分别为127、109、91、88 d；麝香百合的Nellie White品种，2℃处理5、6、7周，开花所需时间分别为133、125、119 d[144]。亚洲百合品种罗马鳞茎经低温处理后，成花率大幅度提高，在相同温度条件下，随着低温处理时间的增加，成花率总体呈相应提高趋势，而到开花日数相应减少，在相同时间水平下，处理随着温度下降，到开花日数减少[145]。

百合花蕾发育速度与开花还受种植后生长条件影响。如种植后气温超过30℃则易产生盲花，即在现蕾期所有花芽发育失败萎缩。生长气温25～30℃会发生落蕾，开花率只有

21%～43%；在 15～20℃温度下，开花率达到 80%以上[146]。

低温处理百合鳞茎时间适当，可以促进叶片和节间伸长，但处理时间过长，会降低花朵的数量[143]。

经过低温处理的鳞茎在相同的栽培管理条件下，比未经过低温处理的鳞茎所产的切花长度、切花质量和花蕾数都有所增加[147]；低温处理药百合鳞茎，随着处理时间的增加，到开花日数明显缩短，花蕾数增加[65]；低温处理亚洲百合罗马鳞茎，提高平均茎高，花蕾数增多，切花质量随着低温处理时间的增加而增加[145]。

8.4 盲花现象的研究

因鳞茎质量或生长期间环境条件不适，造成花莛抽不出或抽出后萎缩而不能正常开花的一种生理病害[148]称为盲花，是植物退化的重要标志，是一个世界性的普遍问题（林艳，1999；宋军阳，2000）。盲花的发生严重影响鲜切花的产量与质量，给切花生产带来巨大的经济损失，从而制约鲜切花的发展。

盲花产生的原因简介如下。

8.4.1 内因

鳞茎的大小决定了是否具备花芽分化的重要条件，不同花卉品种对球根的周径要求也不尽相同。一般情况下，鳞茎小的，花芽数目少、分化成花率也低。百合要求最小周径为 7～8 cm，鳞茎个体越大，盲花率越低。一般亚洲百合品种比其他类型品种的花芽分化能力强且早[151]。鳞茎养分越多越饱满、病毒率越低，发生盲花的概率越低。

低温处理的时间和温度是引起盲花的关键性因素。在促成栽培过程中，利用球根花卉需要低温春化这一特性，进行适当冷藏处理，来满足开花的需要。鳞茎处理过程中的温度和时间对盲花的产生是非常重要的[152]。百合栽植前，必须进行冷藏处理，通常在 2～5℃的低温条件下维持 8 周，才可以保证开花的需要[153]。

8.4.2 栽培因子

光照是盲花一个重要的环境因子。在促成栽培中，温室内的光照强度和光照时间比露地条件下差，温室内光线不足或者日照时数短均容易导致盲花的产生。亚洲百合日照不足，开花数少，开花率低，而且“盲花”“消蕾”也多，通过一定措施的光照处理，可防止盲花的发生[154]。

温度过高是造成盲花的一个重要因素。球根花卉栽植后生根阶段需要一定的低温条件。郁金香需要在 9～11℃条件下进行生根；百合需要在 12℃以下进行生根。在催根处理期间，温度过高或过低，缺水，以及催根时间不足，造成根系短，吸水能力弱，后期引起盲花[148]。在花芽的发育阶段，温度过高、过低或者温度变化剧烈，会导致花芽发育停滞，形成盲花。比如有一些百合植株在花芽分化起始阶段也抽薹并形成花蕾，但花蕾明显比正常的花蕾弱小，而且颜色比正常花蕾白，几天之后萎缩。说明鳞茎已完成花芽分化，而因环境因素造成盲花。因此，建议生产中严格控制温度，创造适宜植株生长的温度条件，降低盲花率。

水分和空气湿度也是产生盲花的重要影响因素。球根花卉生长周期较短，百合的周期为 100 d 左右。生长期水分和空气湿度适宜，才能保证生长和开花的需要。若温室中的空气湿度过大、浇水时间选择不当造成生理干旱，浇水缺少造成短时间干旱或长时间浸泡鳞茎等，就有可能造成花蕾败育，形成盲花。据观察，郁金香在生产期间，温度高，湿度大引起植株徒长或连续干旱两次，均易导致盲花的产生[148]。浇水要适量，一般掌握空气湿度控制在80%以下，基质含水量在75%左右为宜。

引起百合盲花的因素还有温室内通风不良，导致CO_2含量不足，植株光合作用不能正常进行；栽培中移栽过早，导致茎芽根损失以及品种退化等均可引起盲花的产生[152]。

参考文献

[1] 徐伟韦，夏宜平，黄春辉. 球根花卉研究进展[J]. 上海农业学报，2007，23(1)：119-123.

[2] 赵祥云，王文和. 拓展市场强强联手合作共赢——我国百合产业现状存在问题和发展前景[J]. 中国花卉园艺，2017，13：10-13.

[3] Robb S M. The Culture of Excised Tissue 3 Lilium speciosum Thun[J]. Journal of Experimental Botany. 1957，8：348-352.

[4] Holcomb E J，Berghage R D，Narayanasamy V. Growth and development of tissue culture propagated Easter lilies are affected by temperature and photoperiod during young plant stage[J]. Hortscience，2001，36：548.

[5] 陈燕霞. 亚洲百合组织培养快繁研究[D]. 广西：广西大学，2007.

[6] 李筱帆，张启翔. 百合组织培养和植株再生的研究进展[J]. 安徽农业科学，2009，37 (4)：1479-1482.

[7] 马怡迪. 野生百合高效再生体系建立及愈伤组织增殖调控研究[D]. 杭州：浙江大学，2015.

[8] Nhut D T，Le B V，Da Silva J A T，et al. Thin cell layer culture system in Lilium：regeneration and transformation perspectives[J]. In Vitro Cellular & Developmental Biology-Plant，2001，37：516-523.

[9] Horita M，Morohashi H，Komai F. Regeneration of flowering plants from difficile lily protoplasts by means of a nurse culture[J]. Planta，2002，215：880-884.

[10] Wang Y，Kronenburg B V，Menzel T，et al. Regeneration and Agrobacterium-mediated transformation of multiple lily cultivars[J]. Plant Cell Tissue & Organ Culture，2012，111：113-122.

[11] 高雅坤. 平陆食用百合的茎尖培养及快速繁殖 [D]. 晋中：山西农业大学，2014.

[12] Langens-Gerrits M，Klerk G D，Croes A，et al. How to produce lily bulblets in vitro that perform optimally after planting[J]. In International symposium on methods and markers for quality assurance in micropropagation，Cork，Irish Republic，2000，289-295.

[13] 宁云芬，周厚高，黄玉源，等. 百合种球繁育的研究进展[J]. 仲恺农业工程学院学报，2002，15：66-70.

[14] 赵海涛. 东方百合'Siberia'试管鳞茎发育及休眠研究[D]. 北京：中国农业科学院，2009.

[15] Wang Y T，Gregg L L. Developmental stage，light，and foliage removal affect flowering and bulb weight of easter lily[J]. Hortscience A Publication of the American Society for Horticultural Science，1992，27：824-826.

[16] The influence of light on lily(*Lilium longiflorum* Thunb) Ⅰ. Influence of light intensity

on plant development [J]. Journal of the American Society for Horticultural Science, 1982, 107:330-335.
[17] 张延涛. 东方百合品种的引种与区试研究[D]. 杨陵:西北农林科技大学,2009.
[18] 穆鼎. 观赏百合——生理、栽培、种球生产与育种[M]. 北京:中国农业出版社,2005.
[19] 买自珍,黄玉库. 食用百合需肥规律的研究[J]. 宁夏农林科技,1993,1:19-22.
[20] Matsuo E,Van Tuyl J. Early scale propagation results in forcible bulbs of Easter lily [J]. Hort Science,1986,21:1006-1007.
[21] 朗立新,姜凤英,陈振举,等. 麝香百合的栽培[J]. 辽宁农业科学,1995,5:49-51.
[22] 郑慧俊. 东方百合鳞茎的山地繁育及养分代谢机制研究[D]. 杭州:浙江大学,2005.
[23] 王兆禄,金波,刘传恩. 宜兴百合生长发育特性及其增产技术的初步研究[J]. 中国蔬菜,1986,3:30-33
[24] 刘建常,魏周兴. 兰州百合鳞茎增重规律的探讨[J]. 中国蔬菜,1994,5:27-30.
[25] 薛琴芬,李红梅,赵敏,等. 百合的高产栽培及病虫害防治[J]. 特种经济动植物,2008,11:30-31.
[26] 张学芳,闫永庆,刘宏伟. 毛百合繁殖生物学研究——毛百合的鳞片扦插[J]. 东北林业大学学报,1994, 22: 22-27.
[27] 孙红梅,贾子坤,陆阳,等. 百合鳞片扦插繁殖的研究进展[J]. 北方园艺,2009,2:141-146.
[28] Marinangeli P,Curvetto N. Bulb quality and traumatic acid influence bulblet formation from scaling in Lilium species and hybrids[J]. Hort Science,1997,32:739-741.
[29]宁云芬,林尤英. 5 种因素对新铁炮百合鳞片繁殖的影响[J]. 仲恺农业技术学院学报,2002,15:10-13.
[30] 齐鑫. 新铁炮百合鳞片扦插技术的研究[J]. 辽宁农业科学,2006,5: 55-56.
[31] 吴学尉,王其刚,熊丽,等. 百合鳞片扦插繁殖试验[J]. 云南农业科技,2003,6:131-134.
[32] 马春阳,李连龙,刘悦梅. 3 种百合鳞片扦插技术的研究[J]. 河北林果研究,2016,31(1):62-67.
[33] 单艳,李枝林,赵辉. 百合鳞片扦插繁殖技术研究综述[J]. 中国农学通报,2006,22(8):365-368.
[34] 王爱勤,何龙飞,盛玉萍,等. 百合鳞片不同处理与鳞茎形成关系的研究[J]. 广西农业生物科学,2003,22:182-185.
[35] 袁晓娜,陈卓,贾桂霞. 生长调节剂对百合不同品种鳞片扦插繁殖及碳水化合物代谢的影响[J]. 西北农业学报,2013,22(5):109-115.
[36] 黄作喜,王祥宁,李克,等. 百合鳞片扦插繁殖措施研究[J]. 天津农业科学, 2001,7(4):34-36.
[37] 刘晓辉,王崑,刘慧民. 切花百合寒地引种及其鳞片扦插技术探讨[J]. 中南林业科技大学学报,2003,23: 72-75.
[38] 杨利平,孙晓玉,卞慧媛,等. 细叶百合无性繁殖条件的选择[J]. 植物研究,2001,21:398-402.
[39] 王亚婷,王有兵,铁筱睿,等. IBA、B_{12} 及纵切对东方百合“索邦”鳞片扦插繁殖的影响

[J]. 中国农学通报,2014,30(25):231-234.
[40] 魏洪涛. 不同鳞片重量对百合鳞片扦插繁殖的影响[J]. 科学之友,2011,7:144-146.
[41] 罗凤霞,徐贵华. 亚洲杂种百合鳞片扦插繁殖研究[J]. 辽宁农业科学,2000:10-12.
[42] 宁云芬,周厚高,黄玉源,等. 新铁炮百合鳞片扦插繁殖的小鳞茎形态发生[J]. 园艺学报,2003,30:229-231.
[43] 贾子坤. 亚洲百合鳞茎发育和低温贮藏过程中蔗糖代谢机制研究[D]. 沈阳:沈阳农业大学,2009.
[44] 刘中阳. 邵阳龙牙百合鳞片繁殖技术研究及应用[D]. 长沙:湖南农业大学,2014.
[45] 柳文慧. 百合鳞茎发育过程中维管束结构及淀粉代谢研究[D]. 沈阳:沈阳农业大学,2012
[46] 黄宇翔,陈华,刘金燕,等. 东方百合鳞片扦插繁殖研究[J]. 中国农学通报,2005,24(10):273-275.
[47] 赵祥云,王树栋,陈新露,等. 百合[M]. 北京:中国农业出版社,2000.
[48] 刘凤君,孙红梅,田颖辉. 植物生长调节剂对百合鳞片繁殖效应的初步研究[J]. 北方园艺,2006,1:40-42.
[49] 张秀娟. 百合种球生产关键技术的研究[D]. 北京:北京林业大学,2010.
[50] 桑林,林卫东,谢庆华. 激素对百合鳞片扦插繁殖的影响研究[J]. 西南农业学报,2006,19:473-475.
[51] 刘小峰. 6 种栽培百合鳞片扦插技术的研究[D]. 杨陵:西北农林科技大学,2009.
[52] 杨勋. 东方百合鳞片扦插繁育技术的研究[D]. 杨陵:西北农林科技大学,2005.
[53] 赵宇,刘庆华,王奎玲,等. 青岛百合扦插繁殖技术的研究[J]. 山东林业科技,2007,3:16-18.
[54] Tuyl J M. Effect of temperature treatments on the scale propagation of Lilium longiflorum 'White Europe' and Lilium X 'Enchantment'[J]. Hortscience,1983,18(5):754-756.
[55] 郑慧俊,黄春辉,夏宜平. 东方百合鳞片扦插繁殖技术研究[J]. 农业科技与信息. 现代园林,2006,12:60-61.
[56] 鲁涤非. 花卉学[M]. 北京:中国农业出版社,1998.
[57] Marinus J. The effect of temperature and light during storage of young seed potatoes on initial plant development at early plantings[J]. Potato Research,1992,35(4): 343-354.
[58] 孙红梅. 低温解除百合鳞茎休眠的效应及其胜利生化机制研究[D]. 沈阳:沈阳农业大学,2003
[59] 杨春起. 观赏百合实用生产技术[M]. 北京:中国农业出版社,2008.
[60] Shin K S,Chakrabarty D,Paek K Y. Sprouting rate,change of carbohydrate contents and related enzymes during cold treatment of lily bulblets regenerated in vitro[J]. Scientia Horticulturae,2002,96: 195-204.
[61] Langens-Gerrits M M, Miller WBM,Croes A F,et al. Effect of low temperature on dormancy breaking and growth after planting in lily bulblets regenerated in vitro[J]. Plant Growth Regulation,2003,40: 267-275.

[62] 杨琳,张延龙,牛立新.低温对百合种球休眠的影响[J].陕西农业科学,2005,03:49-51.
[63] 罗丽兰,石雷,张金政.低温对解除百合鳞茎休眠和促进开花的作用[J]. 园艺学报,2007,34(2):517-524.
[64] Langens G M, Hol T, Croes T. Dormancy breaking in lily bulblets regenerated in vitro: effects on growth after planting[J]. Acta Horticulturae,1997,430:429-436.
[65] 曹毅,周荣,黎明星,等. 低温及乙烯利处理鳞茎对药百合的影响[J].种子,2002,01:35-36.
[66] 陈海霞.药剂处理对百合鳞茎打破休眠及促进开花效应的研究[D]. 杨陵:西北农林科技大学,2007.
[67] 覃琳岚.GA3 和 CEPA 处理对香水百合鳞茎冷藏期间生理及其后期生长发育的影响.[D].成都:四川农业大学,2014.
[68] 黄彦玮,师桂英,李谋强,等.外源 GA3、ABA 对低温冷藏兰州百合种球萌发的促抑效应及种球碳水化合物变化研究[J].甘肃农业大学学报,2016,1:55-61.
[69] Sindhu S S,Niimi Y,Pathania N S. In-vitro propagation of Asiatic hybrid lily[J]. Indian Journal of Agricultural Sciences,2002,72:639-642.
[70] 徐智雷.龙牙百合低温解除休眠期间蛋白质和核酸的变化[D].江西:南昌大学,2006.
[71] 何桂芳,夏宜平,黄春辉,等.东方百合鳞茎低温解除休眠过程中的形态和生理变化[J].浙江农业学报,2006,18 (3):167-170.
[72] 刘芳,王家艳,王晓丽,等.细叶百合鳞茎在低温解除休眠过程中茎尖细胞超微结构的变化[J]. 园艺学报,2013,40: 1110-1118.
[73] 刘芳.细叶百合鳞茎休眠解除过程的生物学分析[D].哈尔滨:东北林业大学,2014.
[74] 周蕴薇,刘芳.百合种球发育及膨大的研究进展[J]. 北方园艺,2007(2):53-56.
[75] 李雪艳,基于 RNA-Seq 的兰州百合鳞茎淀粉-蔗糖代谢关键酶 SuSy 和 INV 基因的挖掘[D].沈阳:沈阳农业大学,2015.
[76] 黄作喜,吴学尉,段辉国,等.百合商品种球冷贮关键技术研究[J].北方园艺, 2004,06:61-63.
[77] 熊红利,王艳梅.百合种球冷藏技术[J].中国农学通报, 2001,17(4):108.
[78] Imanishi H,Shimada Y,Yoshiyama,et al. Sleeper occurrence after chilling in relation to depth of dormancy and bulb storage in easter lily (*Lilium longiflorum* Thumb)bulbs[J]. The Japanese Society for Horticultural Science,1997,66(1):157-162.
[79] 何桂芳.东方百合鳞茎打破休眠和低温冷藏技术研究[D].杭州:浙江大学, 2005.
[80] 周俐宏,印东生,宁景华.东方百合鳞茎打破休眠和低温冷藏技术研究[J].黑龙江农业科学,2010,2:46-48.
[81] 辛淑英,谢欣.甘露醇浓度对百合种质离体保存的影响[J].作物品种资源,1995,3:50-52.
[82] Tuyl J M, Holsteijn. Lily breeding research in the Netherlands[J]. Acta Horticulture,1996,414:35-45.
[83] 张庆丽.百合种球的贮藏和保鲜技术[J].现代农村科技,2010,21:71-72.
[84] Lang G. Dormancy: a Universal Terminology[J]. Hortscience,1987,22:817-820.

[85] 张亚娟,谢忠奎,高宏.东方百合低温打破休眠期间碳水化合物及呼吸代谢变化[J].中国沙漠,2012,1:100-104.

[86] Aung L H, De Hertogh A A. Temperature regulation of growth and endogenous abscisic acid-like coianantent of *Tulip gesner* L. [J]. Physiol. Plant, 1979, 63:1111-1116.

[87] 侯玲玲,夏宜平,何桂芳.低温作用影响百合鳞茎休眠的研究进展[J]. 青海大学学报:自然科学版,2006,24(5):60-62.

[88] 朱四易.中国贝母属植物研究[M].西安:西北大学出版社,1995.

[89] 李春俭,秦振栋.低温处理过程中伊贝母鳞茎中若干生理生化变化与休眠解除的关系[J]. 西北植物学报, 1987,7(1):23-28.

[90] Wang S Y, Roberts A N. Physiology of dormancy in Lilium longiflorum 'Ace'[J]. Journal of the American Society of Horticultural Science, 1970, 95:554-558.

[91] 宁云芬,申昌,宾哲源.低温贮藏下新铁炮百合鳞茎的内源激素含量变化[J].农业研究与应用,2015,2:1-7.

[92] 徐志雷.龙牙百合低温解除休眠期间蛋白质和核酸的变化[D].南昌:南昌大学,2006.

[93] 徐伟韦.东方百合自繁鳞茎的发育与冷藏生理机制研究[D]. 杭州:浙江大学, 2007.

[94] 杜雨松.不同海拔对东方百合种球冷处理期间生理变化的影响[D].太原:山西大学,2011.

[95] 王中轩,杨森,杜运鹏,等."黄天霸"百合鳞茎低温解除休眠过程中形态和生理的变化[J]. 福建农林大学学报:自然科学版,2013,42(1):29-34.

[96]陶贵荣.外源激素和CHM、AMD对伊贝母鳞茎更新芽解除休眠的影响[J].西北大学学报,1998,29(2):29-32.

[97] 孙红梅,李天来,李云飞.低温冷藏期间百合鳞茎中的游离氨基酸组分和含量变化[J].植物生理学通报, 2004,40(4):414-418.

[98] 孙红梅,张涛,王春夏, 等.百合种球大小对不同发育阶段鳞茎中糖和淀粉含量及淀粉酶活性的影响[J]. 沈阳农业大学学报,2008,39(5):546-550.

[99] Kim E Y, Choi J D, Park K I. Production of non dormant bulblets of Lilium Oriental Hybrid by control of culture temperature and growth regulators in vitro[J]. Journal of the Korean Society for Horticultural Science, 2000,41 (1):78-82.

[100] 夏宜平,黄春辉,何桂芳,等.东方百合鳞茎冷藏解除休眠的养分代谢和酶活性变化[J].园艺学报, 2006,33(3):571-576.

[101] 陈远平.卵叶韭生态生物学特性及其更新芽休眠解除机理的研究[D].成都:四川农业大学, 2006.

[102]刘艳萍.百合鳞茎低温解除休眠过程中生理生化变化研究[D].哈尔滨:东北林业大学,2007.

[103] 陈业雯,刘芳,高玉刚,等.抗氧化酶对百合鳞茎破眠的影响研究[J].安徽农学通报,2016,22(6):15-16.

[104] 刘芳,陈业雯,李丹丹,等.细叶百合低温解除休眠过程中鳞茎内糖分及相关酶的研究[J].草业学报,2016,25(5):60-68.

[105] 赵梁军. 观赏植物生物学[M]. 北京:中国农业大学出版社,2002.

[106] Syratanova. G. a. and Rakhimbave. I. Fizjol. Rast. 1973,20(4):721-724.
[107] Lin W C, Wilkins H F, Brenner M L. Endogenous Promoter and inhibitor Levels in Lilium longiflorum bulbs[J]. Journal of the American Society for Horticultural Science, 1975,100 (2): 106-109.
[108] Takayama T, Toyomasu T, Yamane H. Identification of gibberellins and abscisic acid in bulbs of Lilium elegans Thunb. and their quantitative changes during cold treatment and subsequent cultivation[J]. Journal of the Japanese Society for Horticultural Science, 1993,63(2):189-196.
[109] Djilianov D, Gerrits M, Ivanova A. ABA content and sensitivity during the development of dormancy in lily bulblets regenerated in vitro[J]. Physiologia Plantarum, 1994,91(4) : 639-644.
[110] 李翊华.百合鳞茎低温解除休眠过程中内源激素的变化研究[D].兰州:甘肃农业大学,2010.
[111] Staden. J. Van. Z. P flanzen Physiol[J]. Bd. 1978,86:323-33.
[112] 贺晓芳.龙牙百合低温解除休眠中茎尖的显微和超微结构变化[D].江西:南昌大学,2006.
[113] 义鸣放.球根花卉[M].北京:中国农业出版社,2000:186.
[114] 龙雅宜,等.百合——球根花卉之王[M].北京:金盾出版社,1999.
[115] Gude H, Verbruggen J, Franssen J. Physiological markers for lily bulb maturity[J]. Acta Horticulturae, 2000, 517: 343-350.
[116] 王丹菲.百合种间杂交研究进展[J],安徽农学通报,2007,13(18)):84-87.
[117] Roh S M. The physicalogy of dormancy and maturely in bulbs of *Lilium longiflorum* Thumb cv. Nallie White. Ⅱ. Dormancy-scale removal and light treatment of the bulbs [J]. Journal of the Korean Society for Horticultural Science, 1977,18(1):101-108.
[118] Aguettaz P, Paffen A, Delvallee I, et al. The development of dormancy in bulblets of Lilium speciosum generated in vitro, 1. the effects of culture conditions[J]. Plant Cell, Tissue and Oran Culture, 1990, 22(3): 167-172.
[119] Suh J K, Lee J S, Roh S M. Bulblet formation and dormancy induction as influenced by temperature, growing media and light quality during scaling propagation of *Lilium* species. International[J]. sumposium on the genus *Lilium*, Taejon, Korea Republic, 28Aug.-1Sep. 1994. Acta Horticulturate, 1996, 414:251-256.
[120] Faust M, Frez A, Rowland L J. Bud dormancy in perennial fruit trees: physiological base for dormancy induction maintenance, and release[J]. Hortscience, 1997, 32(4): 623-629.
[121] 周静.猪牙花的种球生物学特性及光适应性研究[D].哈尔滨:东北林业大学,2010.
[122] 杨琳,张延龙,牛立新.亚洲百合鳞茎休眠过程中需冷量的研究[J].中国农学通报,2005,21(10):262-265.
[123] 乔永旭,张永平,陈超,等.百合鳞茎低温解除休眠与抗氧化系统酶的关系[J].西南农业学报,2010,23(1):161-163.

[124] Charles Edwards, D. A. and Rees. , A. R. ann. Bot. , 1974, 38:401-408.
[125] Miller W B, Langhans R W. Low temperature alters carbohydrate metabolism in easter lily bulbs[J]. Hortscience, 1990, 25(4):463-465.
[126] 刘芳,景艳丽.水杨酸浸球处理对百合生长发育的影响[J].黑龙江八一农垦大学学报,2009,21(1):22-24.
[127] 孙红梅,李天来,李云飞. 兰州百合鳞茎休眠解除过程中顶芽内源激素变化及其与其他代谢物质变化的相关分析[C].中国园艺学会第十届会员代表大会暨学术讨论会论文集.湖南:中国园艺学会,2005.
[128] 成玉富,姜敦云,赵有为.6-BA、GA3 打破秋莴苣高温休眠及对生长发育的影响[J].江苏农业研究, 2000,01:41-44.
[129] 王丽花,瞿素萍,王继华,等.东方百合种球'Siberia'低温贮藏过程中的形态和生理变化研究[J].西南农业学报,2008,21(6):1695-1697.
[130] 陈晓芳,穆鼎,吕英民,等.百合种球 4℃处理下蔗糖含量及形态变化与打破休眠相关性[C]. 中国园艺学会球根花卉分会.2008 年会暨球根花卉产业发展研讨会论文集.北京:中国农业出版社,2008.
[131] 蔡宣梅,方少忠,郭文杰,等.东方百合不同品种鳞茎冷藏期间形态和生理变化[J].江西农业学报,2009,21(2):68-70.
[132] 周艳萍,郑红娟,贾桂.两个亚洲百合品种立体再生体系的建立[J].北京林业大学学报,2007,29(1):123-127.
[133] 夏兵,吉建邦,王海灿,等.热带果蔬保鲜新技术研究进展及发展前景[J].农产品加工(学刊),2009,1:22-27,88.
[134] 刘北林.食品保鲜技术[M].北京:中国物资出版社,2003.
[135] 申江,刘斌.冰温贮藏保鲜关键技术[C].浙江:中国制冷学会,2007.
[136] 常燕平.减压贮藏新技术的研究与发展前景[J].粮油加工与食品机械,2002,2:8-9.
[137] 辛广,侯冬岩,张兰杰,等. 亚洲百合种球冷藏过程中生理生化变化[J].保鲜与加工,2005,5(1):29-30.
[138] 蔡明,樊晓辉.香石竹切花采后生理及保鲜技术研究进展[J].现代园艺,2007,1:8-10.
[139] 余前缓.不同保鲜剂对百合切花保鲜效应的研究[D].成都:四川农业大学,2010.
[140] 史宝胜,郭润芳.切花的保鲜措施[J].农村实用科技,2001,6:32.
[141] 高俊平.观赏植物采后生理与技术[M].北京:中国农业大学出版社,2002.
[142] 沈革志,杨红娟,张永春,等.百合不同品种的花芽分化观察及切花评价[J].上海农业学报, 1999,15(2):65-69.
[143] Fanelli F L, de Hertogh A A. The effects of precooling temperatures and durations on forcing of *Lilium longiflorum* ,'NellieWhite'[J]. Acta Hort, 2002, 570(8):147-152.
[144] 周晓音,王路永.切花百合鳞茎低温处理效应初探.浙江农业科学[J].2001,5: 240-242.
[145] 刘焕新, 李景申.低温处理对提高百合切花品质影响的试验[J]. 天津农林科技, 2002,2:5-6.
[146] de Hertogh A. Holland bulb forcer's guide[J]. The International Flower Bulb Centre and the Dutch Bulb Exporters Association, 2004:95-100.

[147] 黄济明,杨建瑛,林国栋. 麝香百合花芽分化过程的观察[J]. 园艺学报，1985,12(3):203-206.
[148] 徐振华,钱金娥,刘常玲,等. 郁金香切花生产与盲花的预防技术[J]. 河北林业科技,1999(3):15-16.
[149] 林艳,曹军合. 花卉优良品种退化的主要原因及防退措施[J]. 河北林业科技,1999,(3):39-41.
[150] 宋军阳,齐西婷. 引起郁金香产生盲花的因素分析[J]. 湖北农学院学报,2000,20(1):37-39.
[151] 范慧玲,徐祖荣,徐安庆. 百合盲花现象发生的原因及防止措施初探[J]. 现代园艺,2005,6:34-35.
[152] 李敬川,徐振华,刘艳红. 引起球根花卉盲花的因素分析[J]. 北方园艺,2002(6):30-31.
[153] 徐振华. 百合种球高山生态培育及低温贮藏技术[J]. 中国林副特产,2002,1:44-45.
[154] 陆銮眉. 亚洲型切花百合引种试种初报[J]. 福建热作科技,1994,19(1):31-33.

作者简介

杨春起,男,1959 年生于北京,毕业于中国农业大学园艺系,博士研究生学历,高级农艺师。曾先后担任北京市农场局处长、北京花卉服务公司总经理、粤海集团东深投资控股有限公司首席花卉顾问等职,现任北京市昌平区园林绿化局总工程师。

在国内外科技期刊上发表科技论 35 篇,主编《观赏百合实用生产技术》等著作 3 部,主持制定、推行了北京市地方标准《切花百合设施生产技术规程》《花卉产品等级 切花百合》,参与制定国家行业标准《切花百合生产技术规程》。研发的“东方系切花百合的栽培基质及其配制方法和应用”获得国家发明专利,百合切花礼品盒获得外观设计专利、实用新型专利。参与的“四种重要花卉高效生产与流通关键技术研究应用”获教育部科技进步一等奖。主持的“百合栽培标准化示范区”项目荣获北京市农业技术推广奖三等奖、北京市园林绿化科技进步三等奖,主持的“百合种球国产化繁殖关键技术”项目荣获北京市园林绿化科技进步一等奖,主持的“优质百合鲜切花关键生产技术与产业开发研究”项目荣获北京市园林绿化科技进步三等奖。研发的“东方系切花百合的栽培基质及其配制方法和应用”荣获第九届中国花卉博览会组委会、中国花卉协会科技成果类(新技术)铜奖。先后荣获 2008 年昌平区委、区政府“社会主义新农村建设优秀科技工作者”、2008 年昌平区“十佳科技协调员”、2009 年“全国优秀科技特派员”、2010 年“北京市先进工作者”、2012 年“首都市民学习之星”、2013 年“北京农村经济发展‘十佳’科技工作者”等荣誉称号。

影响百合种球繁殖国产化的主要因素分析

杨春起　史东霞　徐　扬
北京市昌平区园林绿化局

摘要：百合种球繁殖国产化是影响中国百合切花发展的重要瓶颈，本文通过对中国百合种球繁殖国产化的现状、存在的问题、主要制约因素的分析，提出促进百合种球国产化的新对策。

关键词：百合；种球；国产化

中国花卉产业取得了令人瞩目的连续、稳定的增长势头。据中国农业部统计，2010 年全国花卉种植面积达到 91.8 万 hm^2，比 2009 年增长 10.0%，全年花卉销售额 862.1 亿元，比 2009 年增长 19.8%，两者增幅均创 2005 年以来新高。种球用花卉种植面积比 2009 年增长 16.9%，种球用量比例突破 10 亿粒，其中，百合种球用量比例突破了 50%。而作为第四大花卉的百合切花的种球国产化繁殖却远远落后于产业的需求。本文试图通过近几年的实践研究，剖析影响百合种球繁殖国产化的瓶颈，探索促进百合种球国产化的新对策。

1　百合种球繁殖国产化的现状

1.1　百合种球繁殖现状

目前我国百合种球繁殖尚处于探索阶段，百合切花的种球大部分依靠从荷兰进口[1]。究其原因是国内尚未形成自己的百合种球生产、繁殖及冷藏处理技术。百合鳞茎冷藏是百合种球生产中必不可少的一环，其作用主要是利用冷量积累来打破鳞茎的休眠，并使鳞茎的生命活动减少，有利于种球长时间的保鲜，便于调节花期，达到周年供花。要长久地发展我国的百合生产，其中的“瓶颈”问题是实现优质种球的国产化[2]。全国种球繁殖面积达 4 600 亩，年产百合商品球 8 500 万粒左右（含二茬球），但是国产种球质量较国外进口种球的质量仍有差距，百合切花栽培的大部分种球还要靠进口。据不完全统计，近几年每年从荷兰、智利、新西兰、法国和非洲进口的百合种球超过 2 亿粒，成为花卉进口外汇支付的主要途径。

1.2　百合种球繁殖过程中存在的问题

荷兰从事百合种球的大规模培育生产已有数十年历史，其大田生产及种球采后处理全都为机械化操作，种球的采收时间，贮藏介质材料选择，湿度、温度控制，贮藏期等，均实行统一标准，处理种球在控温条件下通常于 24 h 内完成。商品种球的质量稳定，能大批量供应，并可周年供应市场，冷藏 10～12 个月内可完全保证质量[3]。由于我国百合种球繁殖国产化尚属初级阶段，诸多技术问题还没有得到解决，导致种球繁殖上出现诸多问题。

1.2.1 生产种球的均匀度低、商品率不高

近年来，国内百合种球生产及研究人员积极探索适于本地的国产种球生产技术[4-7]，但均处于试验阶段，无确切的技术指标，使得收获后种球的均匀度低，种球饱满度、紧实度较差，商品率不高。据报道，浙江省高山地区利用周径为 6～9 cm 的鳞片球开展种球繁殖工作，一年后周径为 16～18 cm 以上的大球仅占 25% 左右[8]。同时，种球商品率呈现高规格少、中规格不多、小规格多的锥形产品结构，而非正常的高规格少、中规格多、小规格少的纺锤形产品结构。

1.2.2 病害严重、病毒病感染率高

百合种球生产需要 9 个月甚至更长时间，这需要生产者对病害进行长期监控与防治。另一方面中国土地资源匮乏，实现轮耕制有很大困难，而土地在完成一季百合种球生产后，必须轮作其他科属农作物 5～7 年，直到土壤各项条件恢复后才能再次进行百合种球繁殖生产，因此同等规模的产出，需要有至少 5 倍的土地资源储备，这对花企来说，难度和压力极大。而同一地块重茬种植，造成土壤中病原菌、虫卵以及线虫的大量积累，且地下生长的百合种球被病菌侵染后，不易被发现，这必然给百合种球繁殖带来不可挽回的损失。

百合的病毒病最早研究来自 Stewart 百合的坏死条纹。到目前为止，报道过的百合病毒共约有 19 种，植原体(phytoplasma)1 种[9]。病毒病是影响百合种球国产化的重要限制因子，该病的控制除了实验室的脱毒环节以外，更重要的是种植过程中环境的控制和管理。随着百合生产规模的扩大，种球几代自繁和快速流通使得百合病毒病累积日趋严重，影响了百合的观赏价值和经济价值[10]，另一方面，由媒介昆虫传播发生的几种重要的百合病毒，如黄瓜花叶病毒(CMV)、百合无症病毒(LSV)等，各百合种植区都有不同程度的发生，严重影响百合的产量与质量[11]。

1.2.3 种球采后处理技术及长期储存条件不成熟，不能周年储藏，发芽势低、出苗整齐度差

百合种球采后处理以及长期储藏过程中温度及湿度的控制对其安全储藏及延长供应期有着十分重要的意义。百合种球采后处理包括清洗、消毒、鳞片愈合、分级、计数、包装以及冻藏等环节。每个过程环环相扣，决定种球储藏的质量和活力。其中消毒、鳞片愈合及冻藏等环节十分关键。百合种球为无皮鳞茎，且成熟后淀粉含量较高，鳞片破损后极易感染多种病害，处理不当即会诱发青霉，甚至导致腐烂[4]。相关研究发现，在不当的保存条件下种球在贮存 2 个月后就会出现一定比例的腐烂，在半年后相应的腐烂比例会达到 90%[12]。因此长期冻藏前必须对种球彻底消毒，挑出伤口严重及已经开始腐烂的种球，对于鳞片轻微破损的种球需在消毒后风干，使伤口完全愈合后方可进行下一步处理。目前关于采后处理中存在的问题有两方面，一是消毒方法及药剂的选用方面已经做了很多研究[13-15]，但尚未形成体系；二是促进破损鳞片快速愈合的技术探索尚处于空白。

现阶段大多数百合种球储存在普通冷库中，冷库内温度及气体条件达不到百合种球长期储存的要求，储存的种球处于解冻—冻结—解冻—再冻结的动态变化中，种球冻害或发芽的情况时有发生；加之冷库内 CO_2 浓度比较高，百合种球从有氧呼吸转为厌氧呼吸，加速了种球的病菌感染速度，造成青霉病、软腐病严重，最多损失达 40%以上。

种球在温差大的库内贮藏，不同的温度使得种球接受低温积温不同，达不到相同的春化处

理效果[16]，因此普通冷库处理的种球种植后往往发芽势低，出苗整齐度差，最长出苗时间达到10 d，严重影响切花生产管理和采收的一致性。

2 影响百合种球繁殖国产化的主要因素

荷兰对这一领域的技术细节甚为保密，其生产现场也谢绝参观。我国种球采后贮藏处理技术水平低，种球内的养分积累往往因采收处理不当而迅速减少，这会大大影响种球的开花质量和品质，与播种时种球数量相比其商品率达不到40%[4]。百合种球繁殖国产化技术引进不足、研发缺位、设备落后成为影响百合种球繁殖国产化的主要制约因素。

2.1 技术引进不足、科研技术滞后

我国百合种球繁殖国产化生产与采后处理技术严重滞后，是制约我国百合产业发展的主要因素，也是我国百合种球依赖进口的主要原因。其表现在百合种球繁殖过程中的病害防治特别是病毒病及尖孢镰刀菌的防治及种球生长量的控制等技术不到位，而采后处理上主要表现在采收时间与储存期的关系、解除休眠与储存期的关系、青霉菌与储存期的关系以及环境因子控制等问题，由于诸多问题的存在每年给种球生产者造成严重损失，甚至引发种球质量纠纷。

虽然我国于2012年颁布了《百合、马蹄莲、唐菖蒲种球采后处理技术规程》的国家标准，但其针对性不强，地方上还要根据自身实际情况自行摸索，造成百合种球贮藏的耗费巨大，且技术提升缓慢。鳞茎作为贮藏器官，营养物质的转化是影响鳞茎萌发的重要因素。由于对种球贮藏时间与内部营养的相关性研究、营养损失的内含物质与花芽分化进程的相关性研究等方面的不足，严重制约着我国百合切花种球国产化繁殖的进一步发展。而百合鳞茎的休眠和花芽分化又是影响百合切花周年生产的关键因素。前人对低温条件打破百合鳞茎休眠做了许多研究[17-19]表明，温度是影响休眠的重要因素，但对不同气候条件下不同百合品系或品种所需确切的打破休眠的条件并未形成系统定论，所以进一步深入研究温度对打破百合休眠的影响对百合种球的长期储存有重要的指导意义。

2.2 缺乏采后加工处理设备，种球分选的一致性差

种球采收后入库前要进行严格的清洗、消毒、分级、计数、包装等处理，并以此来为长期储存打下良好的基础。荷兰作为球根花卉的主要生产国，早已形成了一套高度专业化、机械化的种球采后处理工艺流程。近些年来，国内部分单位引进了荷兰的百合种球采后设备，多非成套设备，很难适应国内基地分散、规模小、水源短缺等现实条件，使用起来很难发挥到应有的状态，尚不能从根本上解决种球清洗、消毒、分级、计数、装箱等一系列问题，需要研究解决引进、吸收、改进接地气的现实问题。

2.3 冷库温度的波动性大、精度不高

百合种球最理想的贮藏环境是库内温度差变化≤±0.5℃，且较为均匀，CO_2浓度维持在0.1%范围[20]，是这种球长期贮藏的关键因素。我国的百合种球专用储藏冷库研发滞后，现阶段百合种球使用的冷库设备，多为储存水果、蔬菜的冷库，温度的稳定性差，相应的环境控制水

平还不能满足百合种球打破休眠及长期储存的需要，与种球贮藏需要的温度精度相差甚远，CO_2 浓度控制更是无从谈起。研发符合百合种球贮藏条件的冷库自动控制系统，是百合种球储存和采后处理成功的关键因素之一。

2.4 缺乏自主知识产权的百合品种和相应的配套生产技术

近年来我国在鲜切花百合育种方面取得了可喜的成绩，培育出许多新品种[21]，但与荷兰等花卉研究水平比较先进的国家相比，中国在百合育种方面还非常落后，观赏性较低，难以在市场上具有竞争力，在花卉栽培生产、市场开发等方面也存在诸多问题。我国国民经济持续快速发展，人民生活水平总体提高，消费需求多元化趋势的出现，消费者不仅对百合鲜切花品质有更高要求，对百合花色、品种、重瓣特性等方面也提出了更高的要求。通过对北京主要花卉市场调查了解到，百合切花品种以“老三样”为主，即白色的西伯利亚占 40%左右，粉色的索邦占 40%左右及黄色的木门占 15%～20%，全年销售的罗宾那、蒙特祖玛以及亚洲百合等其他品种所占比例不到 5%。国内昆明、凌源等几大百合切花主产区，东方百合品种主要集中为西伯利亚和索邦，品种结构单一。由此可见，百合鲜切花生产、新品种培育与市场多元化、多样化的需求仍有差距，更有研究发现切花品质与进口品种仍有一定差距[22]，加之有的品种也没有相应的配套栽培技术，影响百合种球的商品率，市场推广前景欠佳。

2.5 土壤消毒方法单一，杀菌不彻底，栽培技术落后

近年来，由于连作障碍和栽培技术不规范等原因，造成百合病害发生日益严重。目前针对百合连作土壤开展了一些传统农药及新型农药消毒试验[23-24]，但是由于没有专门针对百合种球繁殖过程中土壤消毒的药剂，绝大多数百合种球生产商采用常规化学农药进行土壤灭菌工作，并未开展药剂用量试验及灭菌效果检测，加之土壤条件的复杂性和环境条件的特殊性，使得杀菌效果不理想，同时，栽培技术又不能及时跟进，导致土传病害频繁发生，严重影响种球繁殖质量。

3 促进百合种球繁殖国产化的对策

3.1 建立产业化综合研发团队，研究、探讨制约百合种球繁殖国产化的关键措施和技术

我国百合产业起步较晚，科研重视力度不够，且百合种球田间管理、采收、处理、冷藏等环节均有相应的关键技术，深入彻底研究各个环节的关键技术需要极大的资金投入，单凭一己之力难以全部完成。这就需要组建全国性的综合研发团队，建立全国性的百合种球相关企业、科研机构、院校的定期交流机制，分解研究制约百合种球繁殖国产化的关键技术和措施，发挥各地科研优势形成合力，实现全国科技资源的共享，全面提高国产百合种球的质量，进而提高我国百合切花产品的品质和价值。

3.2 建立百合种球繁殖国产化标准化体系

百合种球繁殖是一项复杂的系统工程，包括两大方面内容，一是生产技术标准化，二是采

后处理标准化，每一环节都对商品种球的质量构成影响。针对不同地区气候条件、土壤条件以及技术发展最新水平，制定与之相适应的操作规程，标准化规范百合种球繁殖各个环节，使百合种球繁殖、加工、包装、处理、贮藏有据可循，达到真正指导生产者科学开展生产、提高产品质量的目的。

3.3 引进与吸收相结合，研发适合中国国情的采收、加工、贮藏设备、设施

花卉最终产品品质和价值的定位，50%取决于种苗种球质量的概念已成为行业共识，同时自动化采收、加工设备的高效率以及贮藏设备的高精度又是保证产品品质的重要手段之一。只有配备与生产产品、生产条件、人员素质相适应的设备、设施，才能实现良好的经济效益。这就要求我们在引进新设备、新设施的同时，组织相关行业的专家，在引进的基础上，加速研发适合中国国情的采收、加工、贮藏设备、设施。

参考文献

[1] 宁云芬，龙明华，杨美纯，等. 百合鳞茎解除休眠与花期调控的研究[J]. 北方园艺，2002(8)：120-122.

[2] 夏宜平，黄春辉，郑慧俊，等. 百合鳞茎形成与发育生理研究进展[J]. 园艺学报，2001，32(5)：947-953.

[3] 黄作喜，吴学尉，段辉国，等. 百合商品种球冷贮关键技术研究[J]. 北方园艺，2004(6)：61-63.

[4] 郭宇龙，张延龙，司国臣，等. 不同基质及施肥对百合籽球生长的影响[J]. 中国土壤与肥料，2013 (3)：58-63.

[5] 杨佳明，赵兴华，屈连伟，等. 不同施肥方法对东方百合种球复壮的影响[J]. 北方园艺，2011(3)：80-82.

[6] 蔡宣梅，郭文杰，张洁，等. 喷施氯化胆碱对东方百合“索邦”种球生产的影响[J]. 中国农学通报，2016：32(31)：98-101.

[7] 张秀娟，张欢，薛敦孟，等. 摘蕾对百合品种“索邦”和“黄天霸”种球质量的影响[J]. 河北农业大学学报，2010，33(3)：17-21.

[8] 夏宜平，潘菊明，郑慧俊，等. 从种球高山繁育实践谈东方百合的国产化问题[J]. 中国花卉园艺，2005，7：12-15.

[9] 丰先红，李健，罗孝贵. 百合病毒脱除技术研究进展[J]. 农学学报，2015，5(9)：91-95.

[10] 刘艳妮，佘奎军. 百合脱毒技术研究进展[J]. 宁夏农林科技，2014，55(8)：10-11，15.

[11] 朱亚灵. 百合病毒病媒介昆虫的研究[J]. 中国园艺文摘，2013，10.

[12] 徐兴长. 唐菖蒲种球周年贮藏技术[J]. 种子科技，2004(6)：355-356.

[13] 杨迎东，王伟东，白一光，等. 百合种球消毒害虫灭杀试验[J]. 北方园艺，2017(5)：109-113.

[14] 杨迎东，白一光，胡新颖，等. 百合种球消毒安全配方筛选试验[J]. 辽宁农业科学，2017(4)：34-38.

[15] 杨迎东，冯秀丽，王伟东，等. 百合鳞茎青霉病防治药剂筛选[J]. 北方园艺，2016，(5)：144-147.

[16] 周晓音，王路永，沈红涛，等. 切花百合鳞茎低温处理效应初探[J]. 浙江农业科学，2001，(5)：240-242.

[17] 刘晓荣，王志刚，张惠华，等. 不同品种东方百合鳞茎低温冷藏过程中形态和生理的变化[J]. 园艺与种苗，2014(1)：26-28.

[18] 张亚娟，谢忠奎，高宏，等. 东方百合低温打破休眠期间碳水化合物及呼吸代谢变化[J]. 中国沙漠，2012，32(1)：100-104.

[19] 罗丽兰，石雷，张金政. 低温对解除百合鳞茎休眠和促进开花的作用. 园艺学报，2007，34(2)：517-524.

[20] 王祥宁，李淑斌，陈朋丛，等. 百合种球长期冷藏库的设计及应用效果[J]. 农业工程学报，2010，26(7)：147-151.

[21] 赵祥云，王文和. 拓展市场　强强联手　合作共赢——我国百合产业现状、存在问题和发展前景[J]. 中国花卉园艺，2017 (13)：10-13.

[22] 张英杰. 国产与进口东方百合“索邦”种球开花进程与切花品质对比研究[D]. 北京：北京林业大学，2013.

[23] 周佳民，宋荣，张天术，等. 不同土壤消毒剂对药用百合病害防治效果的研究[J]. 山地农业生物学报，2016，35(6)：76- 80.

[24] 陈伯适，戴良英，刘宏. 竹醋液用于土壤百合疫霉菌灭杀试验研究[J]. 农业灾害研究，2014，4(3)：26-27，29.

作者简介

史东霞，女，1973 年生于河南，大专学历。参与完成“百合栽培标准化示范区”项目，荣获北京市农业技术推广奖三等奖、北京市园林绿化科技进步三等奖；参与完成“基于循环农业内涵的百合产业科技示范工程”项目的子项目“百合种球国产化繁殖关键技术”，荣获北京市园林绿化科技进步一等奖；参与完成“百合种球国产化繁殖技术试验、示范”项目；参与完成百合种球采后加工设备项目；参与完成“‘十三五’昌平生态系统建设对策研究”的编写；组织昌平区自产花卉参加第八届、第九届花卉园艺博览会，取得优异成绩；为昌平区百合产业的发展以及百合生产技术的推广做出了贡献。

徐扬，女，1981 年生于北京，2007 年毕业于北京林业大学森林培育专业，硕士研究生学历，高级工程师。参与完成“百合栽培标准化示范区”项目，荣获北京市农业技术推广奖三等奖、北京市园林绿化科技进步三等奖；参与完成“基于循环农业内涵的百合产业科技示范工程”项目的子项目“百合种球国产化繁殖关键技术”，荣获北京市园林绿化科技进步一等奖；参与完成“百合种球国产化繁殖技术试验、示范”项目；参与完成百合种球采后加工设备项目；参与完成

"'十三五'昌平生态系统建设对策研究"的编写。曾赴荷兰马克公司学习百合种球收获、扦插、储藏技术,对荷兰先进的百合种球技术有了初步的了解,为昌平区百合产业的发展以及百合生产技术的推广做出了贡献。在《南京林业大学学报(自然科学版)》《黑龙江农业科学》《农学学报》上发表论文三篇。

(杨春起的简介见 32 页)

百合鳞茎繁殖技术规程

杨春起　史东霞　徐　扬
北京市昌平区园林绿化局

为规范百合鳞茎繁殖中籽球种植、田间管理等技术指标，提高百合鳞茎产品质量，推动百合产业可持续发展，特制定此规程。

1　范围

本标准规定了百合鳞茎繁殖中籽球种植及田间日常管理的技术要求。

本标准适用于北京地区百合鳞茎的繁殖。

2　规范性引用文件

下列文件对于本文件的应用是必不可少的。凡是注日期的引用文件，仅所注日期的版本适用于本文件。凡是不注日期的引用文件，其最新版本(包括所有的修改单)适用于本文件。

GB/T 18247.6 主要花卉产品等级 第 6 部分：花卉种球

DB11/T 1046—2013 百合种球繁殖技术规程

LY/T 1913—2010 切花百合生产技术规程

DB11/T 682—2009 切花百合设施生产技术规程

DB11/T 1049—2013 花卉产品等级　切花百合

DB11/T 680—2009 彩色马蹄莲种球繁殖技术规程

3　术语和定义

下列术语和定义适用于本文件。

3.1　鳞茎(bulb)

地下茎变态成肉质扁平短缩的鳞茎盘，其上的叶片肥厚肉质化，并相互抱合而形成的球状物。

3.2　鳞茎周长(perimeter of bulb)

垂直于鳞茎茎轴测量出的最大圆周长。

3.3 籽球(bulblet)

切花百合鳞茎周长小于 14 cm,盆花百合鳞茎周长小于 10 cm 的小鳞茎。

4 种植前准备

4.1 基质

栽培基质宜具备疏松、透气、排水良好等特性,pH 5.5～6.5,EC 值低于 0.9 ms/cm,氯离子含量低于 1.5 mmol/L。常用基质及体积配比为:草炭∶蛭石=1∶1,并充分混匀。新基质一般不需要进行消毒,不建议重复使用基质。

4.2 整地作畦

4.2.1 小高畦

土壤栽植,宜选用小高畦。畦高 20 cm,畦宽 80～100 cm,作业道 25～30 cm。

4.2.2 栽植床

基质栽植,宜选用栽植床。床宽 80～100 cm,基质厚 16～18 cm,作业道 25～30 cm。

4.3 基肥

每亩施用硫酸镁 9.4 kg,硝酸钾 5.9 kg,磷酸二氢钾 5 kg,尿素 4.7 kg。

4.4 种植前的处理

长期冻藏的籽球应置于 10～15℃的遮阴环境中缓慢解冻,完全解冻后即可种植。解冻后不能及时种植的,应打开包装袋口,置于阴凉处,并在 24 h 内种植完毕。5℃低温处理的籽球取出后可立即种植。

5 种植

5.1 种植方法

撒播种植。相同品种的籽球应种植在同一地块,相同规格、相同批号的籽球宜种植在同一地块。

5.2 覆土厚度

覆土厚度为籽球直径的 2～3 倍。覆土后立即浇透水,使籽球与基质充分接触。

5.3 种植密度

鳞茎周长<6 cm,种植密度 66 700 粒/亩;鳞茎周长 6～9 cm,种植密度 56 700 粒/亩;鳞

茎周长 9～12 cm，种植密度 50 000 粒/亩；鳞茎周长 12～14 cm，种植密度 43 400 粒/亩。

5.4 种植信息记录

记录各地块种植的籽球品种、规格和批号。

6 地温调节

种植初期地温保持在 12～15℃，生长期间气温白天 18～25℃，夜间 13～16℃。夏季地温控制在 20℃以下。

7 水分管理

定植初期田间持水量应为 70%左右，茎根生长期间田间持水量控制在 60%左右。见干见湿，严防积水。整个生长期内，空气湿度控制在 50%～80%。

8 施肥管理

苗高 20 cm 开始施尿素，7 d 一次，连施 2 次，每次每亩 20～25 kg，同时配合螯合铁灌根，7 d 一次，连施 2 次，每次每亩 3.3～4.2 kg。之后每亩施用硫酸镁 5.6 kg，硝酸钾 3.5 kg，磷酸二氢钾 3 kg，尿素 2.8 kg，10 d 一次，直至收获前一个月。

9 光照控制

光照强度 6 000～40 000 lx。光照过强、温度过高时应适当遮阳。宜选用遮光率 70%～80%的遮阳网。

10 去蕾

花蕾长至 1 cm 左右时摘除。宜在晴天上午进行。

11 病虫害防治

11.1 蚜虫防治

自 70%的幼苗展叶开始，整个生长期内，每隔 7 d 在叶片上喷洒矿物油+10%吡虫啉 1 500 倍液预防蚜虫危害；每亩悬挂黄板 20 张，诱杀蚜虫。发现感染病毒的植株，及时拔除销毁。

11.2 其他病虫害防治及农药使用

参见 DB11/T 682—2009 附录 B 及附录 C。

百合鳞茎的采收、分级、包装、贮藏、运输规程

杨春起　徐　扬　史东霞
北京市昌平区园林绿化局

为规范百合鳞茎采收、分级、包装、贮藏、运输等各环节技术指标，提高百合鳞茎产品质量，推动百合产业可持续发展，特制定此规程。

1　范围

本标准规定了百合鳞茎采收、清洗、消毒、分级、抽检、包装、贮藏、运输等的基本技术要求。

本标准适用于北京地区百合鳞茎采收、分级、包装、贮藏、运输。

2　规范性引用文件

下列文件对于本文件的应用是必不可少的。凡是注日期的引用文件，仅所注日期的版本适用于本文件。凡是不注日期的引用文件，其最新版本(包括所有的修改单)适用于本文件。

GBT 18247.6—2000 主要花卉产品等级　第 6 部分　花卉种球

GB 2772—1999 林木种子检验规程

DB11/T 1046—2013 百合种球繁育技术规程

DB11/T 682—2009 切花百合设施生产技术规程

DB11/T 1049—2013 花卉产品等级　切花百合

3　术语和定义

下列术语和定义适用于本文件。

3.1　鳞茎(bulb)

地下茎变态成肉质扁平短缩的鳞茎盘，其上的叶片肥厚肉质化，并相互抱合而形成的球状物。

3.2　鳞茎周长(perimeter of bulb)

垂直于鳞茎茎轴测量出的最大圆周长。

3.3 籽球(bulblet)

切花百合鳞茎周长小于 14 cm,盆栽百合鳞茎周长小于 10 cm 的小鳞茎。

3.4 鳞片(scale)

着生在鳞茎盘上的肉质膨大的变态叶。

3.5 鳞茎高度(the height of the bulb)

芽与基盘相连处到顶端的距离,不包含顶端软化部分。

4 采收

4.1 采收标准与时间

4.1.1 采收标准

百合植株地上部分自然干枯,茎杆与鳞茎相连部分完全分离时即可采收。

4.1.2 采收时间

一般于秋末冬初,土壤温度降至 0℃以下之前,选择晴天采收。

4.2 采收方法

人工或机械采挖。采收后应及时送至冷库预冷。

4.3 采收注意事项

4.3.1 采收前要控制土壤水分,使之适当干燥利于采收。

4.3.2 采收时应避免机械损伤。

4.3.3 基质冻结时,不可强行采收。

4.3.4 采收后忌阳光直晒,忌长时间室外堆放。

4.3.5 不能立即送至冷库的鳞茎,应放置于 0～5℃条件下,并用棉被、草帘等覆盖,避免鳞茎受冻。

5 预冷

将采收的鳞茎及时放入 5℃冷库中预冷。

6 清洗

将采收后的鳞茎用清水冲洗干净后,借助风扇等辅助设施尽快风干鳞茎表面。避免鳞片脱落、鳞茎受伤的情况发生。

7 分级

7.1 质量等级

商品用百合鳞茎质量等级应符合 GB/T 18247.6 中规定的要求。

7.2 分级标准

按照鳞茎周长进行分级。分为 4～6 cm,6～8 cm,8～10 cm,10～12 cm,12～14 cm,14～16 cm,16～18 cm,18～20 cm,20 cm。

7.3 质量标准

项目	切花用百合鳞茎	多芽百合鳞茎	繁育用百合籽球
整体	呈球形或近球形,无畸形		无畸形
横切面	近圆形。切面椭圆形的种球做降级处理		—
饱满度	各个鳞片之间包裹紧密,无缝隙		各个鳞片之间包裹较紧密
芽数	单芽	≥2 个	≥1 个
鳞片	无脱落、冻伤、萎缩、腐烂情况,擦伤伤口完全自愈		
根系	主根≥5 条,长度≥10 cm,并有少量须根,无萎缩情况		主根≥3 条,长度≥5 cm,无萎缩情况
病虫害	无病虫害		

8 消毒

8.1 消毒液配比

1 000 倍(50%多菌灵∶75%百菌清∶70%代森锰锌=1∶1∶1),3 000 倍液 72%农用链霉素,1 000 倍辛硫磷药液浸泡鳞茎 30 min 后取出风干。

8.2 注意事项

消毒药液应每天更换。

消毒药液温度及环境温度高于 0℃。消毒过程中避免阳光直晒。

9 计数

8 cm 以下,10 kg/箱;8～10 cm,600 粒/箱;10～12 cm,500 粒/箱;12～14 cm,400 粒/箱;

14～16 cm，300 粒/箱；16～18 cm，200 粒/箱；18～20 cm，150 粒/箱；20 cm，100 粒/箱。

10 抽检

10.1 抽检方法

按 GB 2772—1999 第 3 章进行。

10.2 抽检项目

品种、规格、数量、芽数、合格鳞茎数量、畸形鳞茎数量、无根鳞茎数量、病虫害情况。

10.3 抽检合格率

合格率 95％以上即为抽检合格。

11 包装

11.1 包装材料的选择及消毒

11.1.1 包装材料选择

包装材料包括塑料箱、塑料袋、保湿介质。塑料箱规格为 60 cm×40 cm×24 cm；塑料袋按 20～25 孔/m^2 打孔，孔直径 0.8 cm。保湿介质一般用质量优良，无结块，无杂质的草炭。

11.1.2 保湿介质消毒

1 000 倍（50％多菌灵∶75％百菌清∶70％代森锰锌＝1∶1∶1）药液，均匀喷洒在介质表面并混合均匀。

11.1.3 保湿介质湿度

保湿介质湿度控制在含水率 25％～30％。

11.2 包装要求

将鳞茎与基质充分混匀后进行包装。底层预先铺设草炭，厚度约 1 cm。装箱后种球与种球之间尽量不接触。装箱完成后，表层覆盖草炭，厚度约 1.5 cm。最后将袋口包严，卡好纸板。

11.3 外部标识

包装箱外插好标识，标识注明品种的中英文名称、规格、数量、生产单位、产地等内容。

12 贮藏

12.1 冷库消毒

阿米西达500倍溶液均匀喷洒冷库地面及墙壁。

12.2 鳞茎码放

按照百合鳞茎品种、规格及批次，预先安排鳞茎在冷库内的码放布局，并留出监测步道及通风道。

12.3 温度控制

将冷库温度预先调至所需温度，并保证温度波动范围不超过±0.2℃。

12.3.1 温度监测

箱内插温度表，随时监测温度。

12.3.2 打破休眠

5℃条件下，亚洲百合鳞茎4～7周，东方百合鳞茎8周，其内部芽长到鳞茎高度的2/3时，鳞茎即打破休眠。打破休眠后，应及时销售、播种或冻藏。

12.3.3 长期冻藏

鳞茎打破休眠后将冷库温度逐步降低至冻藏温度。东方百合鳞茎冻藏温度为(−1.5±0.2)℃，亚洲百合鳞茎冻藏温度为(−2±0.2)℃。

12.4 气体控制

冷库每天换气3次，每次3～5 min。换气时打开风扇促进空气流动。

13 运输

选用专用冷藏车，预先将温度调节到(−1.5±0.2)℃。防止出现温湿度剧烈波动的情况。

基于层次分析法的切花百合引种适应性综合评价

徐　扬　史东霞　邓　明
北京市昌平区园林绿化局

摘要：本文对引入北京地区的 9 种切花百合品种进行分析，对切花百合的引种适应性进行综合评价。文章采用层次分析法，选取了整体感、叶部性状、花部性状、生长性状等 4 个特征，即株高、茎粗、茎杆弯曲度、叶片总数/高度、第一叶片长、第一叶片宽、花蕾数量、第一花蕾长、最佳观赏期、生长时间和病虫害抗性等 11 个指标，建立评价体系，并进行计算、评分和排序，筛选出适合在北京地区种植和推广的切花品种，对丰富切花百合品种具有较高的意义和价值。

关键词：层次分析法；切花百合；综合评价

百合(*Lilium* spp.)，又名番韭、山丹等，是百合科(Liliaceae)百合属(*Lilium*)多年生球根植物。切花百合是适合做鲜切花的百合栽培品种。昌平产百合切花以其花色纯正、瓶插时间长、失水性弱、品相好、韧性强、价格低廉等特点，对北京百合切花市场产生了巨大的影响。随着人们生活水平的不断提高，市场对切花百合需求量越来越大，为丰富北京产区切花百合生产品种，满足市场需求，针对新品种的综合评价和引种适应性研究变得非常迫切和重要。

层次分析法，是指将一个复杂的多目标决策问题作为一个系统，将目标分解为多个目标或准则，进而分解为多指标(或准则、约束)的若干层次，通过定性指标模糊量化方法算出层次单排序(权数)和总排序，以作为目标(多指标)、多方案优化决策的系统方法，比较适合于具有分层交错评价指标的目标系统，而且目标值又难以定量描述的决策问题。目前，层次分析法在园艺植物资源评价、品种性状评价、品种耐性评价等方面都已有广泛的应用[1-5]。其作为一种有效的方法，更常常被用于植物引种的适应性综合评价。张冬菊等[6]采用层次分析法，以 40 个单头切花菊品种为食材，根据观赏特性、栽培特性和病虫害抗性等 15 个性状，建立了切花菊引种适应性评价体系，白露等[7]也以 20 种引种的八仙花为试材，通过层次分析法，对八仙花引种进行综合分析。本文以 9 种切花百合品种为试材，利用层次分析法，根据整体感、叶部性状、花部性状和生长性状等特征，构建评价体系，对切花百合引种适应性进行综合评价，筛选出适应在北京地区种植和推广的切花品种，丰富了切花百合品种，对切花百合的引种具有一定的指导意义。

1　材料与方法

1.1　试验材料

试验于 2014 年 10 月至 2015 年 4 月在北京雁北路百合专业合作社温室进行，定植时间为

2014 年 10 月 23 日，基质为草炭：蛭石＝1：1。采用常规的栽培措施管理。参试品种如表 1 所示。

表 1 参试百合品种基本情况

序号	英文名	中文名	品系	种球规格/cm	颜色
1	Pink Step	粉色漫步	OT	20～22	粉
2	Signum	符号	O	20～22	白
3	Missoni	米索尼	OT	20～22	粉
4	Meriva	玛丽瓦	O	18～20	白
5	Largo	慢曲	OT	20～22	深粉
6	Ravenna	拉文纳	O	18～20	粉红
7	Lexus	力士	O	20～22	深粉
8	Constanta	康斯坦萨	O	18～20	白
9	Selene	塞勒涅	L	20～22	白

1.2 试验方法

1.2.1 引种性状的测定

参照国家切花百合产品等级[8]，结合种植者及消费者的意见，最终确定株高、茎粗、茎杆弯曲度、叶片总数/高度、第一叶片长、第一叶片宽、花蕾数量、第一花蕾长、最佳观赏期、生长时间和病虫害抗性 11 个指标进行引种适应性和评价测定分析。每品种随机选取 5 株进行测定，为了减少试验测试误差，同一性状测量工作由同一人进行操作。

株高：由地表至花顶端垂直于地面的植株长度。

地径：十字法测量地表 2 cm 高处茎杆直径。

现蕾日期：50％的基部第一花蕾完全长出叶片可以测量长度的日期。

花蕾数量：每一植株的花蕾数。

第一花蕾长度：基部第一花蕾长度。

蕾下第一叶片长：成熟时(基部两个花蕾显色，下同)蕾下第一叶片长度。

蕾下第一叶片宽：成熟时蕾下第一叶片宽度。

叶片数：成熟时从植株基部起往上至展开的叶片总数。

脱叶数量：成熟时从植株基部往上的脱叶数。

茎杆弯曲度：用手掌握住切花茎杆基部，使茎杆垂直水平方向，轻微左右抖动，静止时切花与地面垂直方向的倾斜角度或弯曲程度。

瓶插期(最佳观赏期)：成熟后剪下插入花瓶，基部第一朵花完全开放至开始萎蔫时间。

成熟期：可收获植株数量占总数量的 30％为成熟期。

1.2.2 评价体系建立

针对引种适应性综合评价而言，层次分析法首先建立递阶层次结构，这里主要是根据与引种适应性密切相关的指标特征建立评价体系;接着是判断各评价指标的重要性,采用 1～9 标度法,构造两两判断矩阵;接着针对某一标准,计算各备选元素的权重;最后结合权重和切花百合实际试验数据,对各品种进行综合评分和排序,最终得出比较准确的评价[9]。

根据切花百合引种适应性的要求和特点,利用层次分析法,筛选评价指标,建立评价体系,主要包括目标层、约束层和标准层 3 层。目标层是指切花百合引种过程中需要达到的要求和目标;约束层主要是指与引种直接相关的各个方面,这里选取了整体性、叶部性状、花部性状和生长性状 4 个方面;标准层是体现约束层的具体指标,选取了株高、茎粗、茎杆弯曲度、叶片总数/高度、第一叶片长、第一叶片宽、花蕾数量、第一花蕾长、最佳观赏期、生长时间和病虫害抗性共 11 个指标(表 2)。

表 2　切花百合引种适应性综合评价因素

目标层	切花百合适应性综合评价 A			
约束层	整体感 B1	叶部性状 B2	花部性状 B3	生产性状 B4
标准层	株高 C1	叶片总数/高度 C4	花蕾数量 C7	生长时间 C10
	茎粗 C2	第一叶片长 C5	第一花蕾长 C8	病虫害抗性 C11
	茎杆弯曲度 C3	第一叶片宽 C6	最佳观赏期 C9	

1.2.3　评价标准的制定

为应用方便,对方案层各评价因素采用评分的方法,拟定对所引进的切花百合 11 个主要性状 4 分制评分标准(表 3)。

表 3　切花百合引种适应性综合评价指标的评分标准

评价因素	评价因子标准及分值			
	4	3	2	1
株高/cm	≥110	[100,110)	[90,100)	<90
茎粗/mm×mm	≥12×12	[11×11,12×12)	[10×10,11×11)	<10×10
茎杆弯曲度/(°)	≤10	(10,20]	(20,30]	>30
叶片总数/片	[35,45)	[30,35),或[45,50)	[25,35),或[50,55)	<25,或≥55
第一叶片长/mm	[180,200)	[170,180),或[200,210)	[160,170),或[210,220)	<160,或≥220
第一叶片宽/mm	[40,60)	[35,40),或[60,65)	[30,35),或[65,70)	<30,或 ≥70
花蕾数量/个	≥4	≥3	≥2	≥1
第一花蕾长/mm	≥130	[115,130)	[100,115)	<100
生长时间/d	<110	[110,120)	[120,130)	≥130
脱叶数量/片	<5	[5,10)	[10,15)	≥15
最佳观赏期/d	≥10	[8,10)	[6,8)	<6

1.2.4 判断矩阵的构造

层次分析法中，评价体系建立完成后，通过1～9标度法(表4)构造判断矩阵，然后计算矩阵的最大特征值 λ_{max} 和各因素的权重 w，得出某一层各因素对上一层因素的相对重要性权重值。计算时，需要对矩阵进行一致性检验，得到矩阵的CI和CR值，只有CR<0.1时，矩阵才具有满意的一致性，计算结果才可信，否则判断矩阵要做适当修正[10]。

$$CI=(\lambda_{max}-n)/(n-1) \tag{1}$$

$$CR=CI/RI \tag{2}$$

式中，n 为判断矩阵的阶数，RI为平均随机一致性指标(表5)。最后根据相对重要性权重值对各因素进行排序。

表4　1～9标度法

标度	含义
1	表示二因素相比，同等重要性
3	表示二因素相比，一因素比另一因素稍微重要
5	表示二因素相比，一因素比另一因素明显重要
7	表示二因素相比，一因素比另一因素强烈重要
9	表示二因素相比，一因素比另一因素极端重要
2、4、6、8	上述二相邻判断的中值，用于需要达到妥协的场合
上述各值的倒数	若因素 i 与因素 j 比较相对重要性以上述之一进行标度，则因素 j 与因素 i 比较则以该值的倒数标度

表5　RI值查询表

n	1	2	3	4	5	n	6	7	8	9
RI	0	0	0.58	0.9	1.12	RI	1.24	1.32	1.41	1.45

1.3 数据分析

采用Excel 2003对百合切花性状指标进行处理分析，采用Matlab_R2012a对矩阵的一致性和切花百合综合评价进行处理分析。

2 结果与分析

2.1 构造矩阵的一致性

在掌握大量具体数据基础上，结合种植者、消费者的意见，构建出B1、B2、B3、B4相对于A的判断矩阵及C1、C2、…、C11分别相对于B1、B2、B3、B4的判断矩阵(表6至表10)，由这些矩阵计算出来的各因素权重值是评价的基础。

表 6 判断矩阵 A-Bi 及其一致性检验

A	B1	B2	B3	B4	w
B1	1	5	1/2	3	0.305 5
B2	1/5	1	1/6	1/5	0.054 1
B3	2	6	1	4	0.485 9
B4	1/3	5	1/4	1	0.154 5

注：λ_{max}= 4.197 2，CI = 0.065 7，CR = 0.073<0.1。

表 7 B1-Ci 判断矩阵及计算结果

B1	C1	C2	C3	w
C1	1	7	3	0.649 1
C2	1/7	1	1/5	0.171 9
C3	1/3	5	1	0.279

注：λ_{max}=3.064 9，CI=0.032 4，CR=0.055 9<0.1。

表 8 B2-Ci 判断矩阵及计算结果

B2	C4	C5	C6	w
C4	1	2	2	0.493 4
C5	1/2	1	1/2	0.195 8
C6	1/2	2	1	0.310 8

注：λ_{max}=3.053 6，CI=0.026 8，CR=0.046 2<0.1。

表 9 B3-Ci 判断矩阵及计算结果

B3	C7	C8	C9	w
C7	1	2	4	0.558 4
C8	1/2	1	3	0.319 6
C9	1/4	1/3	1	0.122

注：λ_{max}=3.018 3，CI=0.009 1，CR=0.015 8<0.1。

表 10 B4-Ci 判断矩阵及计算结果

B4	C10	C11	w
C10	1	1/4	0.2
C11	4	1	0.8

注：λ_{max}=2，CI=0，CR=0<0.1。

2.2 综合评价结果

根据评价因素(C)对所隶属性状(B)的权重值，再用该性状(B)的权值加权综合，即得出各评价因素(C)相对于总的综合评价值(A)的权重值(表 11)。

表 11　权重值计算结果及排序

目标层(A)	约束层(B)	权重值	标准层(C)	权重值	总排序值 wi
切花百合引种适应性综合评价 A	整体感 B1	0.305 5	株高 C1	0.604 6	0.184 7
			茎粗 C2	0.104 8	0.032 0
			茎杆弯曲度 C3	0.290 6	0.088 8
	叶部性状 B2	0.054 1	叶片总数/高度 C4	0.649 1	0.035 1
			第一叶片长 C5	0.171 9	0.009 3
			第一叶片宽 C6	0.279	0.015 1
	花部性状 B3	0.485 9	花蕾数量 C7	0.558 4	0.271 3
			第一花蕾长 C8	0.319 6	0.155 3
			最佳观赏期 C9	0.122 0	0.059 3
	生长性状 B4	0.154 5	生长时间 C10	0.200 0	0.030 9
			病虫害抗性 C11	0.800 0	0.123 6

从表 11 可看出，花蕾及株高的权重值较高，分别为 27.13%、18.47%，说明切花百合引种过程中，当地的气候条件及常规生产措施是否能保证其具备良好的观赏性状十分重要。而叶长的权重值分别仅占 0.93%，对是否引种的影响很小。

按照评分标准，对引种的百合切花逐项打分，然后用各项因子的权重值加权计算，即得到每个候选品种的综合评分值，对综合评分进行排序后，结果如下(表 12)：米索尼(Missoni)＞慢曲(Largo)＞玛丽瓦(Meriva)粉色漫步(Pink Step)＞ 拉文纳(Ravenna)＞符号(Signum)＞塞勒涅(Selene)＞康斯坦萨(Constanta)＞力士(Lexus)。从综合评分及排序的结果看，基本与实际情况相一致。排名前两位的品种由于其综合性状优良，植株高度较为理想，茎杆韧性强，叶片不会相互过度遮光或造成密不透风的情况，观赏期长，抗病性强，较适宜引入。

表 12　综合评分结果及排序

品种	品系	得分	排序
米索尼	OT	3.857 735	1
慢曲	OT	3.839 948	2
玛丽瓦	O	3.804 295	3
粉色漫步	OT	3.671 274	4
拉文纳	O	3.414 036	5
符号	O	3.285 251	6
塞勒涅	L	2.963 538	7
康斯坦萨	O	2.147 02	8
力士	O	1.955 282	9

3 结论

本研究选用引入北京地区的9种切花百合品种,采用层次分析法,根据整体感、叶部性状、花部性状和生长性状等特征,株高、茎粗、茎杆弯曲度、叶片总数/高度、第一叶片长、第一叶片宽、花蕾数量、第一花蕾长、最佳观赏期、生长时间和病虫害抗性等11个指标,并将各评价因子分为4个等级,按1、2、3、4分进行分值标度,以方便实际操作。对切花百合11个指标因子量化分析结果表明,11个影响因子中,花蕾数(0.271 3)、株高(0.184 7)、花蕾长(0.155 3)三个因子的权重最大,符合预期结果。9个切花品种中得分前三名为米索尼(Missoni)、慢曲(Largo)、玛丽瓦(Meriva),与生产中其实际表现相符,体现了综合评价体系的有效性。在目前尚无更合适的评价方法的情况下,该评价体系可作为百合切花评价分级和新品种引进的一个有效判断体系,在未来生产实践中应进一步完善评价体系,使其更加符合实际。

9个切花百合参试品种见图1至图9。

图1 力士

图2 康斯坦萨

图3 拉文纳

图4 慢曲

图 5　粉色漫步

图 6　塞勒涅

图 7　米索尼

图 8　玛丽瓦

图 9　符号

参考文献

[1] 封培波.上海地区引种宿根花卉观赏性评价及耐热、抗寒研究[D].北京:北京林业大学,2003.

[2] 黄启堂,游水生,黄榕辉,等.运用层次分析法评价木质藤本观赏植物资源[J].福建林学院学报,1997,17(3):269-272.

[3] 梁鸣,孙波,杨轶华,等.黑龙江省秋季红叶植物资源观赏性评价[J].东北林业大学学报,2008,36(7):86.

[4] 刘玉莲,殷学波.樱花品种园艺学性状的综合评价[J].江苏农学院学报,1996,17(2):39-43.

[5] 刘振虎,卢欣石,葛军.利用层次分析法综合评价 9 个草坪品种的耐盐性[J].草地学报,2002,10(3):207-216.

[6] 张冬菊,张晓,吴鹏夫,等.基于层次分析法的切花菊引种适应性评价[J].北方园艺,2013(22):82-85.

[7] 白露,张志国,栾东涛,等.基于层次分析法的八仙花引种适应性评价[J].北方园艺,2015(24):40-45.

[8] 北京市地方标准.花卉产品等级 切花百合[Z].DB11T 1049-2013.

[9] 赵焕臣,许树柏,和金生.层次分析法[M].北京:科学出版社,1989:51-59.

[10] 韦新良,马俊,刘恩斌,等.生态景观林树种选择适宜性评价技术研究[J].西北林学院学报,2008,23(6):207-212.

作 者 简 介

邓明,女,1988 年生于北京,2010 年毕业于北京农学院园林专业风景园林方向,本科学历,工学学士。毕业后报考大学生村官到农村基层任职,曾担任北京市农村经济研究中心农村经济发展改革委员会观察员。参与完成昌平区第一届草莓庙会的筹办、2019 年世园会昌平区产品的遴选及第十五届苹果文化节布展等。现就职于北京市昌平区园林绿化局花卉管理中心,科员,主要从事花卉项目申报等工作。

(徐扬和史东霞的简介见 39 页)

球菊栽培技术

李　婷
北京市昌平区园林管理处

摘要：球菊是花坛造景、城市绿化的重要花卉品种之一。本文通过对球菊繁殖要点、栽培技术、常见病虫害及防治措施的论述，总结出生产优质球菊的栽培技术。

关键词：球菊；养护技术；病虫害防治

布兰系列球菊是德国布兰坎普(Brand Kamp)菊花育种公司培育的品种，也是在我国球形菊花应用最多的品种[1]。由于其株型圆润紧凑，不用摘心，自然分枝性强，花朵覆盖性强，花期整齐一致，颜色丰富艳丽，观赏期长等特性，受到广大市民的喜爱。同时也成为园艺景观造景中十分难得的好材料。用布兰系列球菊塑造的景观气势宏大，颜色鲜明，观赏期长，尤其近几年在天安门广场大型花坛景观摆放的效果，更是受到大家的喜爱。北京市昌平区园林管理处与北京市花木有限公司天卉苑花卉研究所合作，引进进口球菊种苗栽培养护，并成功运用到昌平地区摆花造景中，取得了较好的景观效果。经过4年的实践栽培，总结了一套适合昌平地区球菊生产的技术经验，以供参考。

1　球菊栽培前的准备

根据球菊生长的环境需要，创建适宜的生产环境，充足的准备工作能为球菊生长提供最佳的生长环境。

1.1　场地准备

生产球菊应选择光照充足、通风透气良好、排水通畅不积水的场地进行。首先要把场地平整填平，最好用压路机碾压一遍，防止场地土层宣软，摆放花盆积水、倒伏。在平整好的土地上打成4 m宽的高畦，两侧各挖15～20 cm深的排水沟，用于及时排除雨水及浇水产生的积水。用园艺黑地布平铺在畦面上，既整齐美观又可以防止杂草生长及在浇水时溅起泥水污染花盆传播病虫害。

1.2　基质准备

栽培球菊的基质最好用新的，如果是使用栽培过其他品种的旧基质，一定先消毒再使用。选用东北草炭土∶落叶松松针∶珍珠岩∶蛭石＝5∶2∶2∶1的比例用搅拌机混合均匀，在搅拌基质的同时添加氮、磷、钾含量为 14∶14∶14 的缓释肥料做底肥，以每立方基质添加 4～6 kg，基质最好是在使用前 2 天搅拌均匀，或随使用随搅拌。

1.3 盆器的选择

根据生产需要，不同的使用方式选择不同直径及材质的盆具。

广场摆放大型花坛使用 30 cm×35 cm，26 cm×30 cm 的黑色加仑盆；地摆花坛使用 15 cm×15 cm、21 cm×21 cm 的双色盆；上立体花坛用 11 cm×11 cm 的营养钵换卡盆。

2 栽培养护技术方法

球菊具有自然成形的特性，精心的养护可以大大提高球面的丰满程度，圆润性及花蕾的整齐性。

2.1 移栽上盆

小苗上盆最好选在阴天或晴天的傍晚进行。上盆前将准备好的基质适当的浇水，使基质保持适宜的含水量，以手攥不结团、扬起不飞烟为好。根据花盆直径的大小，及目标花期使用时间的不同，确定一个盆里上苗的株数。将基质填至距盆沿 2 cm 处，在中心位置用花铲挖一浅穴，将带根的扦插苗顺根埋入基质穴中，栽植深度与基质坨齐平或略高为好，切忌栽植过深，造成植株“埋芯”现象，不利于植株缓苗发根生长。如果是采用 30 cm×35 cm 的大盆栽培，应选用高、矮一致，分枝均匀的扦插苗以“品”字形栽植在盆内，以利于植株冠幅生长整齐圆润。

新移栽的小苗可以适当遮阴保护，光照强度不超过 5 000 lx。也可以采用不遮阴的方式，每间隔 2～3 h 喷雾降温，减少蒸腾，经过 5～7 天的前期养护，扦插苗基本长出新根成活了(图 1)。

图 1 球菊扦插苗上盆

2.2 水肥管理

菊花是喜欢大肥大水的品种，根据球菊不同的生长阶段及天气情况对水肥的需求不同，合理地进行水肥管理(图 2，图 3)。

图 2 养护浇水

图 3 施肥

2.2.1 传染病预防

为了保护和预防基质及种苗传染病害的发生，在扦插苗上盆后的第一水施用 70%敌磺钠可湿性粉剂 700～1 000 倍液灌根，间隔 7～10 天进行 2～3 次的施药，可以有效地起到保护作用，避免小苗受到病菌的侵害。注意灌根后要及时用清水喷淋叶面，防止叶面药害发生。

2.2.2 灌水时间及灌水量

新移栽的小苗应在上午 10:00 之前和下午 3:00 之后进行浇水作业，水量不宜过大，保持基质潮湿，植株不发生萎蔫为宜。避免晴天中午光照强时浇水，防止基质温度骤变，根系损伤，及叶面灼伤情况的发生。

2.2.3 施肥方法及施肥量

施肥应采用少施勤施的原则。生长初期以氮：磷：钾含量为 20：10：20 的水溶性肥料和尿素交替使用，氮的用量在 250～300 mg/L，一周施用 3～4 次即可。随着生长期的延长，植株由营养生长向生殖生长转变，施肥应以低氮、高磷、高钾(10：30：20)为主要成分，氮含量为 25～30 mg/L。要注意雨后及时补肥，浓度为日常施肥量的 120%～130%。

2.2.4 特殊天气条件下的湿度控制

高温、高湿、闷热、多雨的天气，应视天气情况调节浇水的频率。当晴天气温超过 35℃的时候，可以采用间隔 2～3 h 叶面喷雾的方法，降低温度，增加湿度，减少叶面蒸腾，降温要以喷雾为主，要保持基质见干见湿的原则。

潮湿多雨的天气要及时排出积水，拉大盆间距(图 4)，增加通风透气性。如果连续几日多雨天气，盆内基质含水量饱和，用筷子粗的小棍在盆内扎眼，加快雨水蒸发，促进根系呼吸。

图 4　拉大盆间距

3　株型控制

3.1　摘心

虽然球菊具有自然分枝的特性，但是为了形成更好的株型，建议进行 1～2 次的顶尖摘心(图 5)。当植株枝条长到 5～10 cm，根系伸展到盆壁和盆底时候，就可以进行第一次摘心了。摘除顶芽及幼叶，留 4～5 个叶片。摘心时要高矮一致，有个别徒长枝要长摘心，保持株型整齐圆润。第一次摘心下来的枝条可以插在 15 cm×15 cm 或 21 cm×21 cm 的双色盆里，可以单株上，也可以 3 株品字栽植。第一次摘心完成后要适当减少浇水量，经过 3 周左右的水肥养护，新的枝条长到 5～8 cm 就可以第二次顶尖了。如果想让枝条长得长一些，继续当扦插苗使用，也可以推迟摘心时间。第二次摘心下来的枝条可以多支均匀圆整地上在 11 cm×11 cm 营养钵里，换成卡盆苗在立体花坛上使用(图 6)。最后一次摘心时间应根据植株长势和目标花期来确定。北京地区国庆摆花时使用，最晚摘心时间一般不超过 7 月 15 日。可将一部分球菊摘心时间定在 7 月 30 日，推迟花期在 10 月 1 日后，国庆换花时使用。经过 2 次摘心整形的球菊株形似半圆球，花序整齐一致。

图 5　顶尖摘心找平面

图 6　换盆生长

3.2 调整株间距

根据植株长势及时调整株间距，防止植株间距过小，引起枝条徒长。植株冠幅间应保持5～10 cm 的间距。当植株最后一次摘心枝条长到3～4 cm 时可以喷打一次0.3%生长调节剂比久(B9)，控制植株整体高度，使植株保持低矮紧凑的株型。喷施时间最好在傍晚进行，要注意浓度控制，宁低勿高。

3.3 防鸟网罩住冠球

球菊生长后期花冠幅较大，花枝多，密度大，尤其是盆径在26～30 cm 及以上的，在移动或装车时，容易发生“头重脚轻”的“劈叉”现象，造成整个花球枝条部分分裂，花序折断，中间孔洞的现象。采用30 mm×30 mm 的防鸟网从花冠上向下罩住冠球，增加枝条间的支撑力及整体的拉力，可以有效地避免这些情况的发生，减少成品损伤率，提高植株整体观赏效果(图7)。

图7 加网保护

4 病虫害防治[2]

球菊生长周期长，天气环境恶劣，容易产生各种病害，下面是在实际生产中结合理论总结的几种病虫害的识别症状和防治措施(图8)。

图8 药物防治

4.1 主要病害症状和防治措施(表1)

表1 球菊主要病害症状和防治措施

病害名称	危害部位及症状	发病时期	化学防治措施
细菌性叶斑病	叶、茎、花部病害。下部叶产生黑褐色具同心轮纹不规则病斑,干燥时,病斑脆而下陷,开裂穿孔;可由植株一侧蔓延,感病花芽呈深褐色至黑色,引起芽枯	多雨潮湿易发病	避免从头部浇水,保持叶片干燥,72%农用链霉素可溶性粉剂4 000～6 000倍液叶面喷雾
细菌性枯萎病	全株病害。被侵染插条无明显症状,插条受害后基部变褐腐至黑腐状;受害植株梢或枝条外表初变灰色,后变深褐色腐烂,下垂枯萎,茎部维管组织变色	高温高湿易发病	采用无毒插穗,及时清除销毁病残体,72%农用链霉素可溶性粉剂4 000～6 000倍液叶面喷施
灰霉病	叶、茎、花部病害。病部呈灰白色水渍状病斑,高湿时腐烂并产生浅灰色、蓬松状霉层	连续阴雨,冬季温室内易发病	保持温室湿度低于98%;50%扑海因1 000倍液、50%速克灵1 000倍液、40%施佳乐悬浮剂1 200倍液叶面喷雾
白锈病	叶部病害。叶面生淡黄色病斑,叶背相应处有白色或灰白色小包,后期变淡褐色或黄褐色,病叶提早枯死	春、秋雨季发病严重	清除病残体;合理密植,避免过湿;预防:24%腈菌唑2 000倍液、50%联苯三唑醇1 000倍液、80%大生M45 400倍液全株喷雾;治疗:50%醚菌酯1 000倍液全株喷雾;5%三唑醇2 000倍液
黄萎病	全株病害。叶片由边缘开始褪绿,植株自下而上枯萎,可部分发病,维管束变黑褐色	6月、8月为发病高峰	溴甲烷熏蒸土壤;46%咪酰胺1 000倍液全株喷洒
茎腐病	叶部、茎部病害。初期下部叶片水渍状腐烂,后期叶片自下向上变黑,茎部腐烂;菊花幼苗被感染后,初期白天呈失水状,晚间恢复正常	高温高湿,尤以炎热、午后阵雨通风不良情况易发病	栽培介质消毒处理,清除病残体,可用福多宁、PCNB、扑海因对土壤喷雾;扦插后65%贝芬得可湿性粉剂1 000倍液全株喷雾

4.2 主要虫害症状和防治措施(表2)

表2 球菊主要虫害症状和防治措施

病害名称	危害部位及症状	发病时期	化学防治措施
蚜虫	危害叶片,嫩茎。成虫刺吸植物汁液,使叶片褪绿、变黄、萎蔫,甚至干枯。分泌蜜露可导致煤污病发生,严重影响观赏价值	早春至秋季	黄板诱杀有翅蚜,25%阿克泰5 000倍液、3%啶虫脒1 500倍液、70%吡虫啉7 000倍液喷雾

续表 2

病害名称	危害部位及症状	发病时期	化学防治措施
红蜘蛛（螨类）	危害叶片，茎部，花蕾。喜群集在叶片背面，刺吸汁液，初期叶片出现失绿小白点，后期叶片灰白色、卷曲、皱缩，直至整个叶片枯焦并脱落。花期危害花蕾，使之很快凋落	全年，5—9 月为高峰期	提高空气湿度，清除杂草病叶；40%阿维炔螨特 1 000～2 000 倍液、50%托尔克粉剂 500～2 500 倍液喷雾
菊潜叶蝇	危害叶片。潜食叶肉，虫道呈明显灰白色，造成叶片迅速老化并逐渐凋萎	4—10 月，7—9 月为盛发期	及时摘除虫叶，将有虫株地上部分彻底剪除，烧毁或深埋，以减少虫源；4.5%高效氯氰菊酯 1 000 倍液、50%杀螟松 1 000～1 500 倍液喷雾、1.8%阿维菌素 3 000～5 000 倍液喷雾
白粉虱	危害叶片。常群集上部嫩叶背面，刺吸汁液，致使叶片发黄变形	温室周年发生，室外春季至秋季	黄板诱杀成虫；25%扑虱灵可湿性粉剂 1 500 倍液、2.5%功夫菊酯 2 500 倍液喷雾

5 花期调控

根据不同的用花花期，选择不同的处理方法，可以达到提前或延后开花的要求。

5.1 短日照处理，促提前开花

北京地区“国庆节日”摆花，需要在 9 月中旬花蕾透色，根据这一目标花期要在 8 月 3—5 日开始连续遮光处理 3 周时间，每天控制光照时间在 9～10 h 之内。中间不能有一天间断，如有间断前期的处理积累全部失效。每天傍晚 5:30 至早上 8:30 的时间内全部用黑色地布或黑色塑料布进行遮光处理，在拱棚上覆盖黑色地布或黑色塑料布时候动作要快，要轻，注意不要撕扯损坏遮光材料，防止漏光，以保证遮光处理效果(图 9)。

图 9　短日照处理

5.2 温湿度控制

进行短日照处理时间天气温湿度很高，要特别注意通风降温，减少闷热潮湿的环境，防止伤害植株并引起病虫害的发生。当拱棚内的温度超过35℃的时候要进行夜间通风降温。

5.2.1 强制换气

在拱棚中加装排风扇，强制换气降温，但是这种方法前期资金投入较大，对拱棚要求较高，一般应用在现代化温室内，其他设施不采用。

5.2.2 增加换气时间

人工在夜间11时至翌日4时之间掀起遮光地布或塑料布，通风透气，要在天亮之前盖好遮光布。这种方法效果好，但是人工投入较大，费工且需要工人具有高度的责任心及自律性。

5.2.3 调整设施结构

在拱棚的基部间隔5～6 m埋设直径30 cm的通风管，这样夜间空气会自动流通，既能起到降温作用，又可以节省人工成本及设施投入资金。

5.3 水肥转变

球菊是喜水喜肥植物，要注意遮光处理前降低施肥浓度，遮光处理初期要适当减少浇水量，以植株不萎蔫为标准，并停止施肥10 d左右。经过前期的适应性，转变成以低氮、高钾、高磷为主要成分的施肥方式，促进植株由营养生长向生殖生长转变。经过3周左右的短日照及水、肥处理，植株就开始出现小米粒大小的花蕾了。此时如果需要开花透色早点，可以继续短日照处理3～5天，或叶面喷施磷酸二氢钾800倍液，促成开花。也可以不再进行短日照处理，让花蕾自然生长，从花蕾直径3～5 mm到植株冠幅30%～50%透色要7～10天。经过短日照处理的植株株型紧凑，花蕾成熟度一致，开花整齐，观赏价值高。

5.4 推迟开花措施

通过推迟摘心顶尖时间可以推迟现蕾期至正常花期10～15天。通过补光方法增加光照时间，使菊花暗期不超过6 h也可以推迟现蕾期。结束补光的时间就是开始花芽分化的时间。另外，使用高浓度的氮肥和充足的水分也具有辅助推迟开花的作用。

球菊栽培记录如图10所示。

图10 球菊栽培记录

近几年国庆天安门广场摆花使用大量的球菊，花色艳丽，株型圆润，摆放特色突出，深受业内人士及广大市民朋友的喜爱(图11至图17)。我们基地也会继续探索和培育表现更加优秀的球菊品种与大家分享！

图 11　成品效果 1

图 12　成品效果 2

图 13　成品效果 3

图 14　应用展示 1

图 15　应用展示 2

图16　应用展示3

图17　应用展示3

参考文献

[1] 崔娇鹏,江浩.球形小菊自育新品种[J].中国花卉盆景,2011,9:12-13.

[2] 北京市地方标准.盆栽小菊栽培技术规程[Z].DB11/T 898—2012.

作 者 简 介

李婷,女,1974年生于北京,1998年毕业于北京农学院园艺专业,2007年毕业于北京农学院园林工程专业,本科学历,园林绿化专业项目经理、高级工程师,现任昌平区园林管理处苗圃副主任。自1999年一直负责昌平区历年的节假日(赛事、会议)及重大活动的环境景观花卉布置设计及具体的施工摆放工作。荣获2008年北京奥运会、残奥会昌平赛区环境花卉布置工作“先进个人”、2011年荣获“首都绿化美化积极分子”、2011年荣获“十一五”期间北京园林绿化科普工作“先进个人”、2012年荣获“世界草莓大会筹办工作先进个人”等奖项。先后学习了施工安全员、质检员、造价员等不同学科的专业知识,发表学术论文2篇,参与编写农业职业类教辅书籍3本,获得局级专业技术三等奖1次。

北京市昌平区野生花卉资源调查及引种繁育研究

张　岩

北京市昌平区园林绿化局

摘要:通过对北京市昌平区白羊沟—南口—老裕沟沿线以及下庄的野生花卉资源的初步调查,确认主要野生花卉资源165种,可利用的夏、秋花资源20科40种。研究16种野生花卉的种子特性,引种野生花卉40种,同时,对这些花卉的物候期进行观测和记录。并对狼尾花、蓝刺头、连钱草等野生花卉的繁殖方法进行摸索。

关键词:野生花卉;调查;繁育

野生花卉是一种集自然美、抗性强、极具地方特色等优点于一身的种质资源，是体现地方景观风格特征的重要方面[1]。我国幅员辽阔,地形复杂,具有多种多样的气候和土壤,植物种类异常丰富,其数量仅次于巴西和印度尼西亚,位居世界第三[2]。我国仅高等植物就有3万余种,是世界上植物资源最丰富的地区之一[3]。北京市昌平区山区主要在西部和西北部,面积占全区总面积的53.6%,地貌复杂,以北京市昌平区南口关沟为界,西北部山区为太行山系,北部山区属燕山山系,植物资源丰富,但野生花卉资源一直没有系统调查。本文通过对昌平区白羊沟—南口—老裕沟沿线以及下庄的野生花卉资源调查,摸清了主要野生花卉资源调查,并对引种驯化、繁殖方法进行了探索,丰富了绿化用花卉的种类,有助于为城市绿化美化提供新的种质资源，尤其是利用乡土植物来创造地区性独特景观,为其今后在北京园林中应用和推广奠定了基础。

1　调查方法

1.1　资源保存及引种驯化

资源保存采取如下技术路线:调查—综合评价—标记—采收种子—干燥—脱粒—净种—包装登记—保存—贮藏—种子的生物学特性观察—种子处理—播种—育苗—定植于标本圃。

引种驯化的技术路线为:引种驯化圃—观察试验—引种材料的选择—比较试验—栽培、繁殖试验—区域试验—生产示范和推广。

1.2　野生花卉种子生物学的研究

花卉种子生物学的研究在种子检验室进行,内容包括种子生物学特性的观察记载和种子的生理生化试验。

1.2.1 种子生物学特性的观察

包括种子的形态、种子的重量(大粒种子按千粒重,小粒种子按每克多少粒计算)、种子的纯度,本年度共有16份花卉种子做了发芽试验,进行了种子形态的描述、千粒重的称量。

1.2.2 种子的生理生化试验

种子的贮存条件:种子存放是保证种子质量的重要环节,影响种子活力和寿命最主要的因素为湿度、温度和氧气,所以应注意保持种子存放室的干燥、阴凉、密闭,维持种子活力,延长种子的寿命。

种子的发芽条件:种子在25℃恒温条件下作发芽试验,如果发芽率不高,再以15～28℃变温进行试验,在试验过程中观察影响种子发芽的因素,如种子休眠、种子表面抑制发芽物质、硬实种子等。

1.3 引种驯化

驯化过程是在异地条件下的选择淘汰的过程,驯化的经济指标包括外部形态(达到观赏要求)、适应性、整齐度、单株产量、抗病虫能力等。经过田间观察,筛选优良单株,在优良单株间进行授粉,获得种子后再进行播种繁殖,以检测后代的生长表现。驯化的目的是经过2～3代的选择,使其后代达到预期的形态指标要求,减小植株个体间的生长差异。有些种类在引种驯化的过程中很难达到驯化的目的,对有经济价值的种类可选用组织培养法进行扩繁。对40种野生花卉的生物学特性进行了记录,为后期选育打下基础。

1.4 良种良法

野生花卉在自然条件下,自生自灭,出苗、生长、开花、结果,一切都随周围的气候环境条件而变。当人们要利用它的时候,对它们的综合性状提出了更高的要求。通过几年的人工驯化栽培,野生花卉的观赏性得到提高,很多品种表现得比原自然状态下花期延长,花色更鲜亮,单花或单穗变大或变长,抗旱、抗寒的能力加强,驯化后的植株结实率更高,种子的出苗率也更高。我们通过几年的摸索和试验,总结出针对每种野生花卉不同的播种方法、种植管理流程以及种子采收和加工流程,并用来指导生产,不但提高了野生花卉的产量和质量,而且还降低了生产成本。现已对狼尾花、蓝刺头、连钱草、甘野菊、小红菊、景天三七、大叶铁线莲、桔梗等野生花卉的繁殖方法进行了摸索。

2 试验方法

2.1 种子形态特征的观察

利用解剖镜对种子的形态进行观察。

2.2 种子千粒重的测量

依据千粒重法进行测量。

2.3 种子生活力的测定

用 TTC(2,3,5-三苯基氯化四氮唑)法进行种子生活力的测定。

2.4 种子发芽试验

将种子放在铺有一层脱脂棉和滤纸的培养皿内,加水以润湿脱脂棉和滤纸,培养皿内不积水为宜,每皿放 150 粒种子,其中 50 粒为一组。每天检查一次发芽情况,记录发芽数,并根据情况加水,以保持湿润。发芽标准为突破种皮的下胚轴长度超过种子自身的长度视为发芽。发芽试验在 25℃温箱中进行,每天连续光照 12 h。

2.5 种子的预处理

浸种处理:将狼尾花种子分别在冷水中浸泡 12 h,在温水中浸泡 15 min,用不经过处理的种子作对照,进行发芽试验。

GA3 处理:将狼尾花种子分别在不同浓度(100 mg/L、200 mg/L、300 mg/L、400 mg/L、500 mg/L)的 GA3 中浸泡 24 h,用蒸馏水浸泡种子 24 h 为对照,进行发芽试验。

低温湿藏处理:将狼尾花种子储藏在 4℃冰箱内 10 d、20 d、30 d、40 d,冷藏期间根据情况加水,以保持湿润,以未经过处理的种子作对照,进行发芽试验。

2.6 种子萌发指标测定

发芽率:是指发芽试验的终期,全部正常发芽种子数占供试种子数的百分比。

$$发芽率=\frac{发芽终期全部正常发芽种子数}{供试种子数}\times 100\%$$

发芽势:一般指供试种子达到发芽高峰时的累计发芽百分数。

$$发芽势=\frac{达到发芽高峰时正常发芽种子数}{供试种子数}\times 100\%$$

2.7 野生花卉生物学特性的观察

引种后,记录野生花卉的物候期,以及形态特征。

2.8 野生花卉繁殖特性的研究

根据野生花卉生物学特性,对其繁殖方法进行研究,找出适宜的繁殖方法进行生产。

3 试验结果

3.1 种子特性的研究结果

3.1.1 种子千粒重

对 16 种野生花卉的种子进行种子特性的试验,利用解剖镜对种子的形态进行观察。据千粒重法对种子的千粒重进行了测定，试验结果见表1。

表1　16种野生花卉种子的千粒重

编号	种名	千粒重/g	编号	种名	千粒重/g
1	柴胡	1.204	9	狼尾草	2.359
2	地榆	1.460	10	蓝花棘豆	2.310
3	桔梗	0.623	11	瞿麦	0.753
4	紫花地丁	0.965	12	红旱莲	0.134
5	委陵菜	0.367	13	风铃草	0.059
6	射干	18.189	14	马蔺	20.460
7	美蔷薇	41.193	15	岩青兰	1.918
8	狼尾花	0.201	16	蓝刺头	22.633

由表1可以看出，射干、美蔷薇、马蔺、蓝刺头为大粒种子，狼尾草、蓝花棘豆、岩青兰为中粒种子，其余为小粒种子。

3.1.2　种子生活力

TTC法对种子的生活力进行了测定，试验结果见表2。

表2　种子生活力

编号	种名	生活力/%	编号	种名	生活力/%
1	柴胡	71.4	9	狼尾草	73.3
2	地榆	25	10	蓝花棘豆	46.7
3	桔梗	75	11	瞿麦	46.7
4	紫花地丁	60	12	红旱莲	93.3
5	委陵菜	61.5	13	风铃草	35.3
6	射干	—	14	马蔺	—
7	美蔷薇	—	15	岩青兰	34.8
8	狼尾花	83%	16	蓝刺头	93.3

由表2可以看出，大部分野生花卉的种子生活力较低，可能是由于野外生存环境恶劣导致的，或是采集种子时期掌握得不好，种子发育不完全，采收种子的质量较差。

3.1.3　种子发芽试验结果

种子发芽情况结果见表3，由表3可以看出，桔梗、蓝刺头发芽率、发芽势均较高，发芽持续时间短，美蔷薇、马蔺没有发芽，说明这两种种子有可能存在休眠，其余野生花卉发芽率均在50%以下，发芽天数均在10 d以上，说明其发芽历经的时间较长，并且发芽不整齐，其发芽率较低的原因，有待进一步研究。

表 3　种子发芽开始时间、总天数、发芽率及发芽势

编号	名称	发芽开始时间/d	发芽总天数/d	发芽率/%	发芽势/%
1	柴胡	4	31	33.3	17.7
2	地榆	3	19	13.3	12.7
3	桔梗	2	10	90.7	81.3
4	紫花地丁	3	13	34.7	28.7
5	委陵菜	5	34	46.7	37.3
6	射干	6	25	49.3	40
7	美蔷薇	0	0	0	0
8	狼尾花	5	10	2.7	0.7
9	狼尾草	3	35	28.7	13.3
10	蓝花棘豆	2	25	38.7	34.7
11	瞿麦	2	10	39.3	36.7
12	红旱莲	5	10	2.7	2
13	风铃草	4	11	5.3	3.3
14	马蔺	0	0	0	0
15	岩青兰	2	14	27.3	26.7
16	蓝刺头	2	8	93.3	91.3
冷藏 30 d 后					
8	狼尾花	3	7	62	43.3
9	狼尾草	1	4	74	58.4
12	红旱莲	2	5	96.7	71.3

3.1.4　种子预处理对狼尾花的影响

采用冷水浸种和温汤浸种两种处理，对发芽率和发芽势的影响如表 4 所示，与对照组相比较，发芽率和发芽势几乎没有任何改变，差异均不显著。由此可知，狼尾花种子发芽率、发芽势较低与种皮的透水性关系不大，可能与种子存在休眠有关。

表 4　清水浸种对狼尾花种子萌发的影响(25℃，12 h 光照)

处理	出现发芽时间/d	发芽天数/d	发芽率/%	发芽势/%
对照	8	33	1.33a	1.33a
冷水浸种 12 h	8	33	1.33a	1.33a
热水浸种 15 min	6	33	0.67a	0.67a

注：同列内不同小写字母表示在 0.05 水平上差异显著。

如表 5 所示，GA3 处理使狼尾花种子的发芽率和发芽势都略有提高。在试验所设的处理中，发芽率在 GA3 浓度 400 mg/L 时最高，与其他处理相比差异显著，说明对于狼尾花种子，400 mg/L GA3 可能是最适处理浓度。发芽势几乎无差异且都很低，发芽整齐度不好。

表 5　GA3 处理对狼尾花种子萌发的影响(25℃,12 h 光照)

GA3 处理浓度/(mg·L^{-1})	出现发芽时间/d	发芽天数/d	发芽率/%	发芽势/%
CK	7	33	0.67b	0.67a
100	5	33	3.33b	2.00a
200	6	33	4.00ab	2.67a
300	8	33	2.67ab	1.33a
400	5	33	4.67a	2.67a
500	7	33	1.33ab	1.33a

注:同列内不同小写字母表示在 0.05 水平上差异显著。

低温湿藏对狼尾花种子发芽率和发芽势的影响如表 6 所示,低温湿藏处理后,除冷藏 10 d 外,狼尾花种子的发芽率和发芽势与对照在 $\alpha=0.05$ 水平上均有显著差异。说明适当的低温湿藏处理,能大幅度地提高狼尾花种子的发芽率以及发芽势。经过低温湿藏处理的种子与对照组相比出现发芽期提前,发芽天数明显减少。

表 6　低温湿藏对狼尾花种子萌发的影响(25℃,12 h 光照)

处理	出现发芽时间/d	发芽天数/d	发芽率/%	发芽势/%
对照	8	24	2.00c	0.00c
冷藏 10 天	6	10	9.33c	7.33c
冷藏 20 天	4	10	61.33b	60.67ab
冷藏 30 天	4	10	65.00b	62.50b
冷藏 40 天	2	10	78.00a	78.00a

注:同列内不同小写字母表示在 0.05 水平上差异显著。

3.2　野生花卉生物学特性

对 40 种野生花卉的物候期进行的观测和记录如表 7 所示。

表 7　40 种野生花卉物候期

序号	名称	萌芽期	展叶期	抽薹期	始花期	盛花期	末花期	结实期	休眠期
1	紫花地丁	3 月中旬	4 月初	4 月上旬	4 月上旬	4 月中旬	5 月初	5—6 月	11 月初
2	马蔺	4 月初	4 月上旬	4 月中旬	4 月下旬	5 月初	5 月中旬	5—6 月	11 月初
3	蓝花棘豆	4 月初	4 月上旬	4 月中旬	4 月下旬	5 月中旬	8 月末	5—10 月	11 月初
4	耧斗菜	4 月初	4 月上旬	4 月中旬	4 月下旬	5 月初	5 月中旬	5—6 月	11 月初
5	百里香	4 月初	4 月上旬	4 月中旬	4 月下旬	5 月初	5 月中旬	5—6 月	11 月初
6	垂盆草	4 月初	4 月上旬	4 月中旬	4 月下旬	5 月初	5 月中旬	5—6 月	11 月初
7	千枝梅	4 月初	4 月上旬	4 月中旬	4 月下旬	5 月初	5 月中旬	5—6 月	11 月初
8	华北蓝盆花	4 月初	4 月上旬	4 月中旬	4 月下旬	5 月中旬	8 月末	5—10 月	11 月初

续表 7

序号	名称	萌芽期	展叶期	抽薹期	始花期	盛花期	末花期	结实期	休眠期
9	黄花补血草	4 月初	4 月上旬	4 月中旬	5 月初	5 月中旬	6 月中旬	5—7 月	11 月初
10	狼尾花	4 月上荀	4 月中旬	4 月下旬	5 月上旬	5 月中旬	6 月初	5—8 月	11 月初
11	连钱草	4 月初	4 月上旬	4 月中旬	4 月下旬	5 月初	5 月中旬	5—6 月	11 月初
12	情人草	4 月初	4 月上旬	4 月中旬	5 月初	5 月中旬	6 月中旬	5—7 月	11 月初
13	柴胡	4 月上旬	4 月中旬	5 月上旬	6 月中旬	7 月初	7 月中旬	7—9 月	11 月初
14	地榆	4 月上旬	4 月中旬	5 月上旬	5 月中旬	6 月中旬	7 月初	7—9 月	11 月初
15	委陵菜	4 月上旬	4 月中旬	5 月上旬	5 月中旬	6 月中旬	8 月下旬	7—9 月	11 月初
16	费菜	4 月上旬	4 月中旬	5 月上旬	5 月中旬	6 月中旬	8 月下旬	7—9 月	11 月初
17	藁本	4 月上旬	4 月中旬	5 月上旬	5 月中旬	6 月中旬	8 月下旬	7—10 月	11 月初
18	黄香蓍	4 月上旬	4 月中旬	5 月中旬	6 月中旬	7 月中旬	8 月下旬	7—10 月	11 月初
19	金丝桃	4 月上旬	4 月中旬	5 月中旬	6 月中旬	7 月中旬	8 月下旬	7—10 月	11 月初
20	蓝刺头	4 月上旬	4 月中旬	5 月上旬	6 月中旬	7 月初	7 月中旬	7—9 月	11 月初
21	婆婆纳	4 月上旬	4 月中旬	5 月上旬	6 月中旬	7 月初	7 月中旬	7—9 月	11 月初
22	千屈菜	4 月上旬	4 月中旬	5 月上旬	6 月中旬	7 月初	9 月下旬	7—10 月	11 月初
23	山丹	4 月上旬	4 月中旬	5 月上旬	5 月中旬	6 月初	6 月中旬	7—9 月	11 月初
24	有斑百合	4 月上旬	4 月中旬	5 月上旬	5 月中旬	6 月初	6 月中旬	7—9 月	11 月初
25	岩青兰	4 月初	4 月上旬	4 月中旬	4 月下旬	5 月中旬	8 月末	5—10 月	11 月初
26	短尾铁线莲	4 月上旬	4 月中旬	6 月上旬	6 月中旬	7 月初	9 月中旬	7—10 月	11 月初
27	大叶铁线莲	4 月上旬	4 月中旬	6 月上旬	6 月中旬	7 月初	9 月中旬	7—10 月	11 月初
28	东风菜	4 月上旬	4 月中旬	6 月上旬	6 月中旬	7 月初	9 月中旬	7—9 月	11 月初
29	风铃草	4 月上旬	4 月中旬	6 月上旬	6 月中旬	7 月初	9 月中旬	7—10 月	11 月初
30	桔梗	4 月上旬	4 月中旬	7 月上旬	7 月中旬	8 月初	9 月中旬	7—10 月	11 月初
31	瞿麦	4 月上旬	4 月中旬	5 月上旬	5 月中旬	6 月初	6 月中旬	7—9 月	11 月初
32	射干	4 月上旬	4 月中旬	7 月上旬	7 月中旬	8 月初	9 月中旬	7—10 月	11 月初
33	夏枯草	4 月初	4 月上旬	4 月中旬	4 月下旬	5 月中旬	8 月末	5—10 月	11 月初
34	狼尾草	4 月初	4 月上旬	7 月中旬	7 月下旬	8 月中旬	9 月末	8—10 月	11 月初
35	冷冰草	4 月初	4 月上旬	7 月中旬	7 月下旬	8 月中旬	9 月末	8—10 月	11 月初
36	沙参	4 月初	4 月上旬	7 月中旬	7 月下旬	8 月中旬	9 月末	8—10 月	11 月初
37	银柴胡	4 月初	4 月上旬	7 月中旬	7 月下旬	8 月中旬	9 月末	8—10 月	11 月初
38	小红菊	4 月初	4 月上旬	8 月中旬	8 月下旬	9 月中旬	10 月末	8—10 月	11 月初
39	甘野菊	4 月初	4 月上旬	8 月下旬	9 月上旬	9 月中旬	10 月末	8—10 月	11 月初
40	紫菀	4 月初	4 月上旬	8 月下旬	9 月上旬	9 月中旬	10 月末	8—10 月	11 月初

3.3 野生花卉繁殖特性的研究

对狼尾花植株生长进行观察，发现其具有地下走茎，并对其进行扦插繁殖，成活率达到90%以上，最佳扦插繁育时期是在其萌发初期。连钱草具有匍匐茎，并且匍匐茎下可以生出不定根，根据这一特点，对其进行扦插繁育试验，成活率达到90%以上，在其生长季均能繁殖。

对蓝刺头的繁殖进行了系统研究，进行了根插材料和扦插基质的筛选试验，结果表明：根粗在0.5～0.8 cm、长3 cm的材料扦插效果好，诱导愈伤组织率、不定芽数、生根数及扦插成活率均高于其他处理，为最佳根繁材料。不同基质在促进蓝刺头插穗发芽和生根方面差异显著，其中河沙：草炭＝1：1扦插最为理想。GGR在25～400 $mg \cdot L^{-1}$浓度范围内，对芽和根的发生都有促进作用，且随着浓度的增加而提高，全部浸泡比仅基部浸泡效果好，并未发生毒害作用，在浓度为200 $mg \cdot L^{-1}$、根段全部浸泡时，处理最佳。IBA在25～400 $mg \cdot L^{-1}$浓度范围内，低浓度对发芽及芽长有促进作用，高浓度抑制芽的生长，而对根的发生数量有促进作用，且随着浓度的增加而提高，但过高浓度对根的生长有抑制作用，在浓度为100 $mg \cdot L^{-1}$、根段基部浸泡时，处理最佳。NAA浓度在25 $mg \cdot L^{-1}$时，对根插生根及发芽有促进作用，但浓度高于50 $mg \cdot L^{-1}$时，对根段就造成毒害作用，尤其是对芽产生抑制作用，生产中不宜采用。

部分野生花卉的繁殖方法见表8。

表8 野生花卉繁殖方法

序号	名称	繁殖方法	序号	名称	繁殖方法
1	紫花地丁	播种、分株	16	婆婆纳	播种、分株
2	马蔺	播种、分株	17	千屈菜	播种、分株、扦插
3	蓝花棘豆	播种	18	岩青兰	播种
4	耧斗菜	播种	19	短尾铁线莲	播种
5	百里香	分株	20	大叶铁线莲	播种
6	垂盆草	扦插	21	桔梗	播种
7	干枝梅	播种	22	瞿麦	播种
8	华北蓝盆花	播种、分株	23	射干	播种
9	黄花补血草	播种	24	狼尾草	播种、分株
10	狼尾花	播种	25	冷冰草	播种
11	连钱草	扦插	26	银柴胡	播种
12	地榆	播种	27	小红菊	播种、扦插
13	委陵菜	播种	28	甘野菊	播种、扦插
14	费菜	扦插	29	紫菀	播种、扦插
15	蓝刺头	播种、根插			

4 附录

4.1 试验图版

4.1.1 狼尾花发芽试验的主要过程

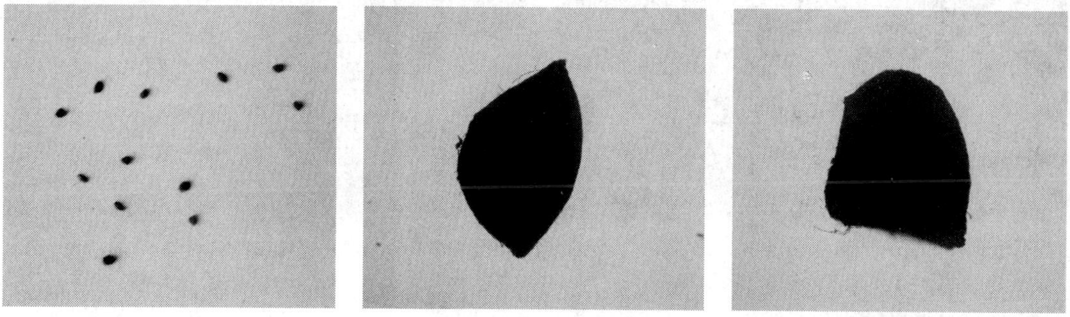

狼尾花种子形态特征

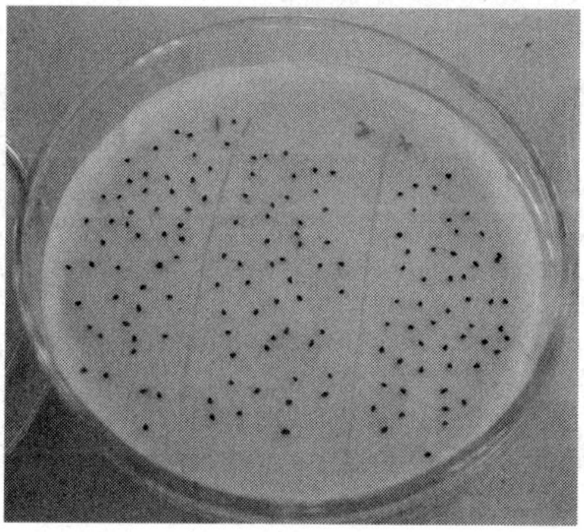

培养皿

培养箱培养

TTC 染色

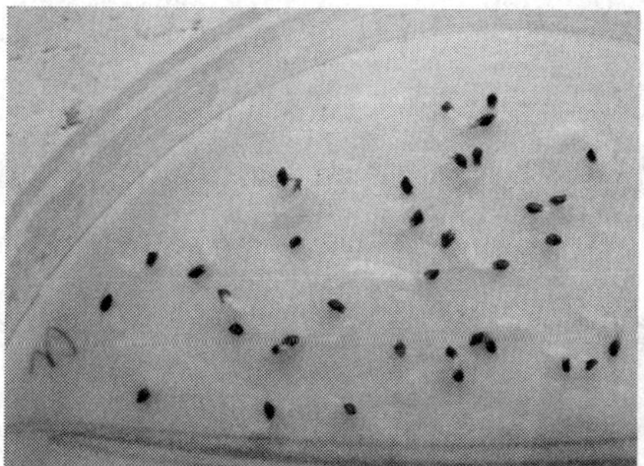

种子发芽

4.1.2 蓝刺头引种驯化的主要过程

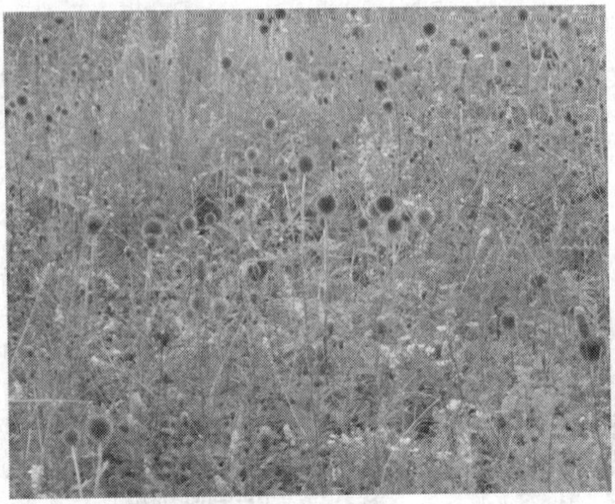

野外调查

采种

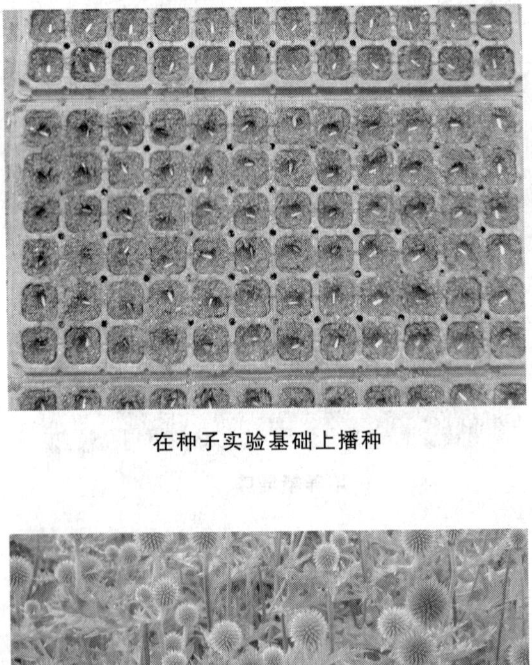

在种子实验基础上播种

育苗

规模化生产

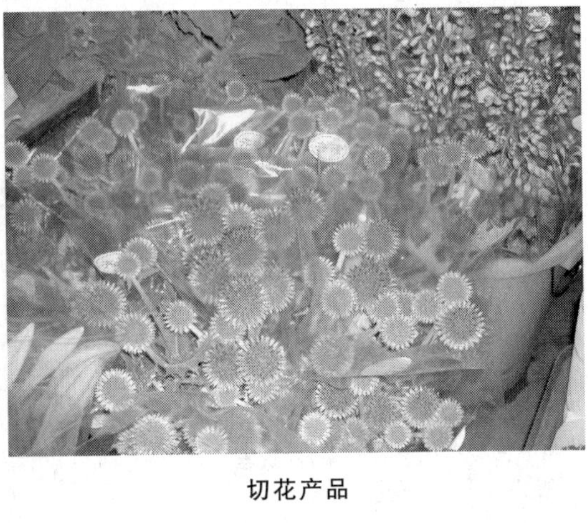

切花产品

4.2 引种后部分野生花卉图片

蓝刺头

蓝花棘豆

地榆

狼尾花

岩青兰

二色补血草

蓝盆花

4.3 野生花卉引种驯化的部分图片

名称:桔梗 ***Platycodon grandiflorus*** 夏花

已成功引种栽培并开发成切花产品

名称:蓝刺头 ***Echinops latifolius*** 夏花

已成功引种栽培并开发成切花产品

名称:二色补血草 *Limonium bicoloer* 夏花
已成功引种栽培并开发成切花产品

名称:黄花干枝梅 *Limonium sinense*

名称:轮叶景天 *Sedum chauveaudii* 夏花
已成功引种栽培并开发成切花产品及地被植物

名称：土庄绣线菊 *Spiraea pubescens* 春花
已成功引种栽培并开发成切花产品及绿化植物

4.4 有开发潜力的部分野生花卉图片

大叶龙胆 *Gentiana macrophylla*

中国扁蕾 *Gentianopsis barbata*

花葱 *Polemonium laxiflorum*

翠雀 *Delphinium grandiflorum*

狼尾花 *Lysimachia barystachys*

大花剪秋罗 *Lychnis fulgens*

4.5 野生花卉部分夏花资源植物特性

1.瓣蕊唐松草,毛茛科唐松草属多年生草本,花期6—8月,生于海拔1 000 m以上的山沟、山坡、路边。植株高不到1 m。叶为3～4回三出复叶,小叶小,狭长圆形近圆形。花序为伞房状聚伞花序,花极有特色,由多个雄蕊特化而成,每个花丝较宽,中上部呈棍棒状,倒披针形,白色,像花瓣一样,故名"瓣蕊",萼片4,白色,易早脱落。瘦果。

2.棉团铁线莲,毛茛科铁线莲属多年生直立草本,花期6—8月。生于海拔300～2 000 m处山坡、山沟、林缘。无花瓣,六片洁白的花被是萼片,果实宿存,花柱羽毛状如棉团。叶对生,1～2回羽状全裂,裂片基部再2～3裂,小裂片狭,宽不超过2 cm。聚伞花序顶生或腋生,常生3花,花大,直径达5 cm,萼片6,白色,外面密生毛。瘦果。

3.翠雀,毛茛科翠雀属多年生草本,花期6—9月,生于海拔300～2 200 m山坡草地。基生叶和茎下部叶有长柄叶,叶圆五角形,掌状3全裂,裂片又狭细裂,末回裂片条形,宽不超过2 mm。总状花序顶生或腋生,有花多朵,萼片5,蓝紫色,外被短毛,上萼片下部延成一细距,距比萼长,钻形,长达2 cm,花瓣2,蓝色,有距,此距深入萼的距中,有分泌组织。退化的雄蕊2,蓝色,瓣片宽倒卵形,微凹,有黄色髯毛,雄蕊多数。蓇葖果。

4.景天三七(费菜),景天科景天属多年生草本,花期6—7月,生于1 000 m左右干旱山坡。叶肉质,椭圆状披针形至卵状披针形,边缘有不整齐锯齿,聚伞花序顶生,成平顶形,花鲜黄色,花瓣5,长圆披针形。蓇葖果。

5.地榆(黄瓜香),蔷薇科地榆属多年生草本,花期6—8月,生于山沟及阴坡灌丛中或林下。地榆花序为穗状花序,有点像桑葚,暗紫红色。其小叶似榆叶,初生时布地,故称地榆。其分布海拔范围较宽。柱高可达1.5 m,奇数羽状复叶,小叶2～7对,叶片长椭圆形,边缘有尖锯齿,将新鲜嫩叶揉碎闻,有一股生黄瓜气味,因而又称"黄瓜香"。花小而密,萼片4,粉红色,无花瓣。瘦果。

6.黄花龙芽,败酱科败酱属多年生草本,花期6—7月,生于山坡沟谷湿地。植株高达1.5 m,有根状茎,撕破其皮而闻之,有强烈的陈腐刺鼻气味。基生叶簇生,长卵形,不裂或羽状分裂,边缘有粗齿,有长叶柄,茎生叶对生,2～3对,羽状深裂或全裂,顶端裂片大。大型伞房花序,顶生,花冠小,黄色。瘦果。

7.狼尾花,报春花科狼尾花属多年生草本,花期6—7月,生于海拔500～1 200 m及以上湿草地、林缘、路边。有时在荒废地上成片生长。狼尾花花序似狼尾，长达 20 cm，花白色。有根状茎，茎高达 70 cm，全株有细柔毛。叶互生，长圆状披针形，长达 10 cm，全缘，两面有柔毛。总状花序顶生，下宽，渐上渐窄，呈狼尾状。蒴果球形，较小。

8. 有斑百合，百合科百合属多年生草本，花期 6—7 月，习生于阴坡林下，花大色艳。鳞茎卵球形，白色。叶互生，条状披针形。花顶生，直立，花被片 6，不反卷，花红色或橘红色，有紫色斑点。蒴果长圆形。

9. 野鸢尾(白花射干)，鸢尾科鸢尾属多年生草本，生于干燥向阳山坡或草坡中。有根状茎，茎高 30～80 cm，呈二歧分枝。苞片披针形，叶状，膜质，基部抱茎。叶蓝绿色，褶合呈剑形，稍弯。佛焰苞干膜质，花白色，有紫褐色斑点，花被片 6，外轮 3 片方形，外弯，基部渐狭成曲柄状，雄蕊 3，生外轮花被片基部，花柱 3 分枝，分枝扩大呈花瓣状，端 2 裂。蒴果狭长，可达 5 cm，有 3 分枝。

10. 石生蝇子草，石竹科蝇子草属多年生草本，花期 7—8 月，常见于山坡、林下、草地或山沟。常成片生长，其茎枝具匍匐状散开习性，茎细，姿态优美。花较大。叶对生，卵状披针形或长圆状披针形，先端渐尖，有短柄，叶色淡绿，有 3 条脉，二歧聚伞花序顶生，常有 3～7 朵花，有细花梗，花萼筒状，有 10 条纵脉，端有 5 钝齿，花瓣 5，白色或淡粉红色，长圆形，端 4 裂，二侧裂片较小，下部爪状，喉部有 2 小鳞片与附属物。蒴果长卵形，熟时 3 瓣裂。

11. 大叶铁线莲，毛茛科铁线莲属多年生草本，花期 7—8 月，生于山沟林下荫处。茎直立，三出复叶，小叶大形，宽卵形或近圆形，质地厚，边缘有不整齐的粗锯齿，长可达 10 cm。花序腋生或顶生，2～3 轮排列，花梗密生灰白色毛，雄花和两性花异株，花萼管状，长达 1.5 cm，萼片 4，蓝色，上部外弯，质地厚，外生白色短毛，无花瓣，雄蕊多数，有短毛。瘦果扁卵圆形。

12. 北乌头(草乌)，毛茛科乌头属多年生草本，花期 7—8 月，生于海拔 300～2 000 m 山沟阴湿地或山坡林下。块根倒圆锥形，暗黑色。基生叶有长柄，叶片五角形，掌状 3 全裂，基部心形，中央裂片菱形，羽状近深裂，小裂片披针形，侧全裂片斜扇形，不等 2 深裂。花序总状或圆锥状，顶生，花较大，萼片 5，紫蓝色，上面 1 萼片呈盔状，下面 2 萼片长圆形，侧面 2 萼片较宽，花瓣 2，较小，有距，向后弯曲。蓇葖果。

13. 红旱莲(金丝蝴蝶)，藤黄科金丝桃属多年生草本，生于海拔 200～1 200 m 林缘半阳山坡灌丛，或高草丛中，山沟湿地也有分布。花型奇特，花大色艳，极有观赏价值。叶对生，卵状长圆形，基部抱茎。顶生聚伞花序，花多朵，花大直径达 5 cm，萼片 5，花瓣 5，金黄色，倒披针形，花丝金黄色。蒴果。

14. 中华秋海棠，秋海棠科秋海棠属多年生草本，花期 7—9 月，习生于山沟阴湿处，其喜生长在石灰岩山地阴湿的山沟中，常常在岩壁的石缝中扎根生长。全株光滑无毛，有块根，茎上部有分枝。叶较大，斜卵形，先端尾状，基部偏斜呈偏心形，边缘有疏齿，有长柄，托叶膜质。聚伞花序生枝上部叶腋，花小而稀，花单性，雌雄同株，粉红色，雄花的花被片 4，雌花的花被片 5。蒴果有 3 翅。

15. 千屈菜，千屈菜科千屈菜属多年生草本，花期 7—9 月，多生于山沟的溪水边，其花期长，花深红色，非常美丽，分布海拔较低。茎直立，多分枝，高可达 1 m 以上。叶对生或 3 个轮生，披针形，基部稍抱茎。总状花序顶生，花较小而多，花瓣 6，紫色，生萼筒上部。蒴果。

16. 辽藁本，伞形科藁本属多年生草本，花期 7—8 月，生于山沟林下荫处，高可达 75 cm，无毛，茎较细，有分枝，带紫色，根茎有浓香。基生叶和茎下部叶 2～3 回三出或羽状全裂，边缘有浅或深的缺刻状裂片或锯齿，有长柄，上部叶小。复伞形花序较小，无总苞片或仅1个，伞辐10～16个，小总苞片5～10个，丝状，小伞形花序有花约20朵，花白色。双悬果椭圆形，侧棱狭翅状。

17. 香青兰，唇形科香青兰属一年生草本，花期7—8月，生于山沟，公路路边，干燥山坡成片生长。茎直立，基生叶卵状三角形，边缘有圆齿，茎生叶较狭，披针形或条状披针形，叶缘有疏锯齿，叶基部2齿有长刺。轮伞花序生茎上部，苞片披针形，有小齿，花萼5裂，先端刺状，花冠淡蓝紫色，长达2.5 cm，二唇形，上唇微裂，下唇3裂，中裂片2裂，有紫色斑点。四小坚果长圆形。

18. 黄芩，唇形科黄芩属多年生草本，花期7—8月，喜生于向阳干燥山坡。单叶对生，叶片披针形或条状披针形，全缘，下面有密生而下陷的腺点，总状花序顶生并聚成圆锥形，花萼二唇形，上萼片在背面上有一个盾片，花冠紫色、紫红色或蓝色，二唇形。4小坚果，卵圆形，有瘤。

19. 木本香薷，唇形科香薷属亚灌木，花期7—9月，生于石质山坡、山沟道旁干燥地。茎上部分枝多，有浓香。叶对生，披针形或椭圆状披针形，边缘有粗锯齿，下面密生凹形小腺点。顶生穗状花序中有无数轮轮伞花序，略偏于一侧，花淡紫红色，二唇形。4小坚果，椭圆形光滑。

20. 岩青兰，唇形科岩青兰属多年生草本，花期7—9月，生于山地草坡、山脊干燥处。岩青兰因常生长在岩石裂隙中而得名，一般生长于海拔1 400～2 000 m的山地。基生叶有长叶柄，叶片三角状卵形，两面有疏柔毛，茎中部叶叶柄较短，上部叶叶柄极短，叶片边缘有浅锯齿。轮伞花序多呈头状，苞片倒卵形，边缘的齿有刺，花萼带紫色，花冠紫蓝色，二唇形，上唇微裂，下唇3裂，中裂片小。4小坚果。

21. 华北蓝盆花，川续断科蓝盆花属多年生草本，花期7—9月，生于海拔1 400～2 200 m山地路边向阳处以及亚高山草甸。茎有白色卷毛，基生叶簇生，叶片卵状披针形至椭圆形，浅裂或深裂或仅有钝齿，变化多，茎生叶对生，羽状深裂至全裂，裂片较窄，近上部叶羽状全裂，裂片狭窄。头状花序顶生或上部叶腋处，直径达5 cm，总苞片披针形，花多数，边缘的花较大，蓝紫色，二唇形，上唇2裂，下唇3裂，较长。瘦果包在总小苞内，顶端有宿存的萼刺。

22. 桔梗，桔梗科桔梗属多年生草本，花期7—9月，生于草坡或山沟。植株有乳汁，根肉质，茎直立，上部有分枝。叶3个轮生，有时对生或互生，卵形，叶缘有尖锯齿。花1至数朵生主茎或分枝顶，花冠蓝紫色，浅钟状，较大，直径可达3.5 cm，5浅裂。蒴果。

23. 展枝沙参，桔梗科沙参属多年生草本，花期7—9月，生长于中低海拔山地山坡。植株有乳汁，有肉质根。茎叶轮生，3～4叶，叶无柄，菱状卵形，变化大，有时叶极狭窄，边缘有锐齿。花序顶生呈塔形，有几轮分枝，开展，花蓝色，花萼裂片5，全缘，花冠钟状，5浅裂。

24. 沙参，桔梗科沙参属多年生草本，花期7—9月，海拔1 000 m以下的山坡、山沟多见。植物体有乳汁，叶无柄、互生。花序常不分枝，或少分枝，花萼裂片5，裂片为狭三角状披针形，全缘，花柱稍长于花冠。

25. 猫儿菊，菊科猫儿菊属多年生草本，花期7—8月，生于海拔约1 000 m的阴山坡草丛中。高不过50 cm，茎不分枝，有乳汁。基生叶簇生，长椭圆形或匙状长圆形，长达20 cm，基部渐狭呈柄状，边缘有小尖齿，两面疏生硬毛，茎中部至上部叶较狭，长圆形或长卵形，基部耳状抱茎，边缘有尖齿。头状花序较大，直径3～4 cm，单生茎顶，总苞片3～4层，外层的边缘紫红色，全为舌状花，花冠橘黄色，长达3 cm，管部细长。瘦果圆柱形，有长喙，冠毛羽毛状，黄褐色。

26. 山丹，百合科百合属多年生草本，花期 7—8 月，生于山地阴坡林下，山脊。抗旱性强，茎直立，地下有白色鳞茎，呈卵形。叶互生，狭条形，略弯曲，较密排列。花 1～3 朵顶生，有时花多朵，呈总状花序，花鲜红色，呈下垂形，花被片 6，反卷。蒴果长圆形。

27. 蓝花棘豆，豆科棘豆属多年生草本，花期 6—8 月，生于山坡、草地或沟中，为明显的耐旱植物。叶丛生，奇数羽状复叶，直立状，长达 18 cm，较窄，小叶 17～41 个，长圆状披针形，两面有柔毛。总状花序，花多数，疏生，花序长于叶，花冠紫红色，蓝紫色，龙骨瓣有细短的喙。荚果长卵形，有毛。

28. 荆条，马鞭草科牡荆属灌木，花期 6—8 月，北京山区海拔 800 m 以下极为普遍，多生阳坡、山谷及干燥地带。掌状复叶对生，小叶羽状深裂或有锯齿，偶有近全缘者。圆锥花序疏展，花萼宿存，有 5 齿裂，花冠蓝紫色，二唇形。核果球形。

29. 胡枝子，豆科胡枝子属，花期 7—8 月，生于山地阴坡或山沟林下。高达 2 m 以上，叶互生，三出羽状复叶，顶生小叶略大，椭圆形或倒卵状长圆形，长达 7 cm，先端钝圆或稍凹，有短尖，有长叶柄。总状花序腋生，花长达 1.5 cm，紫红色，萼杯状，4 裂，旗瓣倒卵形。荚果斜卵形。有短喙。

4.6 野生花卉调查收集记录表

序号	名称	科属	植物类型	园林用途
1	迎红杜鹃 *Rhododendron mucronulatum*	杜鹃花科杜鹃花属	落叶灌木	园林绿化
2	照山白 *Rhododendron micranthum*	杜鹃花科杜鹃花属	半常绿灌木	园林绿化
3	太平花 *Philadelphus pekinensis*	虎耳草科山梅花属	落叶灌木	园林绿化
4	大花溲疏 *Deutzia grandiflora*	虎耳草科溲疏属	落叶灌木	园林绿化
5	小花溲疏 *Deutzia parviflora*	虎耳草科溲疏属	灌木	园林绿化
6	东陵八仙花 *Hydrangea bretscheideri*	虎耳草科绣球属	落叶灌木	园林绿化
7	绣球绣线菊 *Spiraea blumei*	蔷薇科绣线菊属	落叶灌木	园林绿化
8	毛花绣线菊 *Spiraea dasyantha*	蔷薇科绣线菊属	落叶灌木	园林绿化
9	土庄绣线菊 *Spiraea pubecens*	蔷薇科绣线菊属	落叶灌木	园林绿化
10	三桠绣线菊 *Spiraea trilobata*	蔷薇科绣线菊属	落叶灌木	园林绿化
11	美蔷薇 *Rasa bella*	蔷薇科蔷薇属	落叶灌木	园林绿化

续表

序号	名称	科属	植物类型	园林用途
12	百花花楸 *Sorbus pauhuashanensis*	蔷薇科花楸属	落叶乔木	园林绿化
13	金露梅 *Potentilla fruticosa*	蔷薇科委陵菜属	落叶灌木	园林绿化
14	银露梅 *Potentilla labra*	蔷薇科委陵菜属	落叶小灌木	园林绿化
15	胡枝子 *Lespedza bicolor*	豆科胡枝子属	落叶灌木	园林绿化
16	多花胡枝子 *Lespedza floribunda*	豆科胡枝子属	落叶灌木	园林绿化
17	红丁香 *Syringa villosa*	木犀科丁香属	落叶灌木	园林绿化
18	流苏树 *Chionanthus retusus*	木犀科流苏树属	落叶灌木	园林绿化
19	互叶醉鱼草 *Buddleja alternifolia*	马钱科醉鱼草属	落叶灌木	园林绿化
20	薄皮木 *Leptodermis oblonga*	茜草科薄皮木属	落叶小灌木	园林绿化
21	鸡树条荚蒾 *Viburnum sargentii*	忍冬科荚蒾属	落叶灌木	园林绿化
22	金花忍冬 *Lonicera chrysantha*	忍冬科忍冬属	落叶灌木	园林绿化
23	蓝果忍冬 *Lonicera caerulea*	忍冬科忍冬属	落叶灌木	园林绿化
24	沙梾 *Cornus bretscheideri*	山茱萸科梾木属	落叶灌木	园林绿化
25	盐肤木 *Rhus chinensis*	漆树科盐肤木属	灌木或小乔木	园林绿化
26	木本香薷 *Elsholtzia stauntoni*	唇形科香薷属	落叶亚灌木	园林绿化
27	早开堇菜 *Viola prionantha*	堇菜科	多年生草本	地被
28	紫花地丁 *Viola yedoensis*	堇菜科	多年生草本	地被
29	斑叶堇菜 *Viola variegata*	堇菜科	多年生草本	地被
30	鸦葱 *Scorzonera austriaca*	菊科	多年生草本	地被
31	蒲公英 *Taraxacum mongolicum*	菊科	多年生草本	地被
32	二月蓝 *Orychophragmus violaceus*	十字花科	二年生草本	地被

续表

序号	名称	科属	植物类型	园林用途
33	糙叶黄耆 *Astragalus scaberrimus*	豆科	多年生矮生小草本	地被
34	白头翁 *Pulsatilla chinensis*	毛茛科	多年生草本	地被、盆花、花境
35	马蔺 *Iris lactea*	鸢尾科	多年生草本	花境、切叶
36	毛茛 *Ranunculus japonicus*	毛茛科毛茛属	多年生草本	花境
37	北京水毛茛 *Batrachium pekinense*	毛茛科水毛茛属	多年生沉水草本	湿地绿化
38	耧斗菜 *Aquilegia virideflora*	毛茛科耧斗菜属	多年生草本	切花、花境、盆花
39	华北耧斗菜 *Aquilegia yabeana*	毛茛科耧斗菜属	多年生草本	切花、花境、盆花
40	紫花耧斗菜 *Aquilegia viridiflora*	毛茛科耧斗菜属	多年生草本	切花、花境、盆花
41	翠雀 *Delphinium grandiflorum*	毛茛科翠雀属	多年生草本	切花、干花、花境
42	草乌 *Aconitum kusnezoffii*	毛茛科乌头属	多年生草本	切花、花境
43	高乌头 *Aconitum sinomontanum*	毛茛科乌头属	多年生草本	切花、花境
44	牛扁 *Aconitum barbatum*	毛茛科乌头属	多年生草本	切花、花境
45	点地梅 *Androsace umbellata*	报春花科点地梅属	一年生草本	地被
46	胭脂花 *Primula maximowizii*	报春花科报春花属	多年生草本	适于盆花，早春观赏；花坛、花境，还可点缀草坪
47	假报春 *Cortusa matthioli*	报春花科假报春属	多年生草本	适于盆花，早春观赏；花坛、花境，还可点缀草坪
48	狼尾花 *Lysimachia barystachys*	报春花科珍珠菜属	多年生草本	切花、花境
49	珍珠菜 *Lysimachia pentapetala*	报春花科珍珠菜属	多年生草本	切花、花境
50	黄连花 *Lysimachia davurica*	报春花科珍珠菜属	多年生草本	切花、花境
51	有斑百合 *Lilium concolo*	百合科百合属	多年生草本	花境、盆栽、食用
52	山丹 *Lilium pumilum*	百合科百合属	多年生草本	花境、盆栽、食用
53	黄花菜 *Hemerocallis citrina*	百合科萱草属	多年生草本	切花、花境、盆栽

续表

序号	名称	科属	植物类型	园林用途
54	玉竹 *Polygonatum odoratum*	百合科黄精属	多年生草本	花境
55	北重楼 *Paris verticillate*	百合科重楼属	多年生草本	花境
56	曲枝天门冬 *Asparagus trichophyllus*	百合科天门冬属	多年生草本	切叶
57	铃兰 *Convallaria majalis*	百合科铃兰属	多年生草本	花境、盆栽
58	鹿药 *Smilacina japonica*	百合科鹿药属	多年生草本	切花、花境
59	长梗葱 *Allium neriniflorum*	百合科葱属	多年生草本	切花、花境
60	茖葱 *Allium victorialis*	百合科葱属	多年生草本	切花、花境
61	野葱 *Allium thunbergii*	百合科葱属	多年生草本	切花、花境
62	黄花葱 *Allium condensatum*	百合科葱属	多年生草本	切花、花境
63	绵枣儿 *Scilla scilloides*	百合科绵枣儿属	多年生草本	切花、花境、盆花
64	瓣蕊唐松草 *Thalictrum petaloideum*	毛茛科唐松草属	多年生草本	切花、花境
65	长柄唐松草 *Thalictrum przewalskii*	毛茛科唐松草属	多年生草本	切花、花境
66	槭叶铁线莲 *Clematis acerifolia*	毛茛科铁线莲属	直立小灌木	花境
67	棉团铁线莲 *Clematis hexapetala*	毛茛科铁线莲属	直立草本	切花、花境
68	大叶铁线莲 *Clematis heracleifolia*	毛茛科铁线莲属	直立草本	花境
69	长瓣铁线莲 *Clematis macropetala*	毛茛科铁线莲属	木质藤本	垂直绿化
70	半钟铁线莲 *Clematis ochotensis*	毛茛科铁线莲属	木质藤本	垂直绿化
71	芹叶铁线莲 *Clematis aethusifolia*	毛茛科铁线莲属	草质藤本	垂直绿化
72	黄花铁线莲 *Clematis intricata*	毛茛科铁线莲属	草质藤本	垂直绿化
73	羽叶铁线莲 *Clematis pinnata*	毛茛科铁线莲属	草质藤本	垂直绿化
74	金莲花 *Trollius chinensis*	毛茛科金莲花属	多年生草本	花境、盆花

续表

序号	名称	科属	植物类型	园林用途
75	银莲花 *Anemone cathayensis*	毛茛科银莲花属	多年生草本	花境、盆花
76	小花草玉梅 *Anemone rivularis*	毛茛科银莲花属	多年生草本	湿地水边绿化
77	野罂粟 *Papaveraceae nudicaule*	罂粟科罂粟属	多年生草本	花境
78	白屈菜 *Chelidonium majus*	罂粟科白屈菜属	多年生草本	花境
79	花葱 *Polemonium laxiflorum*	花葱科花葱属	多年生草本	切花、花境
80	大花杓兰 *Cypripedium macranthum*	兰科杓兰属	多年生草本	盆花
81	紫点杓兰 *Cypripedium guttatum*	兰科杓兰属	多年生草本	盆花
82	手参 *Gymnadenia conopsea*	兰科手参属	多年生草本	切花、盆花
83	苦参 *Sophora flavescens*	豆科槐属	多年生草本	花境
84	蓝花棘豆 *Oxytropis cueruiea*	豆科棘豆属	多年生草本	切花、花境、盆花
85	双花堇菜 *Viola biflora*	堇菜科堇菜属		地被
86	歪头菜 *Vicia unijuga*	豆科野豌豆属	多年生草本	花境
87	糖芥 *Erysimum bungei*	十字花科糖芥属	多年生草本	切花、花境
88	雾灵香花芥 *Hesperis oreophila*	十字花科香花芥属	多年生草本	切花、花境
89	豆瓣菜 *Nasturtium officinale*	十字花科	一年生草本	湿地水边绿化
90	水金凤 *Impatiens nolitangere*	凤仙花科凤仙花属	一年生草本	湿地水边绿化
91	石竹 *Dianthus chinensis*	石竹科石竹属	多年生草本	地被
92	瞿麦 *Dianthus superbus*	石竹科石竹属	多年生草本	地被
93	石生蝇子草 *Silene tatarinowii*	石竹科蝇子草属	多年生草本	地被
94	大花剪秋罗 *Lychnis fulgens*	石竹科剪秋罗属	多年生草本	切花、花境
95	麦蓝菜 *Vaccaria segetalia*	石竹科麦蓝菜属	一年生草本	干花

续表

序号	名称	科属	植物类型	园林用途
96	秦艽(大叶龙胆) *Gentiana macrophylla*	龙胆科龙胆属	多年生草本	切花、花境、盆花
97	中国扁蕾 *Gentianopsis barbata*	龙胆科扁蕾属	二年生或多年生草本	切花、花境、盆花
98	花锚 *Halenia sibirica*	龙胆科花锚属	一年生草本	切花、花境、盆花
99	当药 *Swertia diluta*	龙胆科当药属	一年生草本	切花、花境、盆花
100	斑种草 *Bathriospermum chinense*	紫草科斑种草属	一年生草本	地被
101	狼毒 *Stellera chamaejasme*	瑞香科狼毒属	多年生草本	切花、花境、盆花
102	缬草 *Valerianaceae officinalis*	败酱科缬草属	多年生草本	切花
103	红纹马先蒿 *Pedicularis striata*	玄参科马先蒿属	多年生草本	花境、盆花
104	返顾马先蒿 *Pedicularis resupinata*	玄参科马先蒿属	多年生草本	花境、盆花
105	穗花马先蒿 *Pedicularis spicata*	玄参科马先蒿属	一年生草本	花境、盆花
106	华北马先蒿 *Pedicularis tatarinowii*	玄参科马先蒿属	一年生草本	花境、盆花
107	中国马先蒿 *Pedicularis chinensis*	玄参科马先蒿属	一年生草本	花境、盆花
108	细叶婆婆纳 *Veronica linariifolia*	玄参科婆婆纳属	多年生草本	切花、花境
109	柳穿鱼 *Linaria vulgaris*	玄参科柳穿鱼属	多年生草本	地被
110	香青兰 *Dracocepha lum moldavica*	唇形科青兰属	一年生草本	花境
111	岩青兰 *Dracocepha rupestre*	唇形科青兰属	多年生草本	盆花、花境
112	香薷 *Elsholtzia ciliata*	唇形科香薷属	一年生草本	盆花、花境
113	藿香 *Agastache rugosa*	唇形科藿香属	多年生草本	花境
114	百里香 *Thymus mongolicus*	唇形科百里香属	落叶亚灌木	地被
115	鸭趾草 *Commelina communis*	鸭趾草科鸭趾草属	一年生草本	地被、坡地绿化
116	火柴头 *Commelina benghalensis*	鸭趾草科鸭趾草属	多年生匍匐草本	地被、坡地绿化

续表

序号	名称	科属	植物类型	园林用途
117	野西瓜苗 *Hibiscus trionum*	锦葵科木槿属	一年生草本	干花
118	野鸢尾 *Iris dichotoma*	鸢尾科射干属	多年生草本	切花、花境
119	毛蕊老鹳草 *Geranium eriostemon*	牻牛儿苗科老鹳草属	多年生草本	花境、盆花
120	粗根老鹳草 *Geranium dahuricum*	牻牛儿苗科老鹳草属	多年生草本	花境、盆花
121	老鹳草 *Geranium wilfordii*	牻牛儿苗科老鹳草属	多年生草本	花境、盆花
122	桔梗 *Platycodon grandiflorus*	桔梗科桔梗属	多年生草本	切花、花境、盆花
123	紫斑风铃草 *Campanula punctata*	桔梗科风铃草属	多年生草本	切花、花境、盆花
124	紫沙参 *Adenophora paniculata*	桔梗科沙参属	多年生草本	切花、花境、盆花
125	祁州漏芦 *Rhaponticum uniflorum*	菊科祁州漏芦属	多年生草本	切花、花境
126	裂叶马兰 *Kalimeris mongolica*	菊科马兰属	多年生草本	切花、花境
127	翠菊 *Callistephus chinensis*	菊科翠菊属	一年生或两年生草本	切花、花境
128	阿尔泰狗哇花 *Heteropappus sltaicus*	菊科狗哇花属	多年生草本	切花、花境
129	东风菜 *Doellingeria seaber*	菊科东风菜属	多年生草本	切花、花境
130	紫菀 *Aster tataricus*	菊科紫菀属	多年生草本	切花、花境
131	三脉紫菀 *Aster ageratoides*	菊科紫菀属	多年生草本	切花、花境
132	火绒草 *Leontopodium leontopodioides*	菊科火绒草属	多年生草本	花境
133	甘菊 *Dendranthema lavandulifolium*	菊科菊属	多年生草本	花境
134	小红菊 *Dendranthema chanetii*	菊科菊属	多年生草本	花境、盆栽
135	林荫千里光 *Senecio nemorensis*	菊科千里光属	多年生草本	切花、花境
136	西伯利亚橐吾 *Ligularia sibirica*	菊科橐吾属	多年生草本	切花、花境
137	狭苞橐吾 *Ligularia intermedia*	菊科橐吾属	多年生草本	切花、花境

续表

序号	名称	科属	植物类型	园林用途
138	全缘橐吾 *Ligularia mongolica*	菊科橐吾属	多年生草本	切花、花境
139	蓝刺头 *Echinops latifolius*	菊科蓝刺头属	多年生草本	切花、花境、干花
140	山牛蒡 *Synurus deltoides*	菊科山牛蒡属	多年生草本	切花
141	落新妇 *Astilbe chinensis*	虎耳草科落新妇属	多年生草本	切花、湿地
142	梅花草 *Parnassia palustris*	虎耳草科梅花草属	多年生草本	湿地
143	地榆 *Sanguisorba officinalis*	蔷薇科地榆属	多年生草本	切花、花境、干花
144	绢毛匍匐委陵菜 *Potentilla reptans*	蔷薇科委陵菜属	多年生草本	地被
145	匍枝委陵菜 *Potentilla flagellaris*	蔷薇科委陵菜属	多年生草本	地被
146	莓叶委陵菜 *Potentilla fragarioides*	蔷薇科委陵菜属	多年生草本	地被
147	二裂委陵菜 *Potentilla bifurca*	蔷薇科委陵菜属	多年生草本	地被
148	钝叶瓦松 *Orostachys malacophyllus*	景天科瓦松属	二年生草本	盆栽、岩石园
149	瓦松 *Orostachys fimbriatus*	景天科瓦松属	二年生或多年生草本	盆栽、岩石园
150	小丛红景天 *Rhodiola dumulosa*	景天科红景天属	多年生草本	盆栽、岩石园
151	华北景天 *Sedum tatarinowii*	景天科景天属	多年生草本	切花、盆栽、岩石园
152	轮叶景天 *Sedum verticilatum*	景天科景天属	多年生草本	切花、盆栽、岩石园
153	景天三七 *Sedum aizoon*	景天科景天属	多年生草本	地被、岩石园
154	藁本 *Ligusticum jeholense*	伞形科藁本属	多年生草本	切花、花境
155	短毛独活 *Heracleum moellendorffii*	伞形科独活属	多年生草本	切花、花境
156	穿山龙 *Dioscorea nipponica*	薯蓣科薯蓣属	多年生缠绕草本	垂直绿化、干花
157	北马兜铃 *Aristonchia contorta*	马兜铃科马兜铃属	多年生缠绕草本	垂直绿化、干花
158	葎叶蛇葡萄 *Ampelopsis humalifolia*	葡萄科蛇葡萄属	木质藤本	垂直绿化、切枝

续表

序号	名称	科属	植物类型	园林用途
159	河北大黄 *Rheum franzenbachii*	蓼科大黄属	多年生草本	切花、花境
160	拳蓼 *Polygonum bistorta*	蓼科蓼属	多年生草本	切花、干花
161	蓝盆花 *Scabiosa tschiliensis*	川续断科续断属	多年生草本	花境、盆栽、干花
162	千屈菜 *Lythum salicaria*	千屈菜科千屈菜属	多年生草本	湿地、水景园
163	柳兰 *Chamaenerion angustifolium*	柳叶菜科柳兰属	多年生草本	切花、花境
164	银粉背蕨 *Aleuritopteris argentea*	中国蕨科粉背蕨属	多年生草本	盆栽
165	木贼 *Equisetum hiemale*	木贼科木贼属	多年生草本	地被、切叶

参考文献

[1] 王美仙.北京野生花卉的应用现状及引种试验[J]. 江苏农业科学,2011,39(2):282-284.

[2] 林夏珍.中国野生花卉引种驯化及开发利用研究综述[J].浙江林业科技,2001,21(6):72-74,82.

[3] 周元,王娟,曹礼昆.常见野生花卉的园林应用[J].南方农业,2009(3):23-26.

作 者 简 介

张岩,女,1982 年生于石家庄,2006 年毕业于中国农业大学观赏园艺与园林系,研究生学历,高级工程师。曾参与完成国家自然资金唐菖蒲籽球形态发生及其生理机制的研究、国家林业局切花月季种苗生产国家标准,北京市园林绿化局花卉产业处北京市切花月季种苗生产行业规程、国家农发基金北京市野生花卉开发利用产业化基地建设,北京市科委基于循环农业内涵的百合产业科技示范工程,作为骨干完成北京市科委野生花卉蓝刺头引种驯化及育种项目、国家农发基金北京市特色花卉生产基地建设项目、北京市优秀人才培养资助项目昌平区野生花卉资源调查及引种繁育研究、参与自主知识产权月季"北京红"的选育。参与编写昌平区"十二五"花卉产业发展规划,完成"美丽昌平"前期调研资料的收集。2014 年至今参与昌平区平原造林工程的项目管理工作。完成造林 12 个项目建设方案、实施方案编制等工作。国家级百合栽培标准化示范区建设项目该项目获得北京市农业技术推广三等奖,北京市园林绿化局科技进步一等奖,参与"蓝刺头新品种选育"曾经获得北京市园林绿化科技进步二等奖,基于循环农业内涵的百合花卉产业科技示范工程项目获得北京市园林绿化局科技进步一等奖,个人获得第七届中国花卉博览会先进个人,2010 年,被评为北京市优秀青年工程师,2015 年北京市绿化美化先进个人,2016 年被评为北京市平原地区造林工程建设先进个人。

不同低温处理对OT百合木门组织培养球发芽率、抽茎率及鳞茎膨大的影响

徐　扬

北京市昌平区园林绿化局

摘要：以OT百合木门组织培养球作为试验材料，研究两种温度处理对其发芽率、抽茎率及鳞茎膨大的影响。结果表明：黑暗条件下，17℃ 8周+5℃ 4周处理的鳞茎其发育率、抽茎率高于黑暗条件下17℃ 12周处理的鳞茎；经过一个生长季后，17℃ 8周+5℃ 4周处理的鳞茎，其鳞茎周长显著高于17℃ 12周处理的鳞茎周长。

关键词：组织培养球；发芽率；抽茎率；鳞茎周长

百合是世界著名球根花卉，中国第三大切花，但进行种球繁殖所用的籽球仍以进口为主，特别是组织培养球移栽技术存在瓶颈，严重影响我国百合种球国产化进程。组织培养球移栽是百合组织培养中的重要环节，目前国内关于百合组织培养球移栽的研究已有一些，包括对组织培养球移栽所用基质的研究[1-4]；对百合组织培养球的抗性，包括耐热性、耐盐性等进行的研究[4-8]，以及百合组织培养球种植后的生产技术管理方式的探讨[9-11]。关于百合组织培养球移栽前不同温度处理对其种植后的影响的研究也有一些[12-15]，分别探讨了百合组织培养球在不同温度条件下处理一段时间后种植，其生根率、成活率、抽茎率、收获后鳞茎大小的情况，但其处理温度及处理时长尚无系统结论。本试验研究了不同低温处理对百合木门组织培养球发芽率、抽茎率及鳞茎膨大的影响，为组织培养球移栽提供基础技术资料。

1　材料与方法

1.1　试验材料

北京盛景苑花卉有限责任公司生产的木门百合脱毒组织培养球（图1），周径(2±0.5) cm。

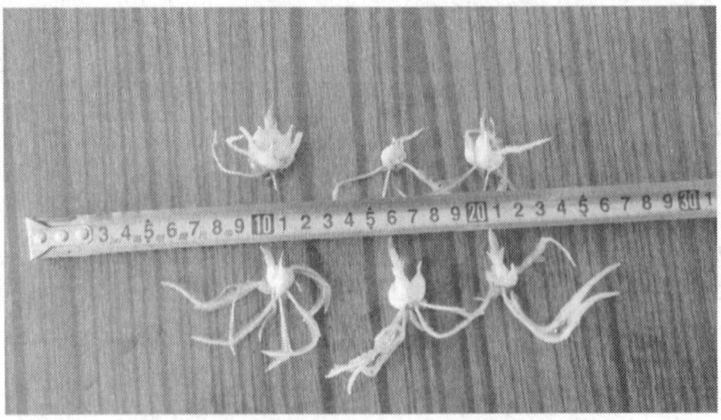

图 1　组织培养球的基本情况

1.2　试验方法

将 234 粒脱毒组织培养球 17℃黑暗条件下培养 8 周后，随机选取 120 粒连瓶带培养基一同放入 5℃的冷库中 4 周，其余组织培养球维持 17℃ 4 周。于 2015 年 3 月 23 日将两种不同温度处理的组织培养球同时种植(图 2，图 3)。选用进口草炭与蛭石混合作为种植介质，体积比为 1∶1。

图 2　组织培养球的种植情况

图 3　组织培养球的生长情况

生长期间调查两种处理的发芽率和抽茎率。2015 年 12 月 22 日收获。每个处理随机抽取抽茎与未抽茎的百合种球各 30 粒，测量鳞茎周长。

1.3 数据处理

用SPSS软件进行数据分析。

2 结果与分析

2.1 不同低温处理后发芽率、抽茎率比较

不同低温处理后，百合种球发芽率和抽茎率不同。未经变温处理的百合种球发芽率为83.3%，比经变温处理的百合种球发芽率低9.2%。未经变温处理的百合种球的抽茎率为36.0%，比经变温处理的百合种球抽茎率低22.3%（表1）。说明变温处理对百合种球发芽率及抽茎率均有一定影响。

表1 不同低温处理对百合发芽率及抽茎率的影响

处理	种球/粒	发芽/株	抽茎/株	发芽率/%	抽茎率/%
17℃处理	114	95	41	83.3	36.0
17℃+5℃处理	120	111	70	92.5	58.3

2.2 不同低温处理后百合鳞茎周长情况

同是抽茎的鳞茎，17℃培养方式的鳞茎平均周长为62.4 mm，而17℃+5℃培养方式的鳞茎平均周长为77.83 mm（表2）。t检验结果（表4）显示，因Sig.＜0.05，Sig.（双侧）=0.001＜0.01，可以认为两种低温处理方法对百合组织培养球鳞茎膨大达到极显著水准，即同是抽茎百合鳞茎，采用黑暗条件下17℃培养8周，5℃培养4周的鳞茎，经过一个生长季后，其周长极显著高于黑暗条件下17℃培养12周的鳞茎周长。

表2 不同低温处理对抽茎百合鳞茎周长的影响的统计量

处理	样本数	鳞茎周长		
		均值/mm	标准差	均值的标准误
17℃	30	62.4	13.492	2.463
17℃+5℃	30	77.83	20.144	3.678

2.3 不同低温处理后未抽茎的百合鳞茎情况

从表3可以看出，经过一个生长季后，17℃培养方式的未抽茎百合鳞茎平均周长为49.80 mm，而17℃+5℃培养方式的未抽茎百合鳞茎平均周长为61.47 mm。t检验结果（表4）显示，因Sig.＞0.05，而Sig.（双侧）=0.000＜0.01，可以认为两种低温处理方法对百合组织培养球鳞茎膨大达到极显著水准，即同是未抽茎百合鳞茎，采用黑暗条件下17℃培养8周，5℃培养4周的鳞茎，经过一个生长季后，其周长极显著高于黑暗条件下17℃培养12周的鳞茎周长。

表 3 不同低温处理对未抽茎百合鳞茎周长的影响的统计量

处理	样本数	鳞茎周长		
		均值/mm	标准差	均值的标准误
17℃	30	49.80	10.142	1.852
17℃+5℃	30	61.47	9.804	1.790

表 4 不同低温处理对抽茎、未抽茎百合鳞茎周长影响的独立样本检验

项目	Sig.	Sig.(双侧)
抽茎百合收获时周长	0.045	0.001
未抽茎百合收获时周长	0.953	0.000

3 结果与讨论

百合组织培养苗具有休眠的特性,移栽成活与否受多种因子制约。本研究结果表明,对百合组织培养球进行暗培养,采用17℃ 8周+5℃ 4周培养的鳞茎,其发芽率达到92.5%,说明17℃ 8周+5℃ 4周培养,基本上打破了百合组织培养球的休眠,即经过适当的变温处理,百合组织培养球也有较好的发芽率,这与前人研究结果[15-18]存在一定差异。就抽茎率来说,采用17℃ 8周+5℃ 4周培养的鳞茎抽茎率高于未进行变温处理的鳞茎,即经过适当的变温处理,会提高百合鳞茎抽茎率。采用17℃ 8周+5℃ 4周培养的鳞茎,经过一个生长季后,其周长极显著高于17℃ 12周培养的鳞茎周长。

本研究低温处理效果明显,可作为百合组织培养球过渡种植的参考,但最适合的变温梯度尚需进一步研究。

参考文献

[1] 张立娟,于亚军,周其兴,等.新铁炮百合试管苗的生根与移栽技术研究[J].北方园艺,2004(4):72-73.

[2] 蒲秀琴,薛寒青.百合组培苗移栽前的壮苗技术研究[J].青海农林科技,2007,1:59-60.

[3] 汪建旭,彭志云.兰州百合试管苗移栽基质筛选试验初报[J].甘肃农业科技,2005,10:36-37.

[4] 陈晓明,韦璐阳,覃剑峰,等.麝香百合组培苗移栽技术[J].广西热带农业,2007,3:40-42.

[5] 周子发,牛立新,张延龙,等.秦巴山区野生百合组培苗耐热性的初步研究[J].北方园艺,2009(11):164-166.

[6] 周叶玲,张延龙,牛立新,等.秦巴山区野生百合组培苗耐盐性的初步评价[J].西北农业学报,2011,20(8):147-151.

[7] 邢晓蕾,刘冬云,胡松竹.高温胁迫对兰州百合幼苗生理指标的影响[J].河北农业大学学报,2010,33(5):65-68.

[8] 赵秀梅,刘芬. NaCl胁迫对兰州百合试管苗生长的影响[J]. 江苏农业科学,2007,6:168-170.

[9] 李莺,李生玲,李星,等. “黄天霸”百合试管苗移栽研究[J]. 陕西农业科学,2014,60(2):30-32,37.

[10] 杨青松,杨美纯,曹晓辉,等. 施钾对东方百合组培苗鳞茎生长的影响[J]. 广西农业科学,2009,40(7):874-876.

[11] 李爱华,陈慧玲,周席华,等. 亚高山地区东方百合试管苗移栽及鳞茎培养[J]. 湖北林业科技,2011,6:22-24,30.

[12] 蔡宣梅,张洁,郭文杰,等. 试管苗东方百合试管鳞茎培育方式的比较[J]. 中国农学通报,2016,32(16):83-86.

[13] 朱旭东,田松青,储海霞. 东方百合试管成球和种球低温处理的研究[J]. 江苏农业科学,2005,5:74-76.

[14] 方少忠,张洁,蔡宣梅,等. 低温层积对百合试管小鳞茎活力的影响[J]. 中国农学通报 2015,31(31):160-165.

[15] 郭美,刘雅莉,王跃进,等. 亚洲百合试管苗生根移栽的研究[J]. 西北林学院学报,2010,25(2):76-79.

[16] 陈晓明,韦璐阳,覃剑峰,等. 麝香百合组培苗移栽技术[J]. 广西热带农业,2007,3:40-42.

[17] 李湘阳,曾炳山,裘珍飞,等. 观赏百合组培苗移植试验[J]. 浙江林业科技 2006,26(2):26-29.

[18] 孙文艺,刘雅莉,王跃进,等. 亚洲百合“普利安娜”试管苗的生根及移栽技术研究[J]. 西北农业学报,2009,18(6):272-276.

北京市昌平区香草植物引种及应用初探

张　岩
北京市昌平区园林绿化局

摘要:从韩国引进的40种香草种子,18种香草插穗,共有52种香草品种。对52种香草品种进行栽培种植试验,初步筛选出适宜北京地区种植及大面积发展的香草10种,并对香草植物的应用进行了初步探讨,为香草产业的发展提供理论依据。

关键词:香草;引种;应用

香草植物(aromatic herbs)泛指兼有芳香、观赏、食用和药用等性能的草本植物类群,还包括有少部分的半灌木和灌木类群[1]。香草植物不仅可驱蚊蝇、美化环境、净化空气、美化居室,还广泛用于美容、沐浴、饮食及医疗。从香料植物提取的香精油与干燥香料物质,是食品、化妆品、医药工业的重要添香剂。目前,这些产品畅销国内外市场,出口俄罗斯、美国等,具有诱人的市场发展空间。2003年,美国在中国就订购香精油1 000多吨。北京、上海等地每年销售迷迭香、薰衣草、薄荷、灵香草等种苗与干燥香料数千万株以上,并逐年大幅增加,市场十分看好。我国的香草种植历史悠久,资源丰富,目前已经在开发的香草资源种类包括100多科500多种[2]。随着人民群众生活水平的提高和对健康时尚生活的追求,近两年北京提出调整农业生产结构,建设都市型农业,还对香草餐饮、观光旅游等进行了探索,进一步拉长了香草产业链。本文研究自韩国引入的香草植物,筛选出适宜北京昌平区种植的香草品种,对农业结构调整和带动农民致富有广泛而深远的作用,为香草产业的发展提供理论依据。

1　香草植物简介

香草的名称最早由地中海沿岸提出,当地人们将日常生活中可用来熏香、冲茶、愉悦人心的植物泛称为“香草”。它不是植物学、生物学上的专用名词,而是一个类群的统称。Herb一词源于拉丁语herba,指“绿色草本植物”[3],其生活史仅1～2年,用以区分多年生的灌木或乔木。早期的香草多称“药草"或“香药草”,泛指具有药用、调味及香气功能的药用植物。现在所指的香草植物(aromatic herbs)是具有药用植物和香料植物共有属性的植物类群,大部分原生于温暖地区,具有香味,其花、叶、茎、种子、果实及其产生的精油,一部分或全部可用在料理、茶饮、花艺、工艺、保健、香料、染色及药用和造园等方面。全世界有香草3 000多种,大多原产于地中海沿岸国家,如法国、英国等。

2 试验材料与方法

2.1 试验材料

从韩国引进40种香草种子，引进18种香草插穗。

2.2 试验地点

北京昌卉景观园林有限责任公司基地。

2.3 试验技术路线

如图1所示。

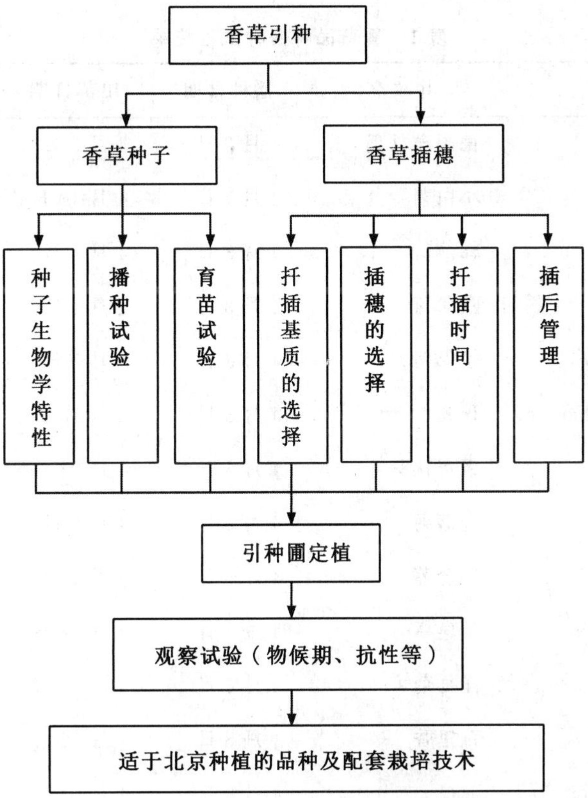

图1 试验技术路线

2.4 试验方法

繁殖试验：对引进香草种子进行播种、育苗试验，记录出苗日期，统计出苗率；对引进插穗进行扦插繁殖试验，记录生根情况，统计生根成苗率。

物候观察试验:对繁殖成功的香草进行物候期的观察,对外部形态(达到观赏要求)、适应性、抗病虫能力等方面进行综合评价,初步鉴定对本区的适应性和直接在生产上的利用价值。记录其定植后在引种圃的生长发育情况(主要是花期、结实、干枯及越冬情况),掌握其生活史并对其植物学性状进行总结。

香草植物应用探讨:依据香草植物特性,对引进的香草植物的综合应用情况进行总结,为香草利用提供依据。

3 试验结果分析

3.1 引进香草品种繁殖试验

3.1.1 引进香草品种的播种育苗试验

表 1 香草品种播种试验结果

编号	英文名	中文名	播种日期	出苗日期	时间/d	出苗率/%
1	Camomile	德国洋甘菊	4 月 3 日	4 月 9 日	6	95
2	Feverfew	小白菊	4 月 3 日	4 月 10 日	7	96
3	Koreamint	韩薄荷	4 月 3 日	4 月 8 日	5	98
4	Pepermint	欧薄荷	4 月 3 日	4 月 8 日	5	98
5	Conefower	松果菊	4 月 3 日	4 月 9 日	6	94
6	Korea chrysanthemum	秋菊	4 月 3 日	4 月 10 日	7	94
7	Hibiscus	大花秋葵	4 月 3 日	4 月 23 日	20	95
8	Calendula	金盏菊	4 月 5 日	4 月 9 日	4	98
9	Nasturtium	旱金莲	4 月 5 日	4 月 11 日	6	81
10	Soapwort	肥皂草	4 月 5 日	4 月 12 日	7	90
11	Camomilla	洋甘菊	4 月 6 日	4 月 11 日	5	95
12	Thyme	百里香	4 月 8 日	4 月 12 日	4	92
13	Oregona wildmint	薄荷	4 月 8 日	4 月 12 日	4	99
14	Bergamot	马薄荷	4 月 8 日	4 月 12 日	4	96
15	Iris	鸢尾	4 月 8 日	5 月 8 日	30	90
16	Anise Hyssop	茴藿香	4 月 8 日	4 月 12 日	4	98
17	Lavender	薰衣草	4 月 27 日	5 月 4 日	8	95

续表 1

编号	英文名	中文名	播种日期	出苗日期	时间/d	出苗率/%
18	Sage	鼠尾草	4 月 27 日	5 月 4 日	8	96
19	Sweet Basil	甜罗勒	4 月 27 日	5 月 2 日	6	98
20	Sorrel	酸模	4 月 27 日	5 月 7 日	11	90
21	Artichoke	洋蓟	4 月 27 日	5 月 4 日	8	92
22	Russian Tarragon	龙蒿	4 月 27 日	5 月 2 日	6	94
23	Poppy	虞美人	4 月 28 日	5 月 2 日	5	92
24	Hyssop	神香草	4 月 28 日	5 月 2 日	5	93
25	Mallow	锦葵	4 月 28 日	5 月 2 日	5	95
26	Borage	玻璃苣	4 月 28 日	5 月 2 日	5	94
27	Thyme	百里香	4 月 28 日	5 月 2 日	5	92
28	Digitalis	毛地黄	4 月 28 日	5 月 4 日	7	94
29	Red Sorrel	红酸模	4 月 28 日	5 月 4 日	7	91
30	Lemon balm	柠檬香蜂草	4 月 28 日	5 月 4 日	7	94
31	Chive	细香葱	4 月 28 日	5 月 4 日	7	96
32	Heliotrope	天芥菜/香水草	4 月 28 日	5 月 4 日	7	90
33	Mellow	麝香锦葵	4 月 28 日	5 月 4 日	7	93
34	Sweet Marjoram	马约兰草	4 月 28 日	5 月 4 日	7	95
35	Pepper Mint	欧薄荷	4 月 28 日	5 月 4 日	7	97
36	Rosemary	迷迭香	4 月 28 日	5 月 4 日	7	95
37	Dill	野茴香	4 月 28 日	5 月 4 日	7	96
38	Spearmint	绿薄荷	4 月 28 日	5 月 4 日	7	98
39	Fennel	茴香	4 月 28 日	5 月 4 日	7	96
40	Fennel Sweet	甜茴香	4 月 28 日	5 月 4 日	7	97

从表 1 可以看出，有 5 种香草植物出苗较快，4 天出苗，16 种均在一周内出苗，引进的香草植物大部分均能在一周左右出苗，只有少数（如大花秋葵、鸢尾）出苗较慢，分别为 20 天、30 天，这类植物的种子均属于大粒种子，外部均包被厚且坚硬的种皮，因此这类种子在萌发过程中需要较长的时间。

3.1.2 引进香草品种的扦插试验

表 2 引进香草扦插生根情况

编号	英文名	中文名	播种日期	出苗日期	时间/d	成活率/%
1	Peppermint	欧薄荷	4 月 23 日	5 月 3 日	11	93
2	Sweet Lavender	甜美薰衣草	4 月 23 日	5 月 8 日	16	90
3	Applemint	苹果薄荷	4 月 23 日	5 月 3 日	11	97
4	Rose Geranium	玫瑰天竺葵	4 月 23 日	5 月 12 日	20	83
5	Soapwort	肥皂草	4 月 23 日	5 月 12 日	20	90
6	Rose herb	玫瑰香草	4 月 23 日	5 月 3 日	11	93
7	Pineapple Sage	凤梨鼠尾草	4 月 23 日	5 月 3 日	11	87
8	Pennyroyal Mint	英国薄荷	4 月 23 日	4 月 25 日	3	97
9	Pashion flower	三叶西番莲	4 月 23 日	5 月 12 日	20	97
9	Pashion flower	西番莲	4 月 23 日	5 月 12 日	20	97
10	Lemon verbena	柠檬马鞭草	4 月 23 日	5 月 3 日	11	96
11	Lemon balm	柠檬香蜂草	4 月 23 日	5 月 3 日	11	96
12	Spearmint	绿薄荷	4 月 23 日	5 月 3 日	11	100
13	Rose mary	迷迭香	4 月 23 日	5 月 3 日	11	93
14	French Lavender	法国薰衣草	4 月 23 日	5 月 8 日	16	90
15	Koreamint	韩薄荷	4 月 23 日	5 月 3 日	11	100
16	Valertine	缬草	4 月 23 日	5 月 8 日	16	93
17	Tea tree	茶树	4 月 23 日	5 月 25 日	33	77
18	Eadude Cologne Mint	柑橘薄荷	4 月 23 日	5 月 3 日	11	97

从表 2 可以看出，英国薄荷生根最快，欧薄荷、苹果薄荷、凤梨鼠尾草等 10 种香草均是 11 天生根，甜美薰衣草、法国薰衣草、缬草均是 16 天生根，玫瑰天竺葵、肥皂草、三叶西番莲、西番莲均是 20 天生根，茶树生根时间最长为 33 天。香草植物依据生根难易，可以划分为易生根、一般、难生根三类。

3.2 引进香草植物繁殖方法

引进香草植物的主要繁殖方式见表 3。

表 3 按繁殖方式分类

主要繁殖方式	香草植物种类
播种	德国洋甘菊、小白菊、韩薄荷、欧薄荷、松果菊、秋菊、大花秋葵、金盏菊、旱金莲、肥皂草、洋甘菊、百里香、绿薄荷、薄荷、马薄荷、鸢尾、茴藿香、薰衣草、迷迭香、甜罗勒、鼠尾草、酸模、洋蓟、龙蒿、虞美人、锦葵、毛地黄、红酸模、神香草、广藿香、柠檬香蜂草、细香葱、天芥菜、麝香锦葵、马约兰草、茴香、野茴香、甜茴香、西洋蓍草、琉璃苣、马鞭草
扦插繁殖	薰衣草、迷迭香、鼠尾草、薄荷、肥皂草、西番莲、百里香、广藿香、茴藿香、香蜂草、甜菊、牛至、马郁兰、马鞭草、天竺葵
分株繁殖	薄荷、香蜂草、甜菊、马郁兰、香茅、洋甘菊

3.3 引进香草植物的物候期

通过调查，引进香草植物的物候期见表 4。

表 4 引进香草植物的物候期

编号	英文名	中文名	性状	花期	露地越冬情况
1	Camomile	德国洋甘菊	一年生	5—8 月	
2	Feverfew	小白菊	二年生	7—9 月	可越冬
3	Koreamint	韩薄荷	多年生		可越冬
4	Pepermint	欧薄荷	多年生		可越冬
5	Conefower	松果菊	多年生	8—10 月	可越冬
6	Korea chrysanthemum	秋菊	多年生		可越冬
7	Hibiscus	大花秋葵	灌木	8—10 月	可越冬
8	Calendula	金盏菊	二年生	5 月	可越冬
9	Nasturtium	旱金莲	多年生	持续开花	不可，温室越冬
10	Soapwort	肥皂草	多年生	8—10 月	可越冬
11	Camomilla	洋甘菊	一年生	7—9 月	
12	Thyme	百里香	多年生		可越冬
13	Oregona wildmint	薄荷	多年生		可越冬
14	Bergamot	马薄荷	多年生		可越冬
15	Iris	鸢尾	多年生	次年 5 月	可越冬
16	Anise Hyssop	茴藿香	一年生	7—10 月	
17	Lavender	薰衣草	多年生	9 月	不可，温室越冬
18	Sage	鼠尾草	多年生	次年 6—9 月	可越冬
19	Sweet Basil	甜罗勒	一年生	7—8 月	
20	Sorrel	酸模	多年生		

续表 4

编号	英文名	中文名	性状	花期	露地越冬情况
21	Artichoke	洋蓟	多年生	6—7 月	露地保护可越冬
22	Russian Tarragon	龙蒿	多年生	8—10 月	可越冬
23	Poppy	虞美人	二年生	7—8 月	
24	Hyssop	神香草	多年生	7—9 月	可越冬
25	Mallow	锦葵	多年生	8—10 月	可越冬
26	Borage	玻璃苣	一年生	7—9 月	
27	Thyme	百里香	多年生		可越冬
28	Digitalis	毛地黄	二年生	8—9 月	
29	Red Sorrel	红酸模	多年生		可越冬
30	Lemon balm	柠檬香蜂草	多年生		可越冬
31	Chive	细香葱	多年生	次年 5—7 月	可越冬
32	Heliotrope	天芥菜/香水草	多年生	6—8 月	可越冬
33	Mellow	麝香锦葵	多年生	7—9 月	可越冬
34	Sweet Marjoram	马约兰草	多年生	6—8 月	可越冬
35	Rosemary	迷迭香	常绿灌木		不可,温室越冬
36	Dill	野茴香	一年生		
37	Spearmint	绿薄荷	多年生		可越冬
38	Fennel	茴香	多年生	8—9 月	
39	Fennel Sweet	甜茴香	多年生	7—8 月	
40	Sweet Lavender	甜美薰衣草	多年生	次年 6—8 月	不可,温室越冬
41	Applemint	苹果薄荷	多年生	8—10 月	可越冬
42	Rose Geranium	玫瑰天竺葵	多年生		不可,温室越冬
43	Rose herb	玫瑰香草	多年生		不可,温室越冬
44	Pineapple Sage	凤梨鼠尾草	多年生	次年 6—9 月	可越冬
45	Pennyroyal Mint	英国薄荷	多年生		可越冬
46	Pashion flower	三叶西番莲	多年生	7—10 月	不可,温室越冬
47	Pashion flower	西番莲	多年生	7—10 月	不可,温室越冬
48	Lemon verbena	柠檬马鞭草	多年生	9—10 月	可越冬
49	French Lavender	法国薰衣草	多年生	次年 6—8 月	不可,温室越冬
50	Valertine	缬草	多年生	7—9 月	可越冬
51	Tea tree	茶树	灌木		不可,温室越冬
52	Eadude Cologne Mint	柑橘薄荷	多年生	6—8 月	可越冬

通过对香草引种后定植于引种圃进行物候观察以及综合评价，适于北京露地种植及值得推广的品种有薄荷、百里香、柠檬香蜂草、鼠尾草、鸢尾、马薄荷、甜罗勒、玻璃苣、细香葱、洋甘菊。

3.4 香草植物的应用分类

从应用角度出发，将香草按照食用方法、用途、原产地等方面进行分类，具体分类情况见表5至表7。

表5 按香草的食用方法分类

食用方法	分类
叶用香草	当归、罗勒、琉璃苣、韩薄荷、旱金莲、细香葱、藿香、芫荽、茴香、留兰香、牛至、欧芹、迷迭香、龙蒿、百里香、香蜂草、紫苏、月桂、苦苣、神香草
茎用香草	藿香、芫荽、茴香、莳萝、细香葱
花用香草	琉璃苣、朝鲜蓟、牛至、紫苏、苦苣、细香葱、金莲花、神香草
种子食用香草	当归、茴香

表6 按香草主要用途分类

用途	分类
精油	薰衣草、罗勒、洋甘菊、鼠尾草、茴香、天竺葵、柠檬香蜂草、马郁兰、广藿香、欧薄荷、玫瑰、迷迭香、百里香
食用香草	罗勒、鼠尾草、薄荷、香蜂草、马郁兰、欧芹、百里香、细香葱、茴香、香叶天竺葵、迷迭香、金莲花
观赏香草	薰衣草(狭叶、齿叶)、柠檬香茅、猫薄荷、鼠尾草、神香草、天竺葵、马鞭草(蓝花、柳叶)

表7 按原产地分类

原产地	香草种类
地中海	薰衣草、迷迭香、百里香、鼠尾草、薄荷、茴香、德国洋甘菊、荆芥、大叶假荆芥、豆瓣菜、矢车菊、番红花、意大利荆芥、牛膝草、小白菊、琉璃苣、马郁兰、锦葵
欧洲	野草莓、朝鲜蓟、大叶假荆芥、小地榆、肥皂草、法国龙蒿、艾菊、蒲公英、菊芋、细叶芹、细香葱、莳萝、啤酒花、药蜀葵、西洋蓍草、大黄、香蜂草
中国、日本	紫苏、茉莉、大蒜、细香葱、鸭儿芹、桔梗、蓼蓝、鱼腥草
热带	罗勒、柠檬香茅
南非	香叶天竺葵
西南、中南美洲	茴藿香、向日葵、甜菊、金莲花、柠檬马鞭草

香草植物多为低糖、高纤维、高胡萝卜素、高矿物质的植物，常食能抗疲劳、抗衰老、健身、香身。相关研究表明，球茎茴香中钾含量极高，常食益于心血管健康；西班牙牛至含有很丰富的活性物质，每毫克叶中含抗衰老素——超氧化歧化酶 187.80 μg，是已知蔬菜中含量最高的，常食养颜美容，延年益寿；鼠尾草是高钾、低钠、低铅、高钙、高镁、高铁的无公害芳香调味蔬菜，常食抗菌，对机体柔软组织有收缩的功能；茴香为高钙、高胡萝卜素、高蛋白、高纤维素的滋补性蔬菜，常食解表散邪、利湿除风、润肤健美；马郁兰含有极其丰富醋类物质，高含量的芳香挥发油和一些苦味素、单宁，有消炎、祛痰作用；薰衣草含有较高的类黄酮化合物，可调整血压促进血液循环，对神经中枢系统有镇静作用，且利于增强和提高人体免疫力和皮肤的再生力；香万寿菊含有富的抗过氧化物质，有益于人体健康；柠檬香茅含有丰富的香豆素，食用可促进食欲。正是因为香草有着诸多奇特作用，故备受各种不同需求者的青睐。

3.5　香草园林应用探讨

芳香植物在一些发达国家中，不但作为经济作物被栽培，而且还作为园艺植物被广泛种植于园林中。利用芳香植物在园林中布置成芳香散步道，在庭园中巧妙配植，可以创造丰富的行进乐趣。而一般国内的家庭庭院都不大，可以香草及低矮灌木状芳香植物为主，夹杂少数乔木芳香植物进行配置。目前国内倡导的生态芳香庭园可结合住宅小区环境绿化进行，这种“健康住宅”注重不同植物各方面作用的相互补充融合。如除普通草本植物外，注重观赏花木、阔叶乔木、食用果树、药用植物和芳香植物等的种植；同时注重发挥绿化在整个小区生态中其他更深层次的作用，如隔热、防风、防尘、防噪声、消除毒害物质、杀灭细菌病毒等，甚至可有从视觉感官和心理上消除精神疲劳等作用。可选择生长茂密、植株矮小的香草作地被，既观花又观叶的香草种植于开阔的向阳坡地和紧靠散步道的两侧，彩叶品种可用于花坛镶边、配色，多年生的香草可配置花境。香草植物的观赏价值也是不容忽视的(表 8)。

20 世纪 90 年代以来，国外大多通过引种栽培多年生草本芳香植物来实现环境香化与空气净化。普通的园林绿化，能给人带来视觉感受，而香草因其独特的功效，除了可满足人的视觉享受外，还能满足嗅觉的享受。香草植物散发出的芳香成分具有杀菌和抗氧化作用，不但能对空气进行杀菌，有利于环境的净化，还可以舒缓人的心理紧张，治疗某些身体疾病，有利于人的身心健康。很多芳香植物的花叶含有丰富的色素成分，颇具观赏价值，有些可用于大面积的田园香化，有些个性化强的香草，可放置在家庭环境中，还有些品种可放置在医院、图书馆、展览馆等人群密集、空气污浊的地方。

3.6　香草茶

常见香草茶功效见表 9。

表8　常见香草的园艺应用特性探讨

中文名	性状	株高/cm	园艺用途	特征
薰衣草	多年生	30～120	盆栽、花篱、绿化、花坛、切花、花境	风靡欧美、花美叶香，干燥可制成香枕，整株香型
香薄荷	多年生	30～40	盆栽、吊篮、食用	香气四溢、持久，居室中的香水瓶，整株香型
百里香	多年生	20～40	盆栽、绿化(地被)	欧洲传统品种，用途广泛
洋甘菊	多年生	30～80	盆栽、花坛、切花、花境	大花密，香气怡人，成片栽植效果颇佳，整株香型
鼠尾草	多年生	30～80	盆栽、花坛、花境	重要盆花、香料、药用植物
迷迭香	多年生	20～200	盆栽、花境	株形优美，花色淡雅，香气浓烈
神香草	多年生	50～60	盆栽、花境	花色繁多，花富蜜汁，易招蜂引蝶，适用于岩石园
马郁兰	多年生	30～60	花坛、盆栽	花型奇特
西洋蓍草	多年生	30～60	花境、盆栽、切花	花繁盛、美丽
藿香	多年生	40～80	花境、盆栽	花境中做背景材料，整株香型
马鞭草	多年生	30～40	盆栽、花境	宜人的柠檬香气
天竺葵	多年生	30～40	盆栽、花境	驱虫、杀菌、净化空气，整株香型
碰碰香	多年生	5～20	盆栽、吊篮	香味浓郁，苹果香
香根鸢尾	多年生	40～60	花境、盆栽	花型美丽
香葱	多年生	20～30	花境、盆栽	花粉红色，色艳花美
锦葵	多年生	40～80	花境、盆栽	花色丰富
木芙蓉	多年生	50～80	花境、盆栽	花型美丽，花大色艳
旱金莲	多年生	20～30	花境、盆栽	叶形似荷花，花型美丽
金盏菊	二年生	10～20	花境、盆栽	花型美丽
罗勒	一年生	50～80	花境、盆栽	香气浓郁持久，株形佳，可作花境背景
玻璃苣	一年生	60～80	花境、盆栽	花枝下垂，花美
薄荷	多年生	40～60	花境、盆栽	观叶、香气四溢、持久

表9　常见香草茶功效

植物	疗效
薄荷	头脑清晰，口气芬芳且助消化
柠檬马鞭草	清热解毒，通经散瘀，利尿止痒，用于急性病毒性肝炎患者和小便不利者
柠檬香蜂草	缓解头痛、牙痛症状，减轻压力与改善初期感冒症状
鼠尾草	改善便秘与风湿症状，对肝脏与身体健康有帮助
洋甘菊	有着大地苹果之称的洋甘菊具有消炎和舒缓的作用，是咽喉保健与敏感肌肤的最佳单品可改善长期便秘的症状，清除宿便，缓解压力及治疗偏头疼，眼睛疲劳时也可饮用
迷迭香	改善头痛与增强记忆，适于睡前饮用
薰衣草	净化心绪、舒解压力、松弛神经、帮助入眠，可祛风、镇静、消除肠胃胀气、腹泻、头晕头痛等，具促进食欲、养颜美肤的功效
百里香	改善紧张性头痛、过度劳累、喉咙痛、感冒或暴露于吸烟场所之下的不适症

3.7 香草的综合应用探讨

香草的综合应用见表 10。

表 10 香草的综合应用

科	种类	花期	利用部位	应用	功效
唇形科	薰衣草	4—8 月	叶、花、茎	料理、茶饮、美容、沐浴、精油、园艺、工艺等	安定情绪、祛风、降血压、解毒、肌肉放松、促进睡眠等
	迷迭香	9 至翌年 3 月	叶、花、茎	料理、茶饮、美容、沐浴、精油、园艺、工艺等	强身、健胃、醒脑、镇痛等
	罗勒	5—10 月	叶、花、茎	料理、茶饮、美容、沐浴、精油、园艺、工艺等	强化神经、祛痰、祛风、促进消化、健胃、解热
	鼠尾草	6—8 月	叶、花、茎	料理、茶饮、美容、沐浴、精油、园艺、工艺等	防腐、抗菌、强化神经、解热、健身、促进消化
	薄荷	6—9 月	叶、花、茎	料理、茶饮、美容、沐浴、精油、园艺、工艺等	促进消化、提神醒脑、强身解热、驱虫、健胃、消除疲劳
	牛至	6—9 月	叶	美容、料理、茶饮、园艺、沐浴	镇静、保温、发汗
	香峰草	6—9 月	叶	料理、茶饮、精油、沐浴、园艺	强壮身体、帮助消化、镇静解热
	神香草	5—8 月	叶、花、茎	料理、精油、工艺、园艺	驱虫、杀菌、祛痰等
	马郁兰	6 月	叶、花、茎	料理、沐浴、美容、园艺	镇定、强身、促进消化等
伞形科	茴藿香	5—9 月	花、叶	料理、茶饮、沐浴、熏香、园艺、健康	治感冒、咽喉炎、增进胃口、治消化不良
	茴香	6—8 月	叶、茎、种子	料理、园艺、茶饮、美容、沐浴	助消化、利尿、解毒等
菊科	洋甘菊	4—6 月	叶、花、茎	茶饮、园艺、沐浴、健康、美容	镇静、发汗等
	西洋蓍草	7—11 月	叶、花、茎、根	园艺、料理	美颜、收敛
紫草科	玻璃苣	6—10 月	叶、花	料理、园艺、茶饮、沐浴	消炎、解热等
马鞭草科	马鞭草	6—9 月	叶、花、茎	茶饮、沐浴、料理、美容、精油、园艺	促进消化、镇静、提振精神

4 香草产业发展的建议

4.1 以市场为导向，适地适种为原则

芳香植物适宜栽培在北温带荒漠区域和温带草原区域，喜光、喜热、不喜潮湿。我国新疆与世界天然香料生产大国西班牙、法国处同纬度区域，其有适合香料作物的地理、气候条件和水土光热资源，可以生产出优质的芳香植物原料。我国新疆的香精香料生产也有一定的历史，但由于各方面认识不足、重视不够，在投资规模、生产技术、品种发掘、产品开发、市场运作等方面均处于较低水平，更谈不上规模化、产业化发展。

4.2 以科研为依托，以企业为龙头，进一步开发香草植物产品的附加值

芳香植物是香精香料产业的重要原料，其品质高低是实现产业化的先决条件。从芳香植物中提取的精油是天然香料的重要组成部分。天然香料由于独特的香气赋予香精幽雅的、合成香料无法替代的天然感，而广泛用于食品、饮料、烟草、牙膏、化妆品、香皂、洗涤剂、消毒剂、医药，以及其他加香产品中。我国的芳香植物资源丰富，目前已发现有开发利用价值的芳香植物种类有 60 多科的 400 余种，现在已能生产 120 余种天然香料。

4.3 有机结合芳香产业与农业产业、休闲观光业

世界上，凡芳香植物大面积种植的地方都易成为旅游胜地。从农业本身的产业出发，北京可以借鉴台湾比较成功的例子。目前台湾的香草产业已逐渐发展起来，但到现在为止仅以经营观光农场可自产自销，较为成功。开设香草植物休闲农场，除了具备休闲观光功能外，还具有生产性功能，因而有机结合芳香产业与农业产业，能再次开创农业的新契机。

4.4 加强香草植物的综合开发，培育有特色的香草产业

芳香植物除提取芳香油外，还可以进行综合利用，如药用、食用、林用、观赏等。因此，在加工利用的同时，须充分考虑资源的综合利用，可根据原料的特性决定先提取芳香油再利用还是先利用其他成分再提取芳香油。芳香植物可提炼生物碱、单宁、有机酸、色素等成分，要采取最科学的提取方法，尽可能降低各种成分相互影响的程度，最大限度地利用全部有效成分。要搞好一物多用的综合性开发，具有较大的经济、生态和社会效益，是芳香植物开发利用的重点。我们可以以综合开发利用为出发点，结合生态条件和生产现状，培育有北京特色的香草产业，推动香草产业的可持续发展。

5 附图

图 1 播种

图 2 育苗

图 3 分苗 1

图 4 分苗 2

图 5 扦插

图 6 扦插生根情况

参考文献

[1] 王曼君,项俊,王仁祥,等.香草植物研究进展[J].北方园艺,2012(15):188-193.
[2] 何天培.英国香草植物应用解析[D].北京:中国林业科学院,2013.
[3] 齐晓萍,施冰,陈玉霞.香草植物在园林绿化中应用探讨[J].园林科技,2010(1):13-16.

百合种球采后处理技术探讨

徐　扬
北京市昌平区园林绿化局

摘要：本文对百合种球采后处理技术进行归纳总结，以期为促进行业交流与发展，并为百合种球采后处理技术及大规模百合种球生产提供参考。

关键词：百合种球；温度控制；气体控制

百合是深受市场欢迎的球根花卉。近年来，随着百合种球国产化的推广，种球质量是国产百合种球向国际化发展的制约因素之一。国内对提高百合种球质量的研究很多，发现种球采后处理技术是关键技术环节，但行业里尚无形成一套完整的技术标准[1]。种球采后处理技术包括种球清洗、消毒、包装、低温贮藏的温度和积温控制以及贮藏室的气体成分控制等几个方面。本文结合国内外相关文献和近几年的实践经验，针对上述各方面对百合种球采后处理技术提出策略和展望，旨在促进行业交流与发展。

1　种球清洗

种球采收后，种球表皮角质化程度、受损伤程度、伤口愈合速度直接影响到种球的活力。百合种球采收后表面被栽培基质包裹，不容易干燥，表皮角质化程度低，挖掘时难免有伤口，若不经清洗消毒，基质内携带的病原菌容易侵蚀伤口，出现各种病害。采收后应经过流水冲洗处理（图 1），流水能稀释并带走细胞膜周围的有害物质，重组和修复细胞膜及有关的酶系统，有效地保持百合种球活力[1]，提高种球质量。种球清洗后，生产上可用遮阳摊晾、自然风干等方法，使种球快速晾干。

图 1　种球清洗

2 种球消毒

种球消毒过程如图 2 所示。

图 2 种球消毒

2.1 螨虫、线虫的杀灭

百合在田间生长过程中，很难采取有效的措施彻底灭杀地下害虫，特别是螨虫、线虫，肉眼较难发现，流水冲洗种球也不能完全去除。有调查发现，田间百合枯黄株和枯萎病株地下鳞茎底盘部位的根螨等微型土壤虫螨的单株检出率较高，且以刺足根螨最为多见，病原菌主要为尖孢镰刀菌和茄腐皮镰孢菌[2]。由于使用药剂杀灭螨虫、线虫便于操作，对机械精度、操作人员水平要求低，在生产过程中通常采用药剂杀灭[3,4]。荷兰一般采用热处理方法杀灭螨虫和线虫，国内也有相关的研究报道[5,6]，但对影响消毒效果的因素和作用效应缺乏全面系统研究，操作不当就会出现种球受损、储存时腐烂、萌发后生长不良等问题，造成严重的经济损失。

2.2 病菌的杀灭

对于百合种球病菌杀灭药剂配方及灭菌方法的相关研究比较少，生产中通常是凭经验或药品说明进行种球灭菌。进行百合种球灭菌专用药剂配方及方法的研究，对提高百合种球产品质量，解决种球繁育的瓶颈问题之一十分重要。

3 种球包装

目前我国常用的存储种球的材料为草炭、珍珠岩、锯末等，这些材料容易获得，性状稳定，且成本较低。前人对包装介质的选择与含水量控制进行了相应的研究[7]。百合种球贮藏处理介质含水量控制应遵循两个原则：合适的含水量满足种球本身的水分需求；合适的湿度调节种球与外界的气体交换。一般来说，介质含水量 30%左右对种球保鲜和防止细菌性及真菌性病害有利。种球包装见图 3。

图3　种球包装

4　种球低温贮藏的温度和积温控制

百合种球的低温处理主要包括两个方面:温度控制和积温控制。

4.1　温度控制

对索邦、西伯利亚、木门等品种百合种球在各种低温处理下解除休眠过程中的形态和某些重要的生理生化指标进行了研究[8]。研究发现:7℃只对打破休眠有效;2℃既可打破休眠也可延长休眠;－2℃条件下只可延长种球休眠,种球可以长期保持在处理前的生理状态。因此目前生产上通用的措施是种球长期贮藏采用－2～－1.5℃,冷藏及低温春化采用2℃,库内环境温度均匀,各方位的温度差≤0.5℃[9]。如果温度低于－3℃冷冻处理后种球长成的植株矮小、茎节短、叶丛生[10],种球的活力也会降低。

4.2　积温控制

积温控制主要是指低温处理的持续时间。在(－1±0.5)℃条件下,对2种不同海拔种植的东方百合西伯利亚种球进行低温处理,比较其在解除休眠过程中的形态和生理指标变化。结果表明,2种海拔的百合种球在低温冷藏过程中,低温冷藏至60 d左右时可溶性糖和还原糖含量达到最大值后出现下降趋势,即均呈上升—下降—上升的变化趋势,而贮藏期间淀粉含量变化则刚好相反,呈下降—上升—下降的变化趋势。此期间,芽生长点均不断伸长,大约两个半月时芽生长点距种球顶部的距离小于1 cm。表明糖分和淀粉含量的变化和百合球芽生长点的生长相关[11]。且不同品种的百合品种芽萌发所需要的时间不一样,我们可以根据糖分含量的变换来判断温度的改变,当糖分含量达到最大值后,百合种球的芽发育即将达到峰值,可以进入－1.5℃保存的长期休眠期。

通过对上述百合贮藏的低温和积温的研究发现,百合种球采用阶梯式温度调控法,当糖分含量达到最大值,芽生长点距鳞茎顶端的距离约1/3处,可进入－1.5℃下稳定保存。正常解除休眠的种球在冷库中长期贮藏,可以降低种球冷害发生的概率。这一研究结果对保持百合种球活力,提高种球品质有重要意义。

5 贮藏室的气体成分控制

冷藏不仅是对种球活力的促进,也是春化和抽薹开花所必需的。除了冷藏温度和冷藏时间外,贮藏空气成分也是非常重要的。种球贮藏管理如图 4 所示。

图 4 种球的贮藏、品种核对

百合种球处于低温状态时生长点也会不断生长,同时百合种球在生长的过程中会不断地释放 CO_2[9]。如果冷库内没有内外气体交换系统,高淀粉百合鳞茎可由有氧呼吸转变为无氧呼吸,最终导致腐烂。库内 CO_2 浓度较高,也可能引起 CO_2 中毒的生理性疾病。CO_2 浓度在 0.1%的范围内是百合鳞茎保存的理想状态。研究认为采取缓慢的气体交换措施,可有效降低库内的 CO_2浓度,控制范围在 0.1%以内[9,12]。

6 展望

百合种球质量是决定生产成效的内在因子,保持种球活力是决定种球质量的关键因素。提高百合种球质量,需要在采后处理方面进行更深一步研究,并形成系统化和标准化的流程,以指导实际生产工作。本文通过对文献和实践经验的总结,以促进种球采后处理相关技术的进一步完善。

参考文献

[1] 张洁,蔡宣梅,郭文杰,等. 百合种球活力改良外源技术研究进展[J]. 中国农学通报,2016,32(13):91-96.

[2] 邹一平,周蓉,杨士杰,等.镰刀菌与根螨在食用百合鳞茎上的协同侵染及防治[J]. 江苏农业科学,2006,6:135-138.

[3] 颜津宁.百合根部害虫根螨·根蛆·根腐线虫防治药剂筛选[J]. 安徽农业科学,2016,44(6):143-144,151.

[4] 张杰.百合刺足根螨的发生与防治措施[J].福建农业科技,2013,10:47-48.

[5] 丁仁展,吴学尉,王祥宁,等.温水处理对百合螨虫杀灭效果的研究[J].北方园艺,2009(10):194-195.

[6]张洁,郭文杰,蔡宣梅,等.热处理对百合种球根螨防治效果的研究[J].热带作物学报

2014,35(5):980-984.

[7] 黄作喜,吴学尉,段辉国,等. 百合商品种球冷贮关键技术研究[J]. 北方园艺,2004(6):61-63.

[8] 杨琳,张延龙,牛新.低温对百合种球休眠的影响[J].陕西农业科学,2005(3):49-51.

[9] 王祥宁,李淑斌,陈朋丛,等.百合种球长期冷藏库的设计及应用效果[J].农业工程学报,2010,26(7):147-151.

[10] 魏宪辉,陈玉珍,代焕琴,等.温贮藏百合种球耐冻性检测[J].林业科技开发,2007,21(4):42-44.

[11] 王丽花,吴学尉,杨秀梅,等.不同海拔地区生产的东方百合种球西伯利亚冷藏过程中生理变化的比较[J]. 江苏农业科学,2012,40(8):149-152.

[12] 李香.包装方式对东方百合种球冷藏贮存的影响[J].农业与技术,2017,37(1):32-34,39.

浅析城市绿地养护管理技术

金　环
北京市昌平区园林管理处

摘要：园林绿化建设是城市建设中最为基础的设施建设，是城市生态的重要组成部分。本文简要介绍园林绿地养护的相关原则、基本方法、养护技术等内容，深入分析城市绿地养护工作中存在的问题，并提出相应的解决对策。

关键词：城市绿地；养护管理；问题；对策

近年来，城市绿化建设已被作为一项重要的基础设施建设纳入各级政府、国民经济和社会发展计划，绿化建设投入不断加大，城市绿化的重要性已为政府和市民所共识。园林绿化工作和其他市政环境建设项目不同，其他市政建设项目只要竣工就算完成任务，而园林绿化建设项目竣工只是美化环境的一个开始，从一定意义上讲，城市园林养护是对园林建设"产品"的再加工修整。花草树木种植成活只代表着生态环境新的开端，未来的养护与维护做得好，才能有效促进园林绿化的可持续发展，花草树木才能够造型优美、生长旺盛，才能真正起到清新空气、美化环境的目的。俗话说"三分种，七分养"，科学高效的养护管理办法在提高园林绿化的质量、使用寿命和减少经费开销上起着关键作用。园林树木养护水平的高低直接影响树木在园林绿化建设中的作用，影响整个城市的形象。

1　绿地养护的相关原则

1.1　及时性原则

绿地养护是针对有生命的花草树木进行的，这就要求每项工作都要按时进行，否则轻者带来不良效应，重者将造成无法挽回的损失。如未及时浇水，树木将会干枯、萎蔫直至死亡。

1.2　适度性原则

绿地养护既是一门科学，也是一门艺术，只有把握好工作的"度"，才能营造出好的景观效果。如修剪整形时，要严格按照设计意图和造景进行操作；对植物的过度养护，可能会造成土壤沙化。

1.3　系统性原则

在进行绿地养护时，要做到统筹兼顾。一方面，将灌溉、施肥、修剪整形、病虫害防治、清除杂草等环节作为一个系统，使之一体化，能有机运行。另一方面，对于绿地养护，还要在市容卫生、交通通信、市政等部门之间做好衔接,使公共绿地整洁,水电、交通畅通。

2 绿地养护的基本方法

2.1 现场观测法

现场观测法是一种比较直观、有效的方法,但是这种方法对养护作业人员特别是组织者和技术人员的要求很高,需要有一定的理论基础和实践经验,并能对一般的问题做出准确的判断。它是用肉眼进行观察,同时借助放大镜等工具辅助检测,从而确定方法并实施绿地养护。例如:通过现场对病虫害的识别,从而采取病虫害防治措施。

2.2 理论指导法

理论指导法是运用相关理论知识来指导绿地养护的一种方法。它既科学又有效,但要求组织者和技术人员熟练掌握相关方面的专业知识和本地区域的理论成果。

2.3 经验操作法

经验操作法是根据操作人员、专业技术人员、组织者的实践经验进行绿地养护的方法。此法便捷、实用,但针对一些情况变化,如新植物种类的引入、气候异常引起病虫害、景观需求发生变化时,要采取相应的措施,权宜应变。

3 园林绿地养护管理标准

根据绿地所处位置的重要程度和养护管理水平的高低,将园林绿地的养护管理分成不同等级,由高到低分为:特级养护管理、一级养护管理、二级养护管理等三个等级[1],以下简要介绍特级养护质量标准。

3.1 绿化养护技术措施质量标准

绿化养护技术措施完善,管理得当,植物配置科学合理,达到黄土不露天。

3.2 园林植物质量标准

3.2.1 生长健壮,新建绿地各种植物两年内达到正常形态。

3.2.2 园林树木树冠完整美观,分枝点合适,枝条粗壮,无枯枝死杈;主侧枝分布匀称、数量适宜、修剪科学合理;内膛不乱,通风透光。花灌木开花及时,株形丰满,花后修剪及时合理。绿篱、色块修剪及时,枝叶茂密,整齐一致,整型树木造型雅观。行道树无缺株,绿地内无死树。

3.2.3 落叶树新梢生长健壮,叶片大小、颜色正常。在一般条件下,无黄叶、焦叶、卷叶,正常叶片保存率在95%以上。针叶树针叶宿存3年以上,结果枝条在10%以下。

3.2.4 花坛、花带轮廓清晰,整齐美观,色彩艳丽,无残缺,无残花败叶。

3.2.5 草坪及地被植物整齐,覆盖率99%以上,草坪内无杂草。草坪绿色期:冷季型草不得少于300 d;暖季型草不得少于210 d。

3.2.6 病虫害控制及时,园林树木无蛀干害虫的活卵、活虫;在园林树木主干、主枝上平均每 100 cm^2 介壳虫的活虫数不得超过 1 头,较细枝条上平均每 30 cm 不得超过 2 头,且平均被害株数不得超过 1%。叶片上无虫粪、虫网。被虫咬的叶片每株不得超过 2%。

3.3 垂直绿化质量标准

垂直绿化应根据不同植物的攀缘特点,及时采取相应的牵引、设置网架等技术措施,视攀缘植物生长习性,覆盖率不得低于 90%开花的攀缘植物应适时开花,且花繁色艳。

3.4 绿地绿化质量标准

绿地整洁,无杂物、无白色污染(树挂),对绿化产生的垃圾(如树枝、树叶、草屑等)、绿地内水面杂物,重点地区随产随清,其他地区日产日清,做到巡视保洁。

3.5 其他

栏杆、园路、桌椅、路灯、井盖和牌示等园林设施完整、安全,维护及时;绿地完整,无堆物、堆料、搭棚,树干上无钉拴刻画等现象。行道树下距树干 2 m 范围内无堆物、堆料、圈栏或搭棚设摊等影响树木生长和养护管理的现象。

4 绿地养护技术措施

4.1 灌溉和排涝

水分管理是植物生长发育过程中的重要环节,通过不同技术措施和管理手段,满足植物对水分的合理需求,才能达到让植物健康成长和节约水资源的目的。植物的水分管理包括灌溉和排水两个方面。对于新植树木一般先浇 3 次透水,第 1 次浇定植水,要小水漫灌灌透;2~3 d 后浇第 2 次水,要轻灌;7 d 后浇第 3 次水,要轻灌;后期则根据天气、立地条件、树种的抗旱能力适度浇水灌溉,保持土壤中有效水分。在炎热的夏季,对于一些易灼伤的树种,应适当进行叶面及枝干喷雾,必要时搭设阴棚,增加空气湿度,减少植物蒸腾作用。除了及时灌水,还要注意排水,防止低洼积水长时间浸泡淹根。常用的排水方法有明沟排水、暗沟排水、地面排水。

4.2 施肥

植物施肥过程中,应以“勤施、薄施”为原则,改善土质,肥料宜以有机肥为主,无机肥为辅,多元肥料和单一性的一元肥料要搭配使用。有机肥需充分腐熟后使用,否则容易引起烧苗现象。施用的肥料种类按照树种、生长期、土壤条件及观赏特性而定。对于木本植物,春季植物抽梢期,应多施氮肥;夏末少施氮肥;秋季当植株顶端停止生长后,施以磷肥、钾肥为主的肥料,对冬季或早春根部继续生长的多年生植物有促进作用;冬季不休眠的植物,在低温、短日照下,吸收能力差,应减少或停止施肥。在苗期和生长期以氮肥为主;花前期和果期以磷肥为主;花后冬前以钾肥为主,促进梢成熟,减少冬季低温对梢的伤害。不同肥料及其组合需交替使用,避免长期使用单一性肥料,加剧土壤板结[2]。

4.3 病虫害防治

病虫害防治工作是城市绿地养护工作中最复杂、最难掌握的内容之一。防治病虫害应贯彻“预防为主，综合防治”的方针，科学、有针对性地进行养护管理，使植株生长健壮，以增强抗病虫害的能力。目前防治病虫害的方式多种多样，如以鸟治虫、灯光诱杀、人工捕捉等各种方式，但治理病虫害最常见的方式是用化学手段即使用农药进行防虫、杀虫，而现在市场上出售的农药形形色色，在选取时应尽量使用高效、毒害低、污染少的农药，而严禁用有机氯等高毒性、污染大的农药。使用农药需注意的是应准确了解虫害的种类从而对症下药，而不应为提高农药的使用效果随意提高农药的浓度。另外，应及时对已带病虫的落叶等进行清理，防止其蔓延扩散，加强并采取预防措施，能有效减少病虫害的发生。

4.4 树木修剪

整形修剪是体现造景意图的关键养护措施。在对植物进行整形时，要及时修剪造型，使得规整有度、高矮有序、连接有方、过渡自然，同时在整形过程中，不能忽略植物的习性和生长情况，要根据情况对其进行及时修剪，清除枯枝黄叶、残花败叶、病虫枝和过密枝叶等。园林树木的修剪主要集中在休眠期和生长期。休眠期内，树木生理活动减弱，枝叶营养大部分回归于枝干和根，修剪造成的营养损失最少。生长期修剪可调整树势、改善通风透光条件，避免因修剪量过大造成不良反应。树木的修剪方法有多种，如短截、截干、回缩、环剥、刻伤、摘心、摘叶、抹芽等，要根据植物栽培目的、园林功能、生长状况，结合实际情况开展修剪工作。

4.5 除草及保洁

绿化带是否整洁是绿地养护直观的感受，要及时清除绿地上的杂草、果皮、纸屑、塑料袋，保持绿地的美观整洁。松土除草工作一般为每年的 4—10 月，在生长旺盛期，应该结合中耕进行除草，一般 20～30 d 进行 1 次，除草深度以 3～5 cm 为宜。

4.6 防寒

低温对植物生长有不利影响，将造成植物新陈代谢破坏，使细胞受到机械拉力的损伤，如冻害、霜冻、寒害、干梢、冻裂等。对于当年新植树木和耐寒、耐风能力差的植物，都要及时采取防寒防风措施。常用的防寒措施有灌冻水、涂白、卷干、包草、根颈培土、覆土、覆盖、设风障、设暖棚、假植、熏烟、春灌等。

4.7 补植

当绿地遭到损害时，要及时对其进行恢复，采取防范措施，以防再被损坏。每年的 3 月份是清理枯死苗木，补植新苗木的最佳时期。对于行道树，要达到 95％的保存率，绿地内的主景树、背景树、丛植树等要达到 90％以上的保存率，草坪的斑秃也要及时补植，控制其枯黄率在 5％以内。此外，对于老化、退化地被也要逐步进行更新。

5 绿地养护管理中存在的问题

城市绿地养护工作日趋重要，但从很多地区的实际养护情况来看，绿地养护水平与城市发展水平不相协调，城市绿地养护管理中面临着越来越多的问题。

5.1 园林设计还不够科学合理

在园林设计上，部分园林工作者对植物学缺乏深度研究，往往过分注重硬质景观和平面构图，轻视植物种植设计，忽视对植物特点以及其生长环境的探究，喜阴植物与向阳植物的种植比例不协调，落叶树种和常绿树种种植比例不合理。园林的植物种植比例不合理，就会出现夏天城市生机盎然，冬天破败不堪的局面。追求短时期内成景成林，绿篱色块设计量大，苗木品种单一，栽植密度高，通透性极差，最终导致生长势减弱、易受病虫侵害、枯黄落叶，甚至死亡。乡土树种应用量不足，植物种类不丰富，色叶树种、观花树种、观果树种应用太少，季相不明显，绿化形式单调，千篇一律，没有地方特色。

5.2 绿化工程施工水平较低

许多人误认为绿化施工不过是种种树、铺铺草而已，以致技术不过关的个体队伍涌入绿化施工行业，使绿化施工质量差，制约园林绿地后期养护水平的提高。部分素质低下的施工队伍，以赚取最大利益为目标，常采购劣质苗木，将植物种在非改良过的土壤质地上，或是部分土壤改良不彻底，给栽培后的植物造成养护困难。园林绿化工程竣工后，施工企业在 1 年的养护期内没有正常进行养护，只偶尔派一些工人拔拔草，浇浇水，苗木死亡也没有及时补植，在养护期满时突击补植、修剪，造成接管单位接收的苗木半死不活，新补植苗木极易死亡，增加了后期的养护成本。另一方面，园林绿化施工的情况复杂，有时为了赶工期，会出现“反季节”施工的问题，以致植物成活率低，容易诱发各种病害。

5.3 养护管理单位缺乏专业技术人员

养护企业招聘的养护作业人员技术水平有限。据统计，工人大都是临时招聘的，通过简单的培训就上岗，绿化养护方法简单，技术业务素质普遍较低，技术含量低，有的仅凭经验操作，不能使用正确的养护方法，不懂得园林绿化的科学管理技术，没有相应的机械设备进行养护，养护人员缺少园林绿化的综合素质，往往是事后养护和被动养护，主要集中在浇水、修剪和除草等简单管理工作，缺乏其他有效管理措施，导致养护工作达不到预期的效果，存在着许多养护管理上的问题和漏洞。如修剪时间、方法不正确，导致植物出现疯长、伤流等问题；不能提前预防病虫害，在病虫害发生时又无法对症下药。

5.4 园林废弃物处理难

园林废弃物是指城市绿地或郊区林地中绿化植物自然或养护过程中所产生的乔灌木修剪物、草坪修剪物、落叶、枝条、花园和花坛内废弃草花以及杂草等植物性材料。园林废弃物填埋需要占地，焚烧会加剧雾霾，遗弃也会造成火灾隐患并危害环境。在我国大部分城市，目前处理绿化废弃物就像普通垃圾一样挖坑填埋或找地方焚烧，没有固定的存放绿化垃圾的地方，也没有固定的处理模式。

5.5 人为破坏绿地现象普遍

城市绿地养护不仅仅是园林工人的责任，也需要全社会的责任和义务。据不完全统计，每年因人为破坏的绿地约占总面积的5%[3]。为了行走方便，居民无视“禁止践踏草坪”的路牌，踩踏草坪；游客随手将废弃物丢弃在绿地内，观赏性花卉时常被人偷走，甚至出现了种植农作物的现象；某些商住楼，一楼为饭店餐馆或出入口的，毁坏绿地现象尤为严重；更有甚者在草地上停车，在绿地中搭建违章建筑、设施，以致本该生机勃勃的小草，美丽的花灌木不见了踪影。

5.6 城市绿地养护管理费用不足

随着城市化的进程不断推进，园林绿化建设成为了城市建设的重头戏，政府部门也将主要的精力都集中在了建设项目的投资上，园林绿化的养护问题经常被忽视，导致园林绿化养护管理出现资金投入不足的情况，制约了养护管理工作的发展。由于经费不足，缺乏足够的养护专业技术设备，养护方式十分落后，常常止步于平常的修剪、浇水等，部分地段绿化树种仅在春季集中喷洒1次药物，最终导致养护措施不到位，影响了园林绿化的景观效果。

5.7 园林绿化的养护管理缺乏法制保障

法制管理是现代管理形式的基础保障。虽然一些地方政府加强了园林绿化养护管理的法制化措施，但从整体上看，园林行业具有特殊的复杂性，涉及各个部门的法律法规，但各个部门的法律法规又不可能完全适合园林管理特点。如绿地上乱停车，城管部门对车辆没有处罚权，交警部门认为他们只对道路和人行道等硬地上乱停车有处罚权，绿地不是他们的管辖范围。因此，只能靠两部门联合执法或专项整治才能解决，这就造成一些车主直接把绿地当成停车场。园林绿化法规体系尚不完善，园林绿化养护管理的操作规程、管理体系法制保障薄弱，导致科学、法制和规范化的养护管理措施难以有效落实。

6 园林绿地养护管理工作的对策

6.1 优化园林设计方案

园林绿化要根据不同的使用功能和性质进行科学设计、合理布局。以乡土树种为主，坚持因地制宜，增加植物品种，突出地方特色，切实做到适地适树，乔灌木和地被植物相结合，按照生态学和美学的原理进行配置，尽量满足各种植物生长所需要的条件。随着绿化新品种的不断引入，对新品种植物的认识和了解也是绿化养护工作的关键。设计人员在设计规划的同时，必须加强对植物生活习性的学习。要对所计划种植的植物全方位地了解认识。在植物的选择上要遵循生态学原理，根据当地的气候特点、选择合理的绿化植物进行种植。必须要将植物的特性与当地生长环境进行有效的结合。只有严格按照规范科学合理栽植，成活率才比较高，为后期的养护管理提供良好的基础条件。施工中，若发生按照施工图纸不能正常施工的情况，设计人员应针对施工现场情况对方案和图纸进行调整，为最终的施工效果打下良好基础。

6.2 建立专业化的园林绿地养护队伍

6.2.1 加强专业技术人员培训

园林主管部门应加强对养护人员的培训，由专门的技术人员为养护人员进行定期培训，以现场指导、定期集中总结或个别交谈、外出参观交流的方式，为其讲解科学的养护管理知识，如地被、造型树的修剪，园林机械的使用，观花性植物花期的控制等，针对不同的植物以及植物的生长期、施肥期、生长温度、湿度等进行现场讲解，提高管理者的技术业务素质，使养护工作得到创新，提高养护效率，改善养护效果。另外，可以为养护管理人员提供一些现代化的养护管理书籍，提高养护人员的综合素质以及管理能力。只有养护人员的素质获得全面的提高，才能保证科学养护，提高养护水平，达到园林绿化的最终目的。

6.2.2 加大园林机械设备投入

园林机械设备在养护工作中发挥着重要的作用。良好的机械设备，有助于绿化工人开展养护工作，同时可以提高工作效率、养护水平。绿化养护工作是一项长期的投入，因此为了做好养护工作，配置完善的机械设备必不可少。

6.3 建立园林废弃物处理站

园林废弃物处理站的建立，可以使植物废弃物进行减量化处理和循环再利用。园林废弃物具有重大的利用价值，且利用形式多样，可生产生物有机肥料、常规能源的替代物、制成栽培容器或建材产品，这些应用都为废弃物的资源化利用开拓了广泛途径。相关政府部门可以充分发挥政府的主导作用，以科技为支撑，制定科学的园林废弃物循环利用的操作技术规范及产品质量标准，推动园林废弃物循环利用产业的可持续发展，实现生态效益、环境效益、经济效益的统一。

6.4 努力提高市民素质

美好的园林景观不仅需要园林工人的精心养护，也需要城市中的每一个人的爱护。相关单位可以通过网络、电视、微信等平台向广大市民进行保护城市绿地方面的宣传教育活动，使广大市民认识到园林绿化及养护管理的重要性，培养市民自觉爱护环境、支持绿化的良好氛围，让市民参与到维护公共环境卫生、保护园林景观的行动中。

6.5 完善法规，依法治绿

政府应尽快完善相关法律法规，严厉惩治破坏公共绿地的行为。要确立绿化养护工作的法制地位，把“依法治绿”延伸到“依法养绿”，实现有效的管理，以便对随意丢杂物、踩踏等损毁破坏绿地的不良行为提供系统的法律依据，从根本上给予制止解决，以达到事半功倍的效果，减少重复性投资。

6.6 拓宽渠道，解决资金不足

6.6.1 降低养护成本

绿地养护工作涉及浇水、施肥、修剪、病虫害防治等内容，为降低绿地养护成本，设计人员可以从源头抓起，做到科学合理设计，从而降低园林绿地的养护成本。这需要设计人员因地制宜，选择乡土树种，提倡以乔灌木栽植为主的配置方式，从而降低养护成本，避免盲目效仿，一味追求一时的景观效果，造成后期的养护力度跟不上。在绿地灌溉方面，喷灌、滴灌的浇灌方式在节水方面具有优越性，据有关专家统计，人定湖公园、海淀长春健身园中采用的微喷式节水设计，节水可达30%～40%。绿地养护过程中，可以采用合理的灌溉方式，并通过雨水收集系统、透水材料铺装等收集雨水，增加入渗量，减少绿地养护用水，建立节水型园林绿地[4]。

6.6.2 科学进行绿地养护，做到财尽其用

建立健全绿地养护台账，对绿地进行分级分类。以观赏性为主的绿地进行特级、一级养护，应满足城市景观需求。以林下栽植野生植被、林下野生灌木、自然地被为主的二级绿地，要突出城市自然生态景观。根据绿地的级别和不同树种，制订详细的养护计划，配备专业的养护管理人员，对养护经费进行合理分配，使养护资金发挥最大的效果。

6.6.3 推动绿地养护市场化进程

近年来，各地摸索出了不同的养护管理方式以解决资金短缺问题。北京市推出了绿地认建认养活动；苏州的城市绿地养护工作被纳入了政府采购；常州市金坛区开始对城市园林绿地养护进行招投标工作[5]。虽然采取不同的养护形式可以解决部分养护资金短缺的问题，但政府还需出台优惠政策，从而有力地推动绿地养护的市场化进程。

7 结束语

园林绿化养护管理是促进城市生态环境发展、提升城市形象的重要举措。因此，为有效建立健全园林绿化养护管理长效机制，园林管理人员需要用发展的眼光看待问题，并采取合理的措施解决好园林绿地养护管理存在的问题，不断提高园林绿化管理水平，为城市提供一个更为和谐、优美的环境。

参考文献

[1] 地方标准. 城市园林绿化养护管理标准[Z]DB11/T 213-2003.
[2] 高祥斌. 园林绿地建植与养护[M]. 北京：中国林业出版社，178-180.
[3] 张兴，李佳. 绿地养护水平低下的主要问题浅析[J]. 现代园艺，2013，8：180.
[4] 李芳，李延明. 北京市节水型园林绿地建设现状[J]. 节水灌溉，2009，2：17-19.
[5] 杨志祥. 城市绿化养护管理的市场化[J]. 园林，2012，8：27-31.

作者简介

金环，女，1970年生于北京，1991年毕业于北京农业大学（现中国农业大学）园艺系，2002年毕业于北京林业大学园林专业，本科学历，农学学士学位，高级工程师。毕业之后一直工作在园林一线，曾先后担任昌平学府公园、东辅路公园、特种警察学院绿化景观提升、农业嘉年华景观提升、回龙观东西大街景观提升等二十余项园林工程的项目经理。除园林施工外，现阶段主要负责北京市昌平区回龙观地区、草莓园周边、昌平城铁沿线周边绿地养护管理工作。曾在《绿化与生活》的专业杂志上独立撰写并发表《北京地区草坪的种植与防病》《浅析北京居住区绿化》《浅析园林小品的种类及其在园林中的用途》等多篇文章。担任由重庆大学出版社出版的《园林工程招投标与概预算》的主审工作，目前该书已作为北京农学院园林专业教材。

浅谈行道树在城市生态中的作用及修剪技术

马淑霞
北京市昌平区园林管理处

摘要:道路绿带作为城市绿化的重要组成部分,在改善道路环境质量方面成效显著。通过在有限的空间和土地上提高主干道路绿带的绿化质量水平,利用道路绿带的滞尘作用可降低粉尘、净化城市道路,同时,道路绿带可以为城市居民提供生态效益,如减少二氧化碳,改善空气质量,减少雨水径流和节能。行道树的修剪工作是城市绿化工作的重点,因道路环境复杂、道路周围区域内可能设置有电缆和一些建筑物,怎样做好修剪和整形?本文就行道树在城市生态中作用、行道树修剪的特点、修剪技术、修剪注意事项等进行浅谈。

关键词:行道树的作用;行道树修剪的方式;修剪注意事项

道路绿化作为城市绿地系统的网络和骨架,成为系统连续性的主要构成因素,直观反映城市风貌的作用十分突出。在行道树的选择应用上,城区道路多以绿荫如盖、形态优美的落叶阔叶乔木为主。而郊区及一般等级公路,则多注重速生长、抗污染、耐瘠薄、易管理等养护成本因素。近年来,随着城市环境建设标准的提高,常绿阔叶树种和彩叶树种的选择应用有较大的发展并呈上升趋势。目前在昌平城区使用较多的行道树种有悬铃木、白蜡、银杏、油松、紫叶李、元宝枫、金枝国槐、柳树、国槐等乔木,及一些灌木也形成了景观效果如连翘、木槿等。

1 行道树的特点

道路系统是现代社会建设中的基础设施,而行道树的选择应用,在完善道路服务体系、提高道路服务质量方面,有着积极、主动的环境生态作用。行道树是种在道路两旁,给车辆和行人遮荫并构成街景的树种。行道树在实际应用中,应根据道路的建设标准和周边环境的具体情况,确定适当的树种、品种,选择合宜的树体、树形。但必须具有树形整齐、优美,枝叶茂盛,夏季绿荫浓;树干通直,无臭、无毒、无刺激性气味;繁殖容易,生长迅速,栽培移栽成活率高;对有害气体抗性强,病虫害少;适应当地环境条件,耐修剪,养护管理容易;抗性强、主干直、分枝点高等特点。

2 行道树的作用

在现代城市园林绿化中,行道树则是随处可见的一种绿化手法。各类道路,虽然各自的功能和重点不同,但都需要一个安全和赏心悦目的环境。这样,既可提高运输效率,又对各城镇特别是道路沿线居民的工作和生活有非常重要的意义。在道路两侧种植各类适宜的行道树,对保护环境、改善卫生条件、保障行车安全、保护路基和延长道路的使用寿命等方面均具有一定作用。

2.1 保护环境和改善卫生条件

行道树在保护环境和改善卫生条件方面具有显著作用，主要表现在降温、滞尘、制氧、减噪、杀菌、防风等方面。这几个作用如果能有机结合，则作用更好、更大。

2.1.1 遮阳降温

由于行道树的树冠能吸收和反射部分阳光，由此形成了阴影，阴影处的辐射热较少，温度自然有所降低。此外，植物的蒸腾作用向空气中释放了大量的水汽，同时也散发了热量，并增加了空气的湿度。行道树另一个显著的功能在于遮阳很明显，遮光率的数值越大，则遮阳的效果越好。形成“树大荫浓”“遮天蔽日”的效果。

2.1.2 滞尘

每一株树木的树冠，都相当于一个大型的空气过滤器。每一树种的滞尘作用的大小，主要与其枝叶表面的特征有关，如枝叶表面的粗糙程度、表面是否有毛、枝叶浓密和繁茂程度以及叶片的质地和大小等都能影响树木本身的滞尘量。叶面积指数越高，则树木的叶面积越大，因而过滤空气中的尘埃的能力也相对越强。有数据显示，城市绿地中的含尘量一般比街道少30%～60%，其中常绿树种较落叶树种滞尘作用大，而松柏类又因有树脂，故滞尘能力更大。对由于季风和车辆行驶产生的尘埃的减除是非常有益的。

2.1.3 制造氧气

在滞尘的同时，制造氧气也是行道树一个不可忽视的作用。绿色植物吸收太阳光的光能、空气中的二氧化碳和水，制造出有机物并释放出氧气，这就绿色植物的光合作用。

2.1.4 减少噪声

在城镇道路上，机动车辆不断增加而产生的噪声问题日益严重。合理种植行道树，能减少噪声。绿化减噪，利用的是植物对声波的反射与吸收作用。因此，应当因地制宜，针对不同的路况，选择适宜的树木种类和高度以及合理的种植密度和位置进行绿化。

2.1.5 杀菌

从整体上看，公园和绿化较好的地区，空气含菌量明显较少。据测定，杀菌能力的强弱与树种的滞尘量有关，不同的树木对不同的菌种有不同的杀菌能力。

2.1.6 防风

行道树具有一定的防风作用，特别是在风沙较大的西北地区，结合道路两旁的防护林，合理建设防风林带，对于城市以及周边环境都会产生良好的防护与改善作用。

2.2 行道树对道路的直接作用

2.2.1 保护道路

由于行道树具有遮阳降温的作用，可以降低路面温度，减小昼夜温差，减少路面的热胀冷缩程度，从而延长了路面的使用寿命，起到了保持水土，稳固路基的作用。较大的树冠还可以留住部分积雪，在冬季降雪量较大的地区可以在一定程度上防止积雪覆盖路面影响交通。

2.2.2 组织交通

可以利用绿化自然地将道路划分为快、慢车道及行人道，使车辆与行人各行其道。在重要的路口或车辆行人比较集中的地区，也可以用绿化来诱导行车方向。这样，不但提高了道路的美观程度与绿化面积，也提高了道路的利用效率，且能有效地减少甚至防止事故的发生。刷白的行道树树干让夜间行驶车的司机增加警示效果。

2.2.3 美化道路环境

只有灰黑的柏油马路和绝尘而过的车辆的道路是多么的沉闷，所以行道树的美化作用尤为重要，它也是展示城市形象的一个“窗口”。绿色给人以平和、宁静、舒适之感，在绿色环境之中可以感到舒适和安全，且不易疲劳。

2.2.4 体现地方特色

行道树代表着一个城市的风貌。如昌平鼓楼南北大街、内环东西路、南丰路的银杏，龙水路、崔昌路的悬铃木，崔昌路的碧桃形成一道靓丽的风景线。因此，可以用行道树突出其个性，或庄重，或朝气，或古朴，或现代。

行道树在城市生态环境中有如此多的优势，就要在城市中种植一些当地树种，在保证环境的过程中还要有景观效果，因此，行道树的修剪尤为重要，因为行道树的主要栽培场所为人行道绿带，分车线绿带，市民广场游径，河滨林荫道及城乡公路两侧等。理想的行道树种选择标准，应该是适应性强，病虫害少，干挺枝秀，景观持久。

3 行道树的修剪

3.1 行道树整形修剪的原则

行道树是指种植道路两旁，主要起到美化道路，给道路遮荫功能的树木。在道路两侧不仅具有防尘污染、降低道路温度、吸收机动车废气作用，更能起到美化环境，绿化城市的作用。

首先。行道树的在种植工程中要考虑周边环境依据周边环境性合理的整形修剪。城市道路地下可能存在地下管线，而树池大小又受到地下设施的限制，相对于昌平区老城区，建筑物之间的电缆较多，种植后对其进行适当的修剪与整形。

其次，行道树修剪是绿化管理养护工作中非常重要的环节，树形的培养、生长状况是行道树修剪的主要内容。如果行道树长势不好影响行人和车辆安全，影响监控设施及遮挡建筑物，同时不能起到遮荫、美化的作用。因此，对于行道树修剪整形非常必要。

3.2 行道树的修剪与整形

行道树一般使用树体高大的乔木树种，主干高要求在 2～2.5 m。城郊公路及街道、巷道的行道树，主干高可达 4～6 m 或更高。定植后的行道树要每年修剪扩大树冠，调整枝条的伸出方向，增加遮荫保温效果，同时也应考虑到建筑物的使用与采光。

3.2.1 杯状形行道树的修剪与整形

杯状形行道树具有典型的三叉六股十二枝的冠形，萌发后选 3～5 个方向不同，分布均匀与主干呈 45°夹角的枝条作主枝，其余分期剥芽或疏枝。冬季对主枝留 80～100 cm 短截，剪口芽留在侧面，并处于同一平面上。第二年夏季再剥芽疏枝，在主枝呈斜上生长时，其侧芽和背下芽易抽生直立向上生长的枝条，为抑制剪口处侧芽或下芽转上直立生长。抹芽时可暂时保留直立主枝，促使剪口芽侧向斜上生长。第三年冬季于主枝两侧发生的侧枝中，选1～2个作延长枝，并在80～100 cm处再短剪，剪口芽仍留在枝条侧面，疏除原暂时保留的直立枝、交叉枝等。如此反复修剪，经3～5年后即可形成杯状形树冠。骨架构成后，树冠扩大很快，疏去密生枝、直立枝，促发侧生枝，内膛枝可适当保留，增加遮阴效果。上方有架空线路时，勿使枝与线路触及，按规定保持一定距离，一般电话线为0.5 m，高压线为1 m以上。近建筑物一侧的行道树，为防止枝条扫瓦、堵门、堵窗，影响室内采光和安全，应随时对过长枝条行短截修剪。例如崔昌路碧桃的修剪(图1)。

图1　崔昌路碧桃修剪后的效果

3.2.2　开心形行道树的修剪与整形

多用于无中央主轴或项芽能自剪的树种，树冠自然展开。定植时，将主干留3 m或者截干。春季发芽后，选留3～5个位于不同方向、分布均匀的侧枝进行短剪，促进枝条生长成主枝，其余全部抹去。生长季注意将主枝上的芽抹去，保留3～5个方向合适、分布均匀的侧枝。来年萌发后选留侧枝，全部共留6～10个，使其向四方斜生，并进行短截，促发次级侧枝，使冠形丰满、匀称。例如：水南路紫叶李(图2，图3)、榆叶梅修剪。

图2　水南路紫叶李修剪前

图3 水南路紫叶李修剪后的效果

3.2.3 自然式冠形行道树的修剪与整形

在不妨碍交通和其他公用设施的情况下，树木有任意生长的条件时，行道树多采用自然式冠形。

3.3 花灌木的修剪与整形

首先要观察植株生长的周围环境、光照条件、植物种类、长势强弱及其在园林中所起的作用，做到心中有数，然后再进行修剪与整形。

3.3.1 因树势修剪与整形

幼树生长旺盛，以整形为主，宜轻剪。严格控制直立枝，斜生枝的上位芽有冬剪时应剥掉，防止生长直立枝。一切病虫枝、干枯枝、人为破坏枝、徒长枝等用疏剪方法剪去。丛生花灌木的直立枝，选生长健壮的加以摘心，促其早开花。壮年树应充分利用立体空间，促使多开花。于休眠期修剪时，在秋梢以下适当部位进行短截，同时逐年选留部分根蘖，并疏掉部分老枝，以保证枝条不断更新，保持丰满株形。老弱树木以更新复壮为主，采用重短截的方法，使营养集中于少数腋芽，萌发壮枝，及时疏除细弱枝、病虫枝、枯死枝。

3.3.2 因时修剪与整形

落叶花灌木依修剪时期可分冬季修剪（休眠期修剪）和夏季修剪（花后修剪）。冬季修剪一般在休眠期进行。夏季修剪在花落后进行，目的是抑制营养生长，增加全株光照，促进花芽分化，保证来年开花。夏季修剪宜早不宜迟，这样有利于控制徒长枝的生长。若修剪时间稍晚，直立徒长枝已经形成。如空间条件允许，可用摘心办法使生出二次枝，增加开花枝的数量（图4至图6）。

图 4　昌崔路紫荆修剪后

图 5　南丰路丁香花修剪后

图 6　南环路丁香修剪后效果

3.3.3　根据树木生长习性和开花习性进行修剪与整形

3.3.3.1　春季开花，花芽(或混合芽)着生在二年生枝条上的花灌木

如连翘、榆叶梅、碧桃、迎春等灌木是在前一年的夏季高温时进行花芽分化，经过冬季低温阶段于第二年春季开花。因此，应在花残后叶芽开始膨大尚未萌发时进行修剪。连翘、榆叶梅、碧桃、迎春等可在开花枝条基部留 2～4 个饱满芽进行短截。

3.3.3.2　夏秋季开花，花芽(或混合芽)着生在当年生枝条上的花灌木

如紫薇、木槿、珍珠梅等是在当年萌发枝上形成花芽，因此应在休眠期进行修剪。将二年生枝基部留 2～3 个饱满芽或一对对生的芽进行重剪，剪后可萌发出一些茁壮的枝条，花枝会少些，但由于营养集中会产生较大的花朵。一些灌木如希望当年开两次花的，可在花后将残花及其下的 2～3 芽剪除，刺激二次枝条的发生，适当增加肥水则可二次开花。

3.3.3.3　冬季修剪

冬季行道树的修剪主要是对一些落叶乔木，一般在冬季落叶后或春季发芽前进行，在昌平地区一般在每年 12 月中旬开始至第二年 1 月 15 日前后结束。因为冬季树木休眠时修剪可重新调整纸条的组合(图 7 至图 10)。

(1)疏剪

对树上的枯枝、病虫枝、交叉枝、过密枝的枝条基部全部剪掉，以改善冠内通风透光条件，避免或减少膛内枝产生光脚现象。疏剪时，切口部分必须靠节，剪口应在剪口芽的反侧，呈 45°倾斜，剪口应平整。如果簇生枝与轮生枝需全部去除的，应分次进行，以免伤口过多，影响树木生长。

(2)短截

主要剪去枝条先端的一部分枝梢，促发侧枝，并防止枝条突长。生长期一般轻剪，休眠期一般重剪。

(3)截干

对于比较粗大的主枝、骨干枝进行截断,这种方法有促使树木更新复壮的作用。为缩小伤口,应自分枝点上部斜向下锯,保留分枝点下部的凸起部分,这样伤口小,且易愈合。为防止伤口因水分蒸发或病虫害侵入而腐烂,应在伤口处涂保护剂或用蜡封闭伤口,或包扎塑料布等加以保护,以促进愈合。

行道树除冬剪外,每年还要在5—6月间进行2～3次的剥芽。除此外,对一些病虫枝、干扰架空线等的枝条还必须随时修剪,对冬剪切口上萌发的一些新枝如密生一簇者,也要适当进行疏剪。

图7　崔昌路的悬铃木修剪前

图8　崔昌路的悬铃木修剪后效果

图 9　崔昌路碧桃修剪后效果

图 10　崔昌路连翘修剪后效果

4　修剪顺序及注意事项

4.1　修剪的顺序

独立枝修剪应掌握一看、二剪、三检查原则。修剪前先察看树木的生长势、枝条分布情况及冠型状态等，尤其对多年生枝条要慎重考虑后再下剪。剪时由上而下、由里及外，先粗剪后细剪。从疏剪入手把枯枝、密生枝、重叠枝等枝条先行剪去，再对留下的枝条进行短剪。剪口芽留在期望长出枝条的方向。需要回缩修剪时，应先处理大枝、再中枝、最后小枝。修剪后检查处理是否合理，有无漏剪与错剪，以便修正或补剪。

4.2 修剪注意事项

4.2.1 注意安全

修剪时，所有用具和机械必须灵活、牢固，防止发生事故。修剪行道树时注意高压线路，并防止锯落的大枝砸伤行人车辆。

4.2.2 保护树皮

抹芽除蘖时不能撕裂树皮，以免影响树体生长。

4.2.3 修剪工具

剪口锋利，修剪病枝后应用灭菌剂（10%新洁尔灭或2%硫酸铜等）处理，然后再修剪其他枝条，以防止交叉感染。修剪下的病虫枝及时收集烧毁。

5 结束语

行道树的整形修剪逐渐受到城市绿化工作管理者的重视。对于修剪整形工作必须根据行道树的实际情况和环境要求，科学合理地采取修剪方式。同时，制定相应的技术规范、技术措施，把我们昌平区的园林养护工作更好地提高，打造出绿色昌平环境。

参考文献

[1] 北京市地方标准.行道树修剪规范[Z] DB11/T 839-2011.
[2] 王韫璆.园林树木整形修剪技术[M].上海：上海科学技术出版社，2007.
[3] 陈有民.园林树木学[M].北京：中国林业出版社，2004.
[4] 刘韩.常见行道树的整形修剪技术[J].安徽农学通报，2011(21)：126-127.
[5] 张玉英，刘继成，李小燕.冬季行道树的整形修剪[J].现代园艺，2010(4)：54-55.

作 者 简 介

马淑霞，女，1973年生于北京，1994年毕业于中国农业大学园艺系，2014年毕业于北京交通大学土木工程（道桥方向），本科学历，高级工程师。曾先后负责北京市昌平区南口公园养护工作、昌平城区绿地及行道树的全面管理，及园林工程施工、养护工作。曾参与《2007年好运北京铁人三项世界杯赛右堤路项目护坡及路肩及绿化工程（23标段）》《2008年火炬沿线环境整治工程（19标段）》《昌平水南路两侧环境绿化整治工程》《昌平新城滨河森林公园工程（第六标段）》《昌平区2012年平原地区造林工程第7标段》《昌平区2012年平原地区造林工程第11标段》《西环路北段景观改造及西环、西关景观改造绿化工程》《昌平区2012年平原地区造林工程（新增）》《昌平区2013年平原地区造林工程（第37标段）》《昌平新城滨河森林公园景观提升工程》、2014年平原造林工程、2015年山区造林工程等的施工与管理。2010年被北京市人民政府首都绿化委员会评为2009年度首都绿化美化积极分子。在《绿化与生活》杂志上发表论文数篇。

柳树嫁接技术的应用

孙维娜　王新宇

北京市昌平区园林管理处

摘要：利用粗大的垂柳和旱柳进行定干后嫁接金丝垂柳，对于更新树种，治理飞絮是一条可行性的途径。通过对嫁接过程、嫁接技术和嫁接后养护管理工作进行研究，总结出一套金丝垂柳嫁接经验技术。

关键词：定干抹头；嫁接前准备；嫁接过程；嫁接后养护

昌平城区内种植大量柳树，柳树正处于壮年期，树体高大，生命力很强，是城区内主要景观树种。柳树为雌雄异株，雌株花序为穗状的葇荑花序，着生大量蒴果，里面包裹着白色絮状的绒毛，是种子的附属物。随着雌株花序发育成熟，逐渐展开，形成柳絮（图1，图2）。每到4月10日前后，柳絮漫天飞舞，给城市生活环境造成严重的生物污染，持续20天左右，对宜居城市建设带来较大负面影响。每年飞絮的时候引起市民强烈关注，市民对治理飞絮的呼声越来越高。主要危害影响人们生存的环境质量，对人们身体健康造成一定的危害，吸入鼻腔后，引起流涕、咳嗽甚至哮喘等反应，皮肤也会出现过敏反应，发生皮肤瘙痒，眼角膜发红等症状。而且柳絮会污染水环境，污染水面，漂浮在水面上清理困难。再有对公共安全、交通安全和公共设施具有一定的危害，飞絮常常堵塞机动车水箱散热片，形成安全隐患。对于出行的人员造成视线遮挡，影响交通安全。飞絮属于易燃物，团聚到一起后接触明火易发生火灾。

图1　未嫁接的柳树林地

图2　进入室内的飞絮

由于历史原因，栽植的柳树品种数量很多，不可能短时间内用新品种全部代替，这些树木已经成形，如果进行砍伐会给城市环境的景观效果造成不可逆转的生态损失。如果更新树种也需要投入大量的巨资，应采取切实可行逐步过渡的更新办法来解决柳絮飞舞问题。园林工人先后对昌平城区内火炬街、星火街及创新路的柳树进行了金丝垂柳高位嫁接。

金丝垂柳为变异种，雄性，无絮，是城市街道优良树种。经过嫁接后的金丝垂柳，减少了飞絮的困扰，而且树姿优美，枝条金黄色细长下垂，冠形圆满，生长速度很快，嫁接一年后接穗可以长到 3～4 m，两年后可达到 4～6 m，嫁接当年可恢复部分景观。生长季节为黄绿色，一二年生枝条冬季呈现金黄色，丰富街道冬季景观。为了保证城区内的街道景观不受到整体影响，采用阶段性对柳树进行分批嫁接（图 3，图 4）。

图 3　嫁接中

图 4　嫁接两个月后

1 嫁接

1.1 嫁接的概念

嫁接是植物的人工营养繁殖方法之一。即把一种植物的枝或芽,嫁接到另一种植物的杆或根上,使接在一起的两个部分长成一个完整的植株。嫁接的方式分为枝接和芽接。嫁接时应当使接穗与砧木的形成层紧密结合,以确保接穗成活。接上去的枝或芽,叫作接穗,被接的植物体,叫作砧木。接穗嫁接到砧木上成为植物体的上部或顶部,砧木嫁接后成为植物体的树干部分。

1.2 选择亲和力强的砧木和接穗

亲和力是指砧木和接穗经过嫁接而能愈合的能力。一般情况下,亲缘关系越近,亲和力越强,嫁接成活率也高。嫁接金丝垂柳,砧木为垂柳、旱柳等,接穗为金丝垂柳。

1.3 选择生命力强的砧木和接穗

植株的生命力强弱与砧木和接穗的营养器官积累的养分有关,营养器官积累的养分越多,发育越充实则生活力就越强,因此,在嫁接前应加强砧木的水肥管理,让其积累更多的养分。在选择接穗时候要选择发育成熟,生长迅速、无病虫害的优良母株上,采集粗细均匀,发育成熟、平滑,芽眼充实饱满的一年生枝条作接穗。

1.4 选择最佳的嫁接时间

一般枝接宜在柳树萌发前的早春进行,因为此时砧木和接穗组织充实,温度湿度等也有利于形成层的旺盛分裂,加快伤口愈合。以树皮离皮且树芽未萌发时最为适宜。

1.5 嫁接成活的原理

接穗和砧木嫁接后,能否成活的关键在于二者的组织是否愈合,而愈合的主要标志是维管组织系统的联结。嫁接能够成活,主要是依靠砧木和接穗之间的亲和力以及结合部位伤口周围的细胞生长、分裂和形成层的再生能力。形成层是介于木质部与韧皮部之间再生能力的薄壁细胞层。在正常情况下薄壁细胞层进行细胞分裂,向内形成木质部,向外形成韧皮部,使树木加粗生长,在树木受到创伤后,薄壁细胞层还具有形成愈伤组织,把伤口保护起来的功能。故嫁接后砧木和接穗结合部位各自的形成层薄壁细胞进行分裂,形成愈伤组织,逐渐填满结合部的空隙,使接穗与砧木的新生细胞紧密相连,形成共同的形成层,向外产生韧皮部,向内产生木质部,两个异质部分从此结合为一体。由砧木根系从土壤中吸收水分和无机养分供给接穗,接穗的枝叶制造有机养料输送给砧木,二者结合而形成了一个能够独立生长发育的新个体。两者的形成层紧密接合,嫁接时必须使它们之间的接触面平滑,形成层对齐加紧并且捆绑牢固。

2 嫁接前准备

2.1 接穗的采集

2.1.1 接穗的采集时间

接穗的采集时间一般在冬季上冻后,具体时间在1—2月为宜,最迟为春季3月20日前进行,这时采集的接穗处于冬眠期水分含量最高,保存时间短,有利于嫁接成活。

2.1.2 接穗的采集方法

接穗要采自于生长健壮、枝条充实的母株上,尽量不要从低龄树上采集。从母株上采集接穗时候,要选取外围1年生斜生的延长枝条,背上枝和徒长枝不应做接穗,选用中部1/3处主芽饱满的部分作接穗,主芽不饱满的不作为接穗使用。从已经选定的树上剪取生长健壮发育充实的中长发育枝作为接穗,粗度以2 cm左右为宜。接穗不宜太短或太长,如果太短嫁接时候削取斜面会不方便,太长浪费接穗。采集的接穗应粗壮光滑,髓心小,芽大饱满,皮色新鲜。

2.1.3 接穗的临时存放

将剪好的接穗按粗细分级存放,准备蜡封。最好在接穗采集时候进行及时蜡封,以免散失水分,提高嫁接成活率。若接穗一次采集的量大,或采集后不能马上进行嫁接,可以选地势高、排水良好、背风背阴的地方,采用地面堆藏的方法,分层堆藏。四周要埋严,不露枝条。假植期间要定时定量进行补水,但不宜喷水过多,防止接穗发热霉烂。

2.2 砧木嫁接前定干

选择火炬街、星火街、创新路的垂柳和立柳作为砧木,将柳树定干高度定在3 m,进行截枝后,要保证景观的整齐美观性。由于嫁接前要将粗大的枝条锯下来,工作量巨大,为了不影响嫁接进度,可提前把枝杈锯掉,在嫁接处多留50 cm锯下枝干,然后用漆料封口,等到嫁接时把上部多留出来的50 cm枝干锯除,以确保锯口枝条不失水分。

2.3 工具的准备

嫁接工具有切接刀、手锯、修枝剪等(图5),同时准备好塑料薄膜,为了剪切口不受伤害,可在切口处涂抹伤口保护剂。

3 嫁接技术

3.1 插皮接

插皮接是在春季树液流动发芽、枝干离皮后,利用硬枝嫁接的一种技术方法(图6),是嫁接中最易操作的、成活率最高的一种。此方法要求的砧木比较粗,同时在易剥皮的情况采用。在昌平地区嫁接时间在清明节前后气温逐渐回升,砧木处于萌动期。

图5　工具及材料准备

图6　插皮接

3.2　处理砧木

砧木定干后，在断口处削去毛茬，要使断面平整。同时将砧木平截面顶部外端开裂的树皮刨光滑，为10 cm左右，然后从顶部外缘下刀，根据断面的粗度，利用锋利的刀具在断面的一侧向内向下削切3～5个切口，下切深度4～5 cm，下切刀与砧木外表皮距离在1.5 cm左右。

3.3 处理接穗

选取接穗长度在 15 cm 左右，上面保留有三四个饱满芽，上芽与上剪口的距离在 1.5 cm 左右。从接穗基部长 3～4 cm 处向基部削，削成斜切面，削平要斜平并平滑，并削到髓心处，厚度在 0.3～0.5 cm，背面末端削成小斜面(图 7)。

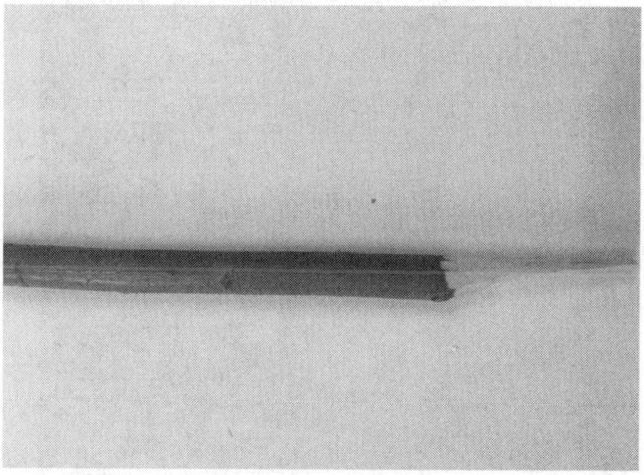

图 7　准备好的接穗

3.4 插入接穗

将接穗薄侧朝里插入砧木切口内，形成层对齐，将削好的接穗一侧靠边与砧木边缘垂直对插，接穗截面紧贴砧木木质部，每砧木断面插 3～5 个接穗，使削好的接穗小段被砧木刀切口夹住，并注意接穗段的侧面与砧木侧面垂直成一线(图 8)。

图 8　接穗插入后

3.5 包裹

用塑料薄膜把砧木断面上部全部覆盖包住，露出接穗，再包裹接穗，将已经包裹的薄膜缠紧，不露缝隙，增温保湿，防止接口处进水，进风，以保证接穗的成活（图9）。

图9 包裹

4 嫁接后养护工作

4.1 喷水

从嫁接第二天起每天对树干进行喷水，做到喷湿即可，连续喷水20 d。

4.2 去除砧木萌蘖

从嫁接后10 d开始，砧木会滋生出萌芽新梢，为避免树体消耗养分，使养分集中供应到接穗新梢生长，要经常检查抹去砧木上的萌芽新梢，每月要进行一次。

4.3 成活率检查

嫁接后一周左右检查接穗芽苞情况，接穗枝条鲜亮，青绿色，芽苞鼓胀即可成活。对于接穗发干发黑枝条，抓紧时间进行补接。同时在检查时候如果发现绑缚薄膜太紧，要松绑或解除绑缚的薄膜，以免影响接穗的发育和生长。

4.4 防治病虫害

生长出的新梢易成为害虫的侵害部位，应及时喷溴氰菊酯等杀虫剂，同时要注意防治柳树的烂皮病。

4.5 立支柱

嫁接后长出新梢后，遇到夏季风雨易被吹折断，影响成活及金丝垂柳的正常生长，故在新梢长到10 cm左右时候，紧贴砧木立一个支柱，将新梢紧绑在支柱上。此项工作对于树木的定型生长起到关键作用。此项工作结合修枝整形一同进行，以防止树体偏冠。

4.6 施肥

嫁接成活后的植株，在6、7月进行追肥两次，以氮肥为主，施肥中要结合浇水一同进行。

5 嫁接工作中关键要领

5.1 保湿要求

嫁接时，计划好工作，合理安排好工序，确保嫁接速度，防止接口被风吹干，保持一定湿度，提高成活率。

5.2 接触面要求

接穗削面要保证长度并且切口平滑，只有接穗和砧木接口有较大接触面积，才能利于愈合。

5.3 形成层要求

形成层要对齐。对齐后的形成层利于接穗与砧木的输导组织相连后相通，水分和养分能够相互传导。

5.4 包裹要求

砧木的横截面积及接穗接口间的塑料薄膜包裹严紧，能起到保温保湿作用，这也是嫁接成活的关键所在。

6 总结

经过嫁接后的火炬街、星火街及创新路的柳树，成活率均在90%以上。经过后续精心养护管理，树木生长旺盛，树形美观，已经呈现出景观效果。前期的工作经验为今后嫁接金丝垂柳奠定了基础。城区内的嫁接工作任务还很艰巨，在保证城区内的街道景观不受到整体影响下，采用阶段性对柳树进行分批嫁接，逐渐改善飞絮现象的发生，并且提高环境质量(图10,图11)。

图 10　火炬街景观效果

图 11　星火街景观效果

作者简介

孙维娜，1973 年生于北京，1994 年 8 月毕业于中国农业大学，本科学历，高级工程师。多年来本人在园林一线工作，边工作边学习，在树木修剪、病虫害防治、苗木种植及养护管理中大胆尝试应用新技术新方法。从 2016 年至今负责平原造林、山区造林等工程项目的管理工作，在工作中能够领会工作重要性，组织协调管理工程一切事宜，确保施工成本、进度及质量，积极为首都绿化事业做出园林工作者的一分贡献。在《绿化与生活》杂志中发表《花草树木扮靓新农村》《浅谈居住区的绿化美化》《万亩造林中带冠乔木的种植》《浅析银杏叶枯病在城区内的发生与防治》等文章。2014 年被评为“首都环境建设突出贡献个人”。

王新宇，1973 年生于北京，1995 年毕业于北京市园林学校，大专学历，园林绿化工程师。多年来在园林绿化行业生产一线工作，参与完成昌平平原地区造林及为民办实事等工程，施工中负责现场管理工作，组织协调甲方、设计、监理等各方，把控关键环节、注重过程管理，在工作中不断更新知识、勇于创新，为我区的园林绿化工作贡献出自己的一分力量。工作之余，不断丰富自己的专业知识，提高自身素质和业务能力，在《工程技术》学术期刊中发表《反季节种植在园林绿化施工中的技术与管理分析》《园林绿化工程中植物修剪技术分析》等文章。

浅析园林树木中行道树的整形修剪

杨永华
北京市昌平区园林管理处

摘要:园林树木中行道树作为城市园林构成的重要元素,起着绿化、遮荫、降尘、降噪、置换废气及美化环境等作用。行道树作为道路绿化的主要表现形式,其景观效果已越来越显得尤为重要。要想达到一定的景观效果其整形修剪必不可少。

关键词:园林树木;行道树;整形;修剪

园林树木常强调"三分种、七分管",其中整形修剪技术,就是一项极为重要的养护管理措施。整形,是指针对园林树木施行一定的技术措施,使之形成种植者所需要的树体结构形态。修剪则是在整形的基础之上对植株的某些器官,如芽、干、枝、叶、花、果、根等进行剪裁或去除的操作。

1 园林树木整形修剪的意义

1.1 美化树形

一般说来,自然树形是美的,但从园林景观需要来说,单纯自然树形是不能满足要求的,必须通过人工整形修剪,使树木在自然美的基础上,创造出人为干预后的自然与艺术糅为一体的美。经过人工整形修剪的树木,各级枝序的分布和排列就会更科学、更合理,各层的主枝在主干上分布有序、错落有致,各占一定方位和空间、互不干扰。树形层次分明、主从关系明确、结构合理美观。

1.2 协调比例

在园林景点中,园林树木有时起着陪衬作用,不需过于高大,以便和某些景点或建筑物相互烘托,相互协调,或形成强烈的对比,因此必须合理地通过整形修剪加以控制,及时调整树木与环境的比例,达到良好的效果。对于树木本身来说,通过整形修剪,可协调冠高比例,确保观赏效果需要。

1.3 调整树势

园林树木因环境不同,生长情况就各异,通过整形修剪可调整树势的强弱。通过整形修剪可去劣存优,促使局部生长使过旺部分弱下来。对于有潜芽、寿命长的衰老树适当重剪,结合施肥浇水可使之更新复壮。

1.4 改善透光条件,减少病虫害

有些园林树木如自然生长或修剪不当,往往枝条密生,树冠郁闭,内膛枝生长势弱且冠内湿度较大,这样就产生了病虫害的滋生环境,通过正确的整形修剪,保证树冠内通风透光,可减少病虫害的发生。

1.5 增加开花结果量

正确修剪可使树体养分集中,灌注于留下的枝条,使新梢生长充实,促进大部分短枝和辅养枝成为花果枝,形成较多的花芽,从而达到花开满树、果实满膛的目的。因此通过修剪可以调整营养枝和花果枝的比例,促其提早开花结果。同时克服花果大小年现象,提高观赏效果。

2 园林树木整形修剪的原则

2.1 根据园林树木在园林中的功能

园林中应用树木的目的不同,对整形修剪的要求也不同,即使同一种树木在不同的应用中,其整形修剪的方法也不同。

2.2 根据树种品种特性

不同树种的树木,其生长、开花结果习性(如发芽、抽枝、分枝角度、枝条硬度、花芽形成难易及修剪的敏感程度等)也不尽相同。因此,整形修剪的方法和轻重程度也不一样。

2.3 根据树木自然条件及生长势

在不同的自然条件下,树木生长势不一样,其修剪方法和修剪程度就不一样。例如:自然条件中,水、肥、光等差的,生长势弱的,就需要轻剪,以保证其观赏效果。

2.4 根据树木的种植环境的需要

当行道树上方有架空线时,在种植时就要剪去中央领导枝(即抹头),将树木整形成圆头形,待其将接近电线时,修成杯状树形。

3 园林树木中行道树的整形修剪

3.1 行道树中中央领导干形的树木整形修剪

保留一个强大的中央领导干,在主干上枝条均匀疏散分布,只要保留住中央主干,对其他枝干的修剪量也比较小。对于有些阔叶类行道树如毛白杨或银杏等,不适于抹头或重剪,应当以冬季疏剪为主,修剪时应保持树冠与树干的适当比例,一般树冠高占 3/5,树干高(即分枝点以下)占 2/5,在快车道旁的分枝点高应在 3.0 m 以上。

修剪时应注意最下层的 3～5 个大枝的上下位置要错开,方向要匀称,角度要适宜,各主枝

基部贴近树干的侧枝剪除,主枝以上层枝要适当长留。

树冠形成后,仅对病虫枝、过密枝、交叉枝、重叠枝进行疏剪,也可视植株生长高度发展状况将最下层主枝从基部贴干锯掉,使第一分枝点逐渐上移,保持适宜的树冠与主干比例。一般修剪量不大。

3.2 行道树中多领导干形的树木整形修剪

保留 3～5 个中央领导干,其上分层分布侧生枝条,形成均匀整齐的树冠,主要用于生长较旺盛的观花乔木。适用于海棠、红叶李等。

3.3 行道树中杯状形的树木整形修剪

树冠自然展开,没有中心主枝,仅有相当一段高度的树干,主干上分布 3～5 个主枝,均匀向四周分布,主枝上再分生侧枝,呈整齐美观的规整分生,冠内不得有直立枝、内向枝的存在。适用于法桐、臭椿、栾树等。

杯状形行道树具有典型的三股六杈十二枝的冠形,萌发后选 3～5 个方向不同、分布均匀与主干呈 45°夹角的枝条作主枝,其余分期剥芽或疏枝,冬季对主枝留 80～100 cm 短截,剪口芽留在侧面,并处于同一平面上,第二年夏季在剥芽疏枝;第三年冬季于主枝两侧发生的侧枝中,选 1～2 个作延长枝,并在 80～100 cm 处再短截,剪口芽应留在枝条侧面。经 3～5 年后即可形成杯状形树冠。

骨架构成后,疏除直立枝、下垂枝、密生重叠枝,内膛枝可适当保留,树冠枝条不可过稀,以增加遮阴效果及冠与根、冠与干的平衡,保证树冠足够的营养面积。

3.4 行道树中自然开心形的树木整形修剪

没有中心主枝,分枝点较低,主枝 3～5 个,放射分布于主干之上,中心开展,中心枝条不空,形成自然开心树冠。此种树形修剪方式在实践中应用广泛,但因各种树木的成枝方式不同,具体修剪又有差别。

定植时,将主干留 3 m 或者截干,春季发芽后选 3～5 个位于不同方向、分布均匀的侧枝进行短剪,促进枝条生长成主枝,其余全部抹去。生长季注意将主枝上的芽抹去,保留 3～5 个方向合适、分布均匀的侧枝。翌年萌发后选留侧枝,全部共留 6～10 个,使其向四方斜生,并进行短截,促发次级侧枝,使冠形丰满、匀称。

枝条枝干较粗,发枝能力一般,主枝侧向分布,花芽生于中短枝上,修剪时注意修剪中长枝,保留树冠中下部短枝。适用于樱花。

枝条枝干较细,发枝能力一般,主枝均匀分布在主干上,花芽生于中长枝上,花后要对开花枝条短截,促使多生分枝。适用于碧桃。

主枝在主干上均匀分布,树冠整体生长呈伞形,修剪以去除枯死枝和病虫枝条为主。适用于合欢。

主枝在主干上均匀分布,树木生长快,发枝能力强,树冠生长呈卵形或卵圆形。适用于国槐、白蜡、枫树等。

主枝分布均匀,枝条下垂,修剪应控制直立枝条,剪口应留上芽,树冠高度不宜超过主干高度的 1/3,适用于垂柳。

3.5 行道树中自然生长形态的树木整形修剪

树形为树木正常情况下自然生长的形态的行道树，修剪只以去除枯死枝条、过密和扰乱树形的枝条为主，不需要做其他大的修剪。适用于杜仲、朴树、榉树、广玉兰等。

4 行道树整形修剪注意事项

(1)行道树紧邻车行道，树下要行使车辆，其定干高度应在 3.0～3.5 m 及以上。主枝应斜向生长，不可留有下垂枝。

(2)上方有架空线的，树枝与电话线、有线电视线应保持 1.0～1.5 m、高压动力线 1.5～2.0 m 及以上距离。

(3)行道树出现偏冠、倾斜、多头等现象，应尽早通过修剪来调整中心。对生长势较弱一方的枝条，应进行轻剪。

(4)修剪行道树时，还要注意人身安全，树下不得有行人走动，上树操作前应仔细检查梯子和安全带是否牢固，操作时注意刀、锯、剪不要滑落，锯(砍)断的大枝要系绳缓慢吊放，同时，注意过往行人和近旁建筑物的安全。

5 结语

城市行道树作为城市园林绿化的骨干树种，在创造优美的城市环境和改善城市生态环境发挥着十分重要的作用。近年来随着城市建设步伐的不断加快和园林绿化事业的迅猛发展，品种丰富、形态优美的城市行道树，也必将成为城市的一道亮丽的风景线。

参考文献

[1] 马莎莎. 园林绿化树木整形与修剪[M]. 北京：化学工业出版社，2015.
[2] 李庆卫. 园林树木整形修剪学[M]. 北京：中国林业出版社，2011.

作 者 简 介

杨永华，女，1973 年生于北京，1994 年毕业于中国农业大学园林专科，2009 年毕业于北京农学院园林专业，本科学历，高级工程师。从业二十多年来一直从事园林绿化施工、绿化养护等专业技术性工作。在工作中兢兢业业业业、任劳任怨，通过自己的不懈努力，自身的工作能力得到了不断提高，专业知识水平得到了很大的提升。在工作期间先后参与一些重点工程项目。早期参与了小汤山文化广场绿化工程项目施工、军都旅游度假村绿化工程施工；近几年参与了水库路两侧环境提升绿化改造项目施工，西环路、西关路景观改造绿化项目施工，昌平新城滨河森林公园景观提升项目等一些工程项目的绿化施工及后期养护等工作。在《山西建筑》杂志发表《谈北方海滨盐碱地区植物景观设计》等论文。

浅谈园林中的人性化设计
——以永安公园为例

刘成青
北京市昌平区园林管理处

摘要：本文以永安公园为案例，阐述并总结人性化设计理念在公园设计中的应用，对促进城市园林景观建设的发展具有非常重要的借鉴意义。

关键词：人性化设计；植物配置；生态与环保；安全性

绿化是基础，美化是园林的一种重要功能，而生态化是现代园林运行可持续发展的根本出路，是21世纪及社会发展和人类文明进步不可缺少的重要一环。人类渴望自然、城市呼唤绿色，园林绿化发展就应该以人为本，以生态学为原则，充分认识和确定人的主体地位和人与环境的双向互动关系，强调把关心人、尊重人的宗旨具体体现在城市园林的创造中，满足人们的休闲、游憩和观赏的需要，使人、城市和自然形成一个相互依存、相互影响的良好的生态系统。人性化设计即在规划设计当中以人为本，关注人的需求，注重人的使用和感觉，创造舒适、安全、健康、方便的环境。具有人性化的设计能真正体现出对人的尊重与关心，注重人怎样在自然、景观环境当中得到思想、精神及身体上的满足。这是一种人文精神的集中体现，是时代的潮流与趋势，是人与设施、自然完美和谐的融合。本文以永安公园为例来讨论有关人性化设计的思考。

1　公园概况

永安公园位于昌平城区镇西南方向，紧邻八达岭高速公路，其四至为南至南环路、北至昌平区体育局、东至西环路、西至八达岭高速东辅路，公园占地面积为69 160 m^2，其中道路工程占地8 000 m^2，广场工程占地16 612.5 m^2，建筑物占地600 m^2，绿地面积为43 947.5 m^2(图1)。

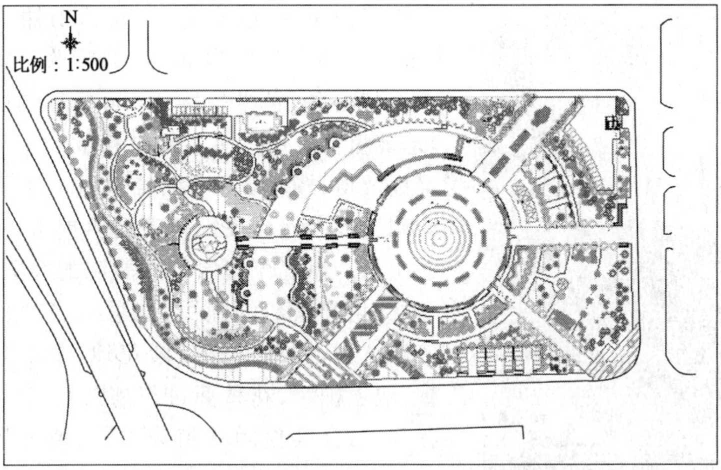

图 1　昌平永安公园工程绿化种植平面图

2　人性化设计需要考虑的因素

2.1　植物配置

无论是公园、广场，它的主体都是人，一切都是围绕着人的需求而进行建设、变化的，其创造的环境氛围应充满生活气息，做到景为人用，富有人情味。其生态效益的发挥主要由树木、花草的种植来实现。良好的植物景观往往作为园林小品、铺装、坐凳的独特背景，通过色彩、质感等方面的对比突出园林小品以及铺装、坐凳所处的特定空间，起到点景的作用。另外，“林荫型”的立体化模式可弱化建筑形体生硬的线条，使这部分空间增加美化效果，提高公园的生态效益。永安公园在植物配置上以植物造景为主、原有的大树全部予以保留，并适当种植一些乡土树种如国槐、柳树，注重常绿树油松、白皮松、雪松的运用，并配以银杏、玉兰、海棠、紫薇、木槿等。地被层种植大量素雅的宿根花卉鸢尾、月季和色彩丰富的时令花卉及草坪等。种植的乔、灌、花、草及原有的大树构成的生态群落，形成色、相、花、叶变化丰富的四季景观，为人们营造了茶余饭后舒适、宜人的自然环境(图 2 至图 4)。

图 2　植物配置

图 3　应季花草

图 4　原有的大树

全园总共栽植常绿乔木 268 株 5 种、落叶乔木 332 株 11 种、落叶灌木 1 516 株 15 种、宿根花卉 17 528 株 2 种、色带植物 4 300 m^2 3 种。但不足的是：(1)地被植物应用不多。地被植物是一个园林植被结构稳定性及植被持久发挥综合效益的重要组成部分。草坪面积过多必然会投入较高的养护费用，消耗大量的城市饮用水。在现今提倡节约能源的今天，为减少灌溉用水、减少化肥农药的施用，应适当多种植一些野生的彩色地被植物，例如：马蔺、紫花地丁、二月兰、八宝景天、玉簪、地毯柏、大花秋葵、白三叶、红三叶、石竹、铃兰、常春藤等，结合其他园林植物配合、增加景观层次。况且宿根花卉和地被植物养护管理简便，能充分体现出园林生态的经济效益，而北京的野生地被资源又相当丰富，我们为什么不充分利用呢？(2)在公园的外围还应增加落叶阔叶树种的数量，落叶乔木有着丰富的色彩、较快的生长速度，为秋天增添丰富的色相，为冬天增添阳光，为春天增添嫩绿的新叶，为夏天增添荫凉。永安公园三面为车流量很大的道路，增加阔叶大乔木的数量，可以有效降低因周边车流量大产生的噪声，为游人创造更加安静、宜人的环境。大量乔木构成的丛生植被可为鸟类创造适宜的生存环境，而鸟类又是多数害虫的天敌，形成真正的小生态群落。(3)公园的中心广场内花池均为大叶黄杨，色彩单调，欣赏性不高，应增加植被种类。(4)广场的铺装面积太大，应增加绿地面积。

2.2　活动与群体

对公园的使用空间因人而异，人们在公园所从事的活动不同，到公园的出行习惯也不一样。有的人独自去公园，有的成双成对，成组成团，有的是一个大家庭一起去。不同的人因年龄、性别、所处的环境与收入水平的不同导致他们在公园中所从事的活动和参与的人群出现根本性的差异。

永安公园由一个大型活动空间和三处小型安静空间，以及一些功能性配套服务设施(主要有四个生态停车场)、综合性管理房、公共厕所等构成。大型活动空间主要有音乐喷泉和露天舞台(图 5)、景墙壁画(图 6)，小型安静空间分别为夕阳亭、四连伞(图 7)和扬帆膜(图 8)结构。清晨和傍晚，大量的群众性体育活动在广场和露天舞台进行；炎炎烈日下，树池坐凳(图 9)为游客提供了林下的休息空间。园内设有监控摄像头 11 套，以对园内活动进行监督。其灵活、开放的出口，易于各种人员的出入。其中包括：入口小广场一：位于整个公园的西南角，为公园的主入口之一。考虑到该入口紧邻城市主干道，人流、车流都较多，因此，设置该广场，避免公园主景观大道与城市道路的直接对接，方便出入人流的疏散和出入公园的过渡等。在铺装效果上，全部采用花岗石材料，组合成图案，形成艺术化的地面效果，并放置坐凳休闲设施，方便游人在此休憩。入口小广场二(图 10)：位于公园的东南角，是公园的次入口之一，由于处于整个公园的转角处，在景观上采用并列对植的两排主景树强调转角的变化，并柔化入口处的景观。入口小广场三(图 11):采用一个半弧形的花坛,分割了入口的空间,并与对面的城市道路形成对景,体现了对每个细节的关注。另外,所有出入口均设置无障碍坡道以供残疾人和推婴儿车的人员使用。

图 5　盛装的节日广场

图 6　景墙壁画局部

图 7　四连伞

图 8　扬帆膜

图 9　木座椅、木平台和树池坐凳

图 10　入口小广场二

图11　入口小广场三

永安公园南侧为昌平区综合体育馆和赛场公园，大型活动空间正好满足了体育及文化活动的需要。露天舞台的背景为一长136 m的弧形景墙壁画。壁画场景由社会风俗、北京奥运、昌平风光三部分构成，展示了当地浓厚的文化传统。作品以不锈钢浮雕和红砂岩浮雕构成。红砂岩浮雕图案有昌平文物古迹世界文化遗产明十三陵、居庸关长城、银山塔林等，还有一些经典图纹。不锈钢浮雕表现了现代文化生活中的人物形象。整幅作品打破了传统时空概念，形成了古朴与现代的结合，提高了作品的艺术欣赏性。

唯一遗憾的是儿童游乐区划分不明显。在家里，孩子们很少具有可供他们自由玩耍的空间，而在公园里，他们可以尽情地玩耍，玩儿玩具、挖土、在草坪上翻跟头、种植及其他类似的活动。但永安公园既没有儿童单独的游乐空间，公园的限制规定又太多(禁止踩踏草坪)，使得孩子们只能集中在游人已经很集中的广场中心。以喷泉广场为中心的范围内到了周六日尤其是傍晚游人过于集中：年轻人打球、老年人做操打太极、学生溜旱冰、幼儿骑滑板车，还有蹒跚学步的幼儿也来此凑凑热闹。大些的孩子互相追逐打闹。幼儿虽有成年人看护，但也极易因碰撞而发生危险。建议为不同年龄段的儿童划定不同的游乐区，为大龄少年(13～19岁)设置专门的活动空间，让他们到自然中测试自己的体力体能，既不需要成年人的过多监护，又不干扰别人的活动。所以将大龄少年与幼童的活动分开设置应是一个不错的考虑。为了给孩子们亲近自然的机会，公园完全可以改变传统的管理方式。

2.3　生态与环保

随着城市化的发展，生态环境问题日益突出，而人们生活质量的提高必然要求不断提高城市环境质量。生态型园林是改善城市人居环境、创建生态园林城市最有效的途径，生态园林给人以回归大自然的感觉，使得生活在这个系统的人们更加珍惜自然、珍惜园林、珍惜生命，并更加力求维护这个系统的平衡。

2.3.1　节水

水是人类赖以生存和发展的不可替代的重要天然资源，是维持城市活动的重要基础，是城市绿地的命脉。北京是世界上严重缺水的城市之一。积极利用自来水以外的其他水源是解决园林绿化用水与城市其他用水矛盾的有效措施之一，当前可利用的可靠的替代水源主要是再生水。而永安公园并不具备利用再生水的条件，为此，永安公园建成了一套雨水收集系统，包括地下雨水收集池、雨水净化处理设备及配套管线，建成后一次能收集处理雨水 2 000 m^3，处理后的雨水可用于绿化喷灌。虽然还不能解决公园的全部绿植浇灌用水问题，但是随着再生水的推广与使用，永安公园会慢慢向节水型公园转化。

2.3.2 铺装

在铺装上，永安公园在设计上尽量做到减小不透水面积，以提高地面对雨水的过滤渗透能力，力求达到环保的要求。所有的游路铺设均为透水砖(图 11)，共计 27 182.55 m^2，设置雨水口 55 个。中心广场铺装采用的是具有防滑效果的花岗石(图 12)，避免游人在雨雪天发生摔跤事件。在四个出入口附近建了四个生态停车场(图 13)，其铺装采用透水砖与嵌草砖相结合的方式。四个生态停车场不但与周围的体育场馆相配套，还可提供活动期间和日常的停车场地，满足停车服务功能(图 14)。

图 12　透水铺装

图 13　防滑铺装

2.3.3 照明工程

灯具造型选用火炬型，体现 2008 年北京奥运精神。火炬上的图案为在昌平连续举办三年的铁人三项世界杯赛，从而突出了昌平特色。安装景观灯草坪灯等各类灯具 306 套，总功率为 55 kW。在提倡节能减排的今天，在设计时采取了以下节能措施：照明配电控制，根据功能采用定时开关实现分段控制，同一配电箱内的同种灯具可用两个开关控制，两路电缆供电。能实现开一半关一半；每周一至周五为平常日，景观灯和庭院灯各开一半，满足游人的一般照明；每周六日为一般节假日，景观灯仍开一半，其余都不开，满足人们的休闲享受；每年的元旦、春节、五一、十一为重大节日，或举行重大活动时，经有关部门认为有必要时，可把全部照明灯开启，达到灯火通明的壮观效果。管理人员亦可组合成不同的照明效果，同时，在灯具的选用上，部分庭院灯和草坪灯、照树泛光灯均采用节能灯。尽管如此，灯具设置还是有些过多，有的草坪灯间距 5 m，应考虑减少灯具用量。

图 14　生态停车场

2.3.4 垃圾处理

公园的垃圾主要是树根、树叶、修剪的草渣等有机垃圾，如果将这些垃圾就地进行资源化、能源化处理，既可净化环境、又能减少垃圾处理和施肥的费用。如清理下来的小枝条，可以就地剪碎，摊成薄层，铺在树下，让其腐烂。但不要堆大堆，由于分解放热，大堆会引起自燃。

自然界没有废弃物，每一个健康的生态系统都有一个完整的食物链和营养级，秋天的枯枝落叶应用于春天新生命生长的营养，做到真正叶落归根。例如：大段树木，在森林中为残留物，为许多昆虫和真菌提供食物来源，昆虫是鸟类的重要食物来源，鸟类控制着昆虫种群的数量，使其不至于暴发成灾。腐朽木是各种小型哺乳动物的庇护所和繁殖地。许多有益的菌根菌，都是通过小型哺乳动物本身及其颗粒状粪便进行传播扩散的。

2.4 安全性

安全是人类的公共需求，对城市而言更是一种文明标志。公园的安全问题涉及许多方面，如犯罪和意外事故等。在进行公园的设计时，要尽量减少为犯罪分子提供躲避隐藏的场所，尽可能地增强监视、瞭望的能力。但是，在公园中有时又需要一定的隐秘性，如需要高大的树木，孩子们玩儿捉迷藏游戏等，这就需要进行合理的平衡安排。在这方面，永安公园力求做到以下几点：

2.4.1 照明要求

满足游人的一般照明。

2.4.2 视野开阔有助于减少游客受到侵害的机会

路边的灌木要进行适时修剪，使犯罪分子不易躲藏。对公园周围的环境也要适当考虑，如附近的居民、工作人员等都对公园具有天然的监视作用。

2.4.3 慎重考虑儿童的安全问题

既要防止各种不幸事故的发生，又要考虑到孩子们的身心发育。提供锻炼孩子们的技能，进行适量的有探索性的活动的空间。

2.4.4 综合利用

公园作为公共活动场所，在社会高度发达的今天，除要发挥其生态、景观、文化、休闲的功能外，也要适应社会发展的需要，成为城市应急避险系统的重要场所。因此，城市公园应完善各项设施，为灾难的来临做好必需的准备。同时，建立健全日常管理机制，确保应急避险系统的维护和日常应用，坚持平灾结合的原则，更好地为游客服务。

永安公园便是一处集安防系统、应急避难系统为一体的公共应急场所，为发挥兼有作为紧急避难场所的功能，可设 5 个棚宿区（图 15），并设置 5 个监控摄像头，掌握避难人群的动向。另外，在公园的几个入口和岔路口及停车场等处设有 6 个监控摄像头，以对全园的治安状况有全面的监视，并能提供 24 h 不间断监控录像，其资料可保存一个月。另外，园内还设有应急避难厕所、应急供水点、应急避难广播系统等配套设施。公园采用四周开放的形式，在东南北侧均设有出入口（西侧为八达岭高速辅路），保障人员安全快速疏散。

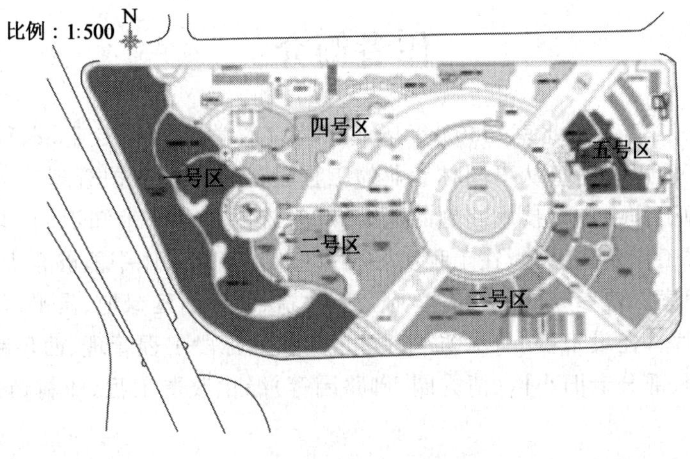

图 15　永安公园棚宿区

永安公园的建成为昌平人民提供了一处生态健康、环境优美、使用方便、活动丰富的日常户外活动场所，有效提升了周边居民的生活质量，产生良好的社会与环境效益；同时与其南面的赛场公园、东辅路公园、白浮青年林一起构成了高速公路沿线强大的生态群落，对于改善地区生存环境、提高人们的生活质量、维持城市可持续发展起到了重要作用。

3　结语

从以上几方面我们不难看出，永安公园的设计自始至终，每一步都紧紧围绕"以人为本"的思想，把人性化的设计融入全园的每一个细节。虽然由于技术原因有些地方做得还不尽完善，但是却为我们日后的工作积累了丰富的经验，使我们的设计思想回归生活、回归人性，使游览者会更加感受到美感和精神的愉快。

参考文献

[1] 车生泉，丽蓉. 园林植物配置的生态观[J]. 园林，2004(6)：20-21.

[2] 刘文忠. 中国当代城市景观艺术设计理念的研究[J]. 南京艺术学院学报，2006(1)：134-135.

[3] 许克福. 景观设计误区初探[J]. 技术与市场(园林工程)，2005(11)：38-40.

[4] 俞孔坚，李迪华. 可持续景观[J]. 城市环境设计，2007(1)：7-12.

[6] 俞孔坚. 生存的艺术：定位当代景观设计学[J]. 建筑学报，2006(10)：39-43.

[7] 周肖红，赵世伟. 北京地被植物应用现状与发展前景[M]. 奥运环境建设城市绿化行动对策论文集. 北京：北京园林学会，2004：187-194.

[8] 孙明. 城市园林[M]. 天津：天津大学出版社，2007.

[9] 樊国盛，段晓梅，魏开云. 园林理论与实践[M]. 北京：中国电力出版社，2007.

[10] Brian Clouston. 风景园林植物配置[M]. 陈自新，许慈安译，陈俊愉校. 北京：中国建筑工业出版社，1992.

作者简介

刘成青，女，1972 年生于北京，2009 年毕业于北京农学院园林专业，本科学历，高级工程师。本人自参加工作以来一直从事园林专业的工程设计、施工、养护管理等工作，具有解决园林工程施工和管理工作中各种技术问题的能力；有系统的专业技术知识、有丰富的施工、技术管理和养护等一线工作实践经验，在工程实际技术应用、管理工作中能够合理并有效指导各项施工人员的操作程序。曾参与的工程有学府公园改造、北环西延绿地、昌平区综合体育馆室外绿化工程、龙水路片林建设工程、昌平滨河森林公园第六标段工程管理、西环路、西关路环境整治与景观提升工程、部分老旧小区（清秀园、御路园等）绿化改造工程、流村镇风沙危害治理区生态景观林等。

浅析节日摆花的发展方向

路覃坦
北京市昌平区园林管理处

摘要：节日摆花是园林美化造景的重要组成部分，为烘托节日的喜庆气氛，创建和谐优美的人居环境做出了不可磨灭的突出贡献。历经30年的发展，摆花已经成为节日文化的重要组成部分。然而，节日摆花也存在生态效益不突出和花费大的问题。针对这些不足，可在充分利用摆花场地原有绿化成果的基础上，合理选择花材、尊重植物的生长发育规律，精心呈现摆花造型，实现摆花材料的重复利用，打造"自然、生态、低碳"型节日摆花，积极建设节约型的园林。

关键词：节日摆花；发展方向

随着我国社会经济的快速发展和人民群众精神文化需求的日益增长，广大民众对于环境改善的关注度越来越高，而城市的园林绿化成果直接关乎都市居民的环境体验。节日摆花作为园林美化造景的重要组成部分，能给人愉悦、奋进的精神享受，成为民众关注的热点。

摆花是自1986年以来，在传统的花坛建设基础上发展起来的新兴产业，具有见效快、布置方便、摆放随意等特点，能充分满足人们临时性美化装饰的需要[1]。节日摆花发展到今天，已经成为节假日的重要元素之一，观赏节日摆花已成为市民节日生活的重要组成部分。

在为广大民众带来喜庆祥和气氛的同时，节日摆花在摆花寿命短、对于生态环境没有很大改观、花费巨大等方面的不足也日益凸显。有鉴于此，本文从五个主要方面阐述节日摆花的未来发展方向。

1　慎重选择摆花材料

花材是节日摆花的主体元素，关乎摆花造型的实现和维护，也是历来人们对于摆花关注焦点之一。

1.1　选择适合节日摆花的花材

节日摆花一般设置立体花坛、花带、花堆、花塔、花柱等造型，很大程度上属于临时性人工造景，所以对于花材的选择与公园中特别是自然式景观有很大差异。节庆摆花一般选用植株低矮紧密、株形整齐、株丛较小、色彩艳丽、花期相对集中、花期较长、耐光照、耐粗放管理的植物。植株低矮紧密、株形整齐、株丛较小便于体现植物的群体美，也适合用于造景。花材色彩艳丽能更好地体现出喜庆祥和的节日气氛。花期长、耐光照、耐粗放管理则能减少花材的更新频率，降低养护成本。

“五一”和“十一”由于季节不同，摆花花材也有差异，上半年常用花材有三色堇、金盏菊、雏菊等，比较适应温暖的气候；下半年常用摆花花材有美女樱、万寿菊、一串红、百日草、鸡冠花、小菊、五色草和非洲凤仙等，与上半年花材相比，更为耐寒。

不同历史时期，节日摆花花材也不尽相同。以国庆摆花为例，具体花材的选择也具有明显的时代烙印。从 20 世纪 80 年代的主导花卉一品红，90 年代的矮牵牛、万寿菊、孔雀草发展到如今的矮牵牛、四季秋海棠、非洲凤仙[2]。

1.2 充分考虑本国植物特别是乡土植物

在国庆期间的天安门广场摆花的花材，经常选用国外的优良品种，对于花卉选择标准(如高度、冠幅、颜色、柱形、虫害等甚至是花瓣的个数)要求严格。“天安门广场的花卉布置不是个简单的布置，有隆重的时代主题，政治主题。”[3]因此，对于花卉的花材要求级别高有一定的政治意义，那么，其他地方的摆花，没有必要都与这么严格的标准保持一致。

节庆摆花一般设置立体花坛、花带、花堆、花塔、花柱等造型，强调植物的群体美和摆花的造型美。因此，对于花材个体状况不必过分苛求。

过分依赖国外进口的新奇、高档花卉不利于中国花卉园艺业的快速健康发展，也在很大程度上加大了摆花成本，更体现不了当地的地域文化和地方特色。

中国幅员辽阔，地形多种多样，植物资源极其丰富，植物种类上限达到 5 万种，下限达到 3、4 万种。这些丰富的植物资源，为我们引种、驯化提供了坚强后盾。中国花木文化源远流长，园林文化底蕴深厚。中国特有物种特别是乡土种，特别能彰显民族情怀，提高民众的自豪感和自信心，有利于城市形象的差异塑造，并且在体现地域特色、适应被引种地环境、降低生态入侵风险、减少养护成本方面具有巨大优势。

2016 年国庆期间，我国自主培育的“绚秋星光”(黄色)和“绚秋莲华”(粉色)、“绚秋凝红”(红色)、“绚秋流光”(橙色)等 13 个菊花品种在天安门广场中心花坛及两侧花带、人民英雄纪念碑周边的摆花中首次亮相，取得了良好的视觉效果，获得了民众的盛赞[4,5]。

2 充分利用原有的绿化基础

广场、景点和公园属于具有环境美化功能的公共空间，具有常态化的绿化。这些场合的节日摆花，即可以根据当地的立地条件，因地制宜，在尊重和延续原有绿地的基础上，对绿地结构和功能进行调整，实现景观提升和优化，尽量减少新的工作量。运用植物的背景、借景，就地植物造景，打造良好的视觉景观，并使调整后的绿地体现出深度和沉淀。譬如，2009 年“五一”期间，北京植物园在原来的草地上，摆放了一组农人扶犁赶牛耕作的五色草造型(图 1)，该造型构思精巧，引人入胜。

此举实现了原有绿地的特征和价值的传承，最大程度尊重了前人的心血，避免了简单问题复杂化，降低了项目的工程量、投资量，减少了浪费，把“建设节约型园林”落到了实处，而且，在节日摆花结束后，原有绿地仍能继续发挥其生态功能。

图 1　2009 年“五一”期间北京植物园的牛耕图摆花造型

3　摆花造型紧扣时代主题

年年岁岁花相似，岁岁年年造型不同。节日摆花的花材由于受审美等多重因素的影响，年际变化不大，而节日摆花造型则关系直观的视觉呈现，历来是节日摆花的重点和亮点。

摆花造型要紧扣时代主题，体现民意和当年的重大主题，简约而不简单，热闹、隆重。如天安门广场国庆的节日摆花，突出民族和谐的团结气氛。在原有的绿地基础上调整更要注重摆花造型。公园、景点一般可以根据地段特点，探索深刻的主题，精心选择多样化，尽量创造典型的造型与形象，强化主题。摆花景点的设计主题要与时俱进，创新创作思路。

4　熟悉植物习性，尊重植物的生长发育规律

植物的生长发育是一个极其复杂的过程，有其自身的生长发育规律。充分了解植物的习性，考虑花草自身的生长发育规律和生态关系，是对植物进行科学养护的重要前提。

顺应植物生长发育规律则植物生长健壮，反之则可能对植物的生长发育造成干扰，甚至导致植物死亡。

以光照强度为例，喜光的酢浆草、一串红、三色堇等都需在阳光直射的情况下才能开放得鲜艳，若放在较暗的室内或庭阴下，就会失去其装饰效果[6]。

一些地段在节日期间会在树上缠绕彩灯、垂吊灯笼，带来的“火树银花”的炫目视觉效果，然而，此举除具有火灾隐患外，持续光照往往对植物体生长造成包括下调植物的光合作用、加速叶片衰老和光氧化损伤在内的多种伤害[7]。也有研究表明，光周期的改变会影响植物的抗寒性[8]。

5 重复利用，节约环保

由于一年生花卉的生长季较短，而且，由于天气和花期原因，摆花花材在节后往往被丢弃，造成了较大的资源浪费。近年来的摆花植物已经逐渐从一年生草本花卉向多年生宿根花卉植物转变[9]，减少花材筹备成本。节日摆花的花材可以在日后的节日摆花中重复使用或者用于其他绿化工程。而在摆花结束后生命周期即结束的花卉，可以对其进行分类处理，堆肥成绿肥，“化作春泥更护花”。

摆花所用的造型骨架多为一次性成型，由于每年的摆花主题和造型各异，造型骨架在摆花结束后即弃之不用，造成极大的浪费。因此，摆花器械也可以多使用轻质、环保、节能的材料。喷淋水管和花架骨架，可减少一次性成型用品，尽可能使用能够拆分、组装材料，既方便运输，便于施工安装，又可日后循环再用，节约了资金。

6 小结

由于受城市规划和建筑结构的影响，中国民居建筑不太适合花卉的摆放，居民在自家庭院的私人化摆花较为少见。因此，政治区、商业区和文化区的公共性摆花在很大程度上满足了民众对于摆花艺术的心理需求[10]。节日摆花历经 30 年的发展，已经逐渐成为中国新民俗的一部分。

然而，节日摆花毕竟是一项时效性短、生态效益较差且花费较大的绿化方式，在特定地点和特定时节具有重要意义，不宜盲目大力推广[10]。广场、景点、公园、主干道、政府机关历来是节日摆花的重点区域。从 2013 年起，中央厉行节约精神，北京等地已经不再在政府机关进行节日摆花[11]。

在建设节约型园林的今天，城市绿化面积和绿量持续增加，绿地系统框架日益成熟和完善，预计到 2020 年，北京市公园绿地 500 m 服务半径覆盖达到 85%，有望形成“青山为屏、森林环城、九楔放射、四带贯通、绿景满城”的园林绿化生态格局[12]。城市整个生态环境的提升，能极大地改善人居环境、满足群众的生态需求。

随着民众“增绿爱绿”意识的增强和对城市园林绿化业的持续、健康、稳步发展，在不远的将来，我们必将实现“绿色化”，最终实现我们既是生活在园林中的城市，也是生活在城市中的园林的美好梦想。

参考文献

[1] 聂锋，杨慧. 节日摆花中的构思设计. 河北林业[J]，2004(4)：40-40.

[2] 饶沛. 天安门广场国庆花坛 28 年变迁[N]. 新京报，2014-10-04.

[3] 天安门花卉景观背后的产业链故事[N]. 界面新闻，2015-8-30.

[4] 王斌. 天安门广场花坛彻底告别洋菊花　将使用 13 种多色自主培育品种[N]. 北京青年报，2016-9-7.

[5] 宋霞霞. 十一国庆天安门摆花用“国产”　7 年试验成功取代“洋菊花”[N]. 未来网，2016-

9-28.
[6] 公共场所的装饰性摆花[N]. 中国绿色时报，2006-12-6.
[7] Aaron I. Velez-Ramirez, Wim van leperen, Dick Vreugdenhil and Frank F. Millenaar. Plants under continuous light[J]. Trends in Plant Science. 2011，16(6)：310-318.
[8]徐呈祥，提高植物抗寒性的机理研究进展[J]. 生态学报，2012，32(24)：7966-7980.
[9] 王硕. 多用宿根花卉方便循环利用[N]. 京华时报，2014-9-17.
[10] 邹文，刘全. 中国的公共性摆花发展方向探析[J]. 艺术评论，2012(10)：59-60.
[11] 崔红. 北京政府机关企事业单位门口依然禁止国庆摆花[N]. 北京晨报，2014-8-29.
[12] 范俊生，王皓. “十三五”时期，本市将新增城市绿地 2300 公顷 85%地区市民出门 500 米见公园绿地[N]. 北京日报，2016-01-6.

作者简介

路覃坦，女，1983 年 1 月生于河南省。2008 年毕业于中国科学院植物研究细胞生物学方向，硕士学位。先后在《园艺学报》《草业学报》上发表《4 种中国野生无髯鸢尾种子休眠原因的研究》《四种国产野生无髯鸢尾种子休眠类型的研究》等论文。2016 年 8 月起就职于北京市昌平区园林管理处，任工程设计人员，主要从事昌平区城区及重点区域绿化养护项目管理工作，2016 年获北京市二级花卉花艺师称号。

浅谈园林绿化种植工程与施工管理

胡新杰

北京市昌平区园林绿化局城北林业工作站

摘要:园林绿化是一个城市的重要组成部分,对于整个城市的环境和特色有着重要的作用,只有保证了园林绿化种植工程的施工质量,才能更好地发挥园林绿化的环境效益和社会效益,最终实现人与自然的和谐发展。因此,从施工现场、质量、进度与成本等方面加强种植工程的施工管理,提高园林绿化工程整体质量是非常必要的。本文通过在园林绿化工程中的实践,对园林绿化种植工程施工管理进行分析探讨。

关键词:园林绿化种植工程;施工管理

园林工程管理是园林建设的重要工作,直接关系到园林建设的质量与效益。园林管理是一个复杂的系统工程,园林事业的发展对园林管理人员的管理方法和管理水平提出了更高、更多的要求。绿化是园林建设的主要组成部分。因此,每个园林工作者必须掌握有关植物材料的不同种植季节、植物的生态习性、植物与土壤的相互关系,以及种植成活的其他相关原理与技术,才能按照绿化设计要求进行具体的植物种植与造景。

绿化工程的对象是有生命的植物材料,种植的树木品种较多,规格较大,所以确保工程能够达到设计效果,确保植物的成活率,必须进行精心的施工及精心的养护管理。

园林绿化建设是改善城市生态环境的重要途径之一,其在促进人与生态的和谐、人与社会的和谐中发挥着巨大的作用。为了使这种作用有效地发挥,就必须加强园林绿化种植工程施工管理。

1　园林工程绿化种植工程概述

绿化是园林建设的主要组成部分,没有绿的环境,是不可能成为园林的。按照建设施工程序,先理山水、改造地形、辟筑道路、铺装场地、营造建筑、构筑工程设施,而后实施绿化,绿化工程就是按照设计要求,植树、栽花、铺草并使其成活,尽早发挥效果。绿化工程可分为种植,养护管理两部分。种植属短期施工工程,养护管理属长期工作。下面介绍园林工程绿化种植工程。

1.1　园林绿化种植工程的概念及特点

1.1.1　园林与园林工程的含义

园林在中国古籍里根据不同性质也称作囿、苑、园、庭园、别业、山庄等,欧美各国则称之为

Garden、Park、Landscape Garden。现代园林的概念与传统的园林相比要大得多。[1]随着风景园林研究的进一步深入，理论和实践的发展，刘滨谊博士提出了一个新的概念——景观学(Landscape Studies)，使风景园林的研究从景观规划设计与建造扩展为包括景观资源的管理，遗产的保护等方面，甚至包括纯理论方面的研究。[2]

园林工程是指在一定的地段范围内，利用并改造自然山水地貌或者人为地开辟山水地貌，结合植物的栽植和建筑的布置，从而构成一个供人们观赏、游憩、居住的园林景观环境的全过程，过去也称为造园。园林工程学就是研究园林的工程设计，工程管理，施工技术及原理，园林中新材料、新技术的利用以及如何创造优美宜人的园林景观环境的学科。

1.1.2 种植工程的概念

种植，就是人为地栽种植物。人类种植植物的目的，除了依靠植物的栽培成长，取得收获物以外，就是让植物的存在对于人类产生影响。前者为农业、林业的目的，后者为风景园林、环境保护的目的。

园林种植则是利用植物形成环境和保护环境，构成人类的生活空间。这个空间，小到日常居住场所，大到风景区、自然保护区乃至全部国土范围。

1.1.3 种植工程的特点

园林种植是利用有生命的植物材料来构成空间，这些材料本身就具有"生物的生命现象"的特点，包括生长及其他功能。因此，园林植物生长发育就有着明显的季节性，在不同季节栽植其成活率是不一致的。植物有萌芽、抽梢、展叶、开花、结果、叶色、落叶等季节性变化，因此，植物具有形态、色彩、种类的多样性特征。

2 园林绿化种植工程施工及养护管理

植物界的植物种类繁多，但每种植物都有自己特定的特性，了解这些特性对园林施工中的苗木花草种植、养护均有很大的帮助。在种植前根据苗木的各种特性，制订有针对性的种植和养护计划，如对于喜温暖气候、不耐寒的苗木在冬季种植养护时，要注意保暖措施；不适应湿地种植的苗木要注意排水，避免烂根。种植前先对种植土进行测试，确定 pH，再按苗木的不同特征，对种植土壤进行改良。[3]

2.1 种植类型

2.1.1 乔木类

指树体高在 5 m 以上，有明显主干，分枝点距地面较高的树木。可分为常绿叶乔木、落叶针叶乔木、落叶阔叶乔木。

2.1.2 灌木类

树体矮小，通常在 5 m 以下，没有明显的主干，或主干低矮，常自地面不高处发生多数分枝的树木。

2.1.3 草坪

分为禾本科和非禾本科草类，草坪草有冷季型草坪草和暖季型草坪草。

2.2 种植施工

2.2.1 定点放线

施工人员可利用交汇法按设计图纸进行准确的定点放线，要求较高的位置则采用经纬仪及水平仪定点。按比例放样于地面，确定树木的种植点。

2.2.2 坑、穴的挖掘

在所定灰点为中心沿四周向下挖坑，树木的坑穴规格应大于土球规格，每边大 200 mm。花卉、地被的坑穴应大于土球 10～15 cm，草被厚度为 300 mm，不具备条件的不得少于 150 mm。坑、穴的挖掘应垂直向下，坑底部要锄松 150 mm。

2.3 苗木准备

（1）选苗应选符合设计图纸中的苗木品种树形、规格外，要注意选择长势健旺，无病虫害，无机械损伤，树形端正，根须发达的苗木，对于大规格的乔、灌木，最好选择经过断根移栽的树木，这样苗木易成活。

（2）起苗时间最好和栽植时间能紧密配合，做到随起随栽。起苗前 1～3 天可适当多浇水，使泥土松软，便于挖掘。土球可根据施工方便而挖成圆形、半球形。先以树干为中心，5 倍树干胸径为半径画出一个圆，于圆外用铲绕树起苗，垂直下挖至一定深度，切断侧根后，从一边加深，找深层粗根，加以切断。但应注意保证土球完好，并用草绳打紧，不能松脱，底不漏土，苗木根系保护完好。

（3）苗木装卸时应小心轻放，不损伤苗木。小苗堆放不宜太高，以防发热伤苗。对大树的运输，用采用吊装，移植大树在装运过程中，应将树冠捆拢，并应固定树干，防止损伤树皮，不得损坏土球，操作中注意安全。大树移植卸车时，应将主要观赏面安排适当，土球应直接吊放种植穴内，拆除包装，分层填土夯实。

（4）应尽量做到随起、随运、随栽，以保证苗木的成活率，若因故不能当天栽完，应将苗木分散假植，假植前先开挖假植沟，深度以能埋住树木根系为度，放入苗木后覆土，踩实，并应浇水，遮阴养护。

2.4 苗木种植

（1）根据施工图和已知坐标的地形、地物进行放线，确定种植点，以使树木栽植准确，整齐，种植效果能达到设计意图。

（2）人工开挖，种植穴的大小应满足设计要求，株行距应符合设计的尺寸，开挖时，应将上层好土堆放一边，底层心土堆放在另一边；呈片栽植花灌木和地被植物，地面应全面深翻 30 cm，然后开沟栽植。

（3）种植穴按一般的技术规程挖掘，穴底要施基肥并铺设细土垫层，种植土应疏松肥沃，把树根部的包扎物除去，在种植穴内将树苗立正栽好，填土后稍稍向上提一提，再踩实土壤并继续填土至穴顶，最后，在树周围做出拦水的围堰。裸根苗栽植时应分层回土，适当提苗，使根系舒展，并分层踩实，最后筑好浇水围堰。苗木放入穴中校正后，应从边缘向土球四周培土，分层捣实，并筑浇水围堰。苗木栽植后的深度，应以苗木根颈与地面平齐或稍深为度。栽植其他地被植物时，应根据其生物学特性，确定其栽植深度，按照要求排入沟中后，覆土，扶正，压实，平整地面，然后浇水。

(4)大苗、大树栽植后应设支撑架支撑，防止树干动摇，提高成活率。

(5)大苗、大树栽植后，应作适当修剪。剪去断枝，枯枝，部分树叶，保证树形，以防止水分过多散失，以利于成活。其截口宜用乳胶或铅墨涂抹保护。组成色块，绿篱的灌木栽植后，也应按设计要求，进行整形修剪。

(6)苗木栽植后，应立即浇水，小苗可一次浇透；大苗、大树栽植后，应分多次向里充分灌水直至水满围堰。栽植后的第二天，应重复浇水一次。对于大树，因温度较高，所以应注意保湿，每天要定期对树干、树枝、叶面进行喷水，降低温度，减少蒸腾量，提高成活率。

2.5 草坪的种植

(1)要采购纯度高，发芽率高的种子，在播种前可对种子加以处理，提高发芽率。播种方法为撒播，由公司专门负责草坪播种的技术农艺工人撒种，保证撒播种子的均匀性。

(2)充分保持土壤湿度是保证出苗的主要条件。播种后可根据天气情况每天或隔天喷水，幼苗长至 3～6 cm 时可停止喷水，但要经常保持土壤湿润，并要及时清除杂草。

2.6 养护管理措施

(1) 若遇天旱，应对苗木进行浇水养护，每次应浇遍浇透，次数根据天气及各类苗木的需水情况确定。对于大苗、大树，还应对其枝干、叶表进行喷水。

(2)在生长季节，应对杂草进行及时清除，以防杂草对苗木、草坪所需的水分、养分的竞争，应本着除早、除小、除了的原则及时进行。

(3)对移植的大树、大苗，在其根系恢复前，应控制树冠的大小和枝叶数量，对新梢进行适当的修剪，也可采用适当剥除新芽的办法；对地被植物，应定期进行整形修剪，对草坪的修剪，应保持草坪的剪留高度在 3 cm 左右，修剪时应遵循 1/3 修剪原则。

(4)应根据实际情况，根据不同品种苗木所处季节的不同，对可能发生的病虫害进行检测工作，并做好防治工作。以预防为主，一旦发生病虫害，应及时用药物进行防治。

(5)对当年栽植的苗木，因其对外界的抵抗力未达到良好状态，在冬季要对其进行防寒处理。对大苗、大树，可用石灰水加盐或石硫合剂对主干涂白，避免树干冻裂，还可杀死在树皮内越冬的害虫。涂白要均匀，不可漏涂，一条干道上的树木或成群成片的树木，涂白高度要一致。也还可对大苗、大树的主干用稻草或草绳将不耐寒的主干包起来，以达到保暖的目的。必要的大苗、大树，也可搭建风障进行防寒。

(6)在树木种植一段时间后，根据土壤的肥沃度，及各种苗木所需的养分适当进行施肥，但不宜施过多的肥，采用一次少施肥，但增加施肥的次数，从而达到增加养分的目的。

(7)如发现有植株死亡，应及时用相同品种、规格的苗木进行补植，并加强对新栽苗木的养护管理。

(8)在养护期内，应经常对绿地进行清理，保持绿地的整洁。

3 园林绿化种植工程施工管理

种植工程是园林绿化建设工程的主要部分，在园林建设中的作用日益显著。因此，从施工现场、质量、进度与成本等方面加强种植工程的施工管理，提高园林绿化工程整体质量是非常必要的。

3.1 园林绿化种植工程施工现场管理

3.1.1 施工现场总平面管理

园林绿化种植工程施工现场的总平面管理与布置，能够直接体现施工单位的管理能力与管理水平，是施工现场管理的组成部分之一。[4]施工现场总平面管理应当根据相应的法律法规和总平面布置图，进行施工现场管理与布置。施工现场管理是一个落实、贯彻总平面布置图的动态的过程。园林绿化种植工程施工的不同阶段，现场管理的重点也是不同的。通常，施工现场总平面管理主要包括以下方面的内容。

首先，设置施工现场围挡和标志标牌。根据企业形象设计和施工实地要求，在施工现场四周建设封闭的围墙，保证围墙的连续、美观、牢固、完整和严密。施工现场大门须和围墙相一致，尽量体现施工单位形象设计。施工现场大门外应当设置明显的工程标牌。工程标牌须要包括施工单位、监理单位、设计单位、建设单位、建设面积、工程名称等内容。项目部办公室内需要张贴项目管理目标、岗位人员职责、实施表、进度计划等。

其次，要布置施工现场临时设施。园林绿化种植工程施工现场主要的临时设施有生产与生活设施、项目部办公室、临时供电供水设施、临时通信设施等。布置临时设施应当尽量便于施工、生活，降低占用施工现场的空间。

第三，设置施工现场材料堆放场地。园林绿化种植工程施工现场主要的材料均是有生命的草坪、苗木等，不应长久放置，争取能够随到随用。

3.1.2 现场信息与沟通管理

园林绿化种植工程离不开信息、资料以及合同的有效管理。

首先，加强苗木信息搜集，搭建苗木采购平台。施工单位在施工前或施工中，均应当重视苗木信息的搜集，并综合考虑货源地和工程所在地的水文、气候等特点，建设优良的苗木采购平台，为顺利施工提供保障。大量的信息资源是控制施工成本、质量与进度的重要保证，应引起施工单位的重视。

其次，要全面、细致记录施工过程，完善施工资料。工程市场通常有着很高的施工资料要求，施工资料不完整，就难以保证工程的完整性。因此，为了确保完整的施工资料，就必须详细记录施工过程。

第三，认真研究合同条款。园林绿化种植工程实施的依据是施工合同，施工行为不应当超出合同范围。

因此，施工单位要确保自身利益，就应当细致地研究合同条款。此外，沟通在园林绿化种植工程施工管理中发挥着十分重要的作用，施工单位应当加强施工中的沟通管理。为了确保工程的顺利进行，施工单位应加强与建设方、设计方、监理方、材料供应商等方面的沟通，应加强施工项目部内部之间的沟通。

3.1.3 文明施工管理

以往的园林绿化种植工程的施工现场总是给公众留下脏、乱、差的恶劣印象。导致这种情况发生的主要原因是部分施工单位片面重视工程的成本、质量和进度，忽视施工现场管理。近年来，越来越多的施工单位逐渐认识到脏、乱、差的施工现场给工程建设带来的种种不利影响。脏、乱、差的施工现场极易导致材料堆放混乱，材料与设备转运效率不高，影响工程进度，增加了工程成本。由于施工现场卫生较差，严重影响施工作业人员的健康和工作效率。脏、乱、差的施工现场严重损坏施工企业形象，不利于企业的长期发展。因此，园林绿化种植工程施工必须文明进行，遏制脏、乱、差的现象，为城市和施工人员提供一个整洁、有序、良好的施工现场。

3.2 施工质量管理

3.2.1 苗源质量与运输保护

园林绿化种植工程施工中质量控制的关键环节就是苗源质量控制。苗木的质量对能否实现园林绿化设计效果有着重要的影响，苗木质量差，就难以实现设计效果。通常，控制苗木质量主要是从工地土质和苗源地土质适应性控制、苗木规格控制、苗木整体观感控制等几方面入手。[5]例如，苗木规格控制是指根据设计标准，严格控制苗木的冠幅、分支点、树高等，保证每一棵苗木都能够达到设计要求。随着人们审美水平的不断提高，园林绿化种植工程中苗木的规格、品种也越来越丰富。工程施工所在地的苗源已经难以满足工程需求，越来越多的施工单位为了增加苗木品种、降低苗木成本，苗源地选在距离施工现场较远的地区。因此，必须加强苗木运输过程中的保护。长途运输将会导致苗木严重失水，所以在运输过程中应当采取覆盖、喷洒水、缩短运输时间、尽量夜行等方法保护苗木。此外，在运输中应尽量避免过度擦伤树皮，必要时可以适当修剪苗木。

3.2.2 栽植与养护

及时栽植是保证苗木成活的重要因素之一，当苗木运至园林绿化种植施工现场后，应进行必要的检验，检验合格后须要及时地栽植苗木。在栽植苗木的过程中，应当严格按照相关规则进行。栽植前，应详细调查施工所在地的水文、地质、气候等情况，选用恰当的苗木栽植方法。近年来，栽植大树、大苗盛行，在栽植过程中频繁使用机械设备，这虽然提高了栽植工作的效率，但是也在一定程度上影响了苗木的成活率。因此，在运用机械栽植苗木的过程中，应当加强保护，避免机械损伤苗木。当苗木栽植完成后，应进行必要的养护管理。园林绿化种植工程都有一定的养护管理期，在养护期内须要进行修剪、防病治虫、施肥、浇水等工作。

3.3 进度与成本管理

3.3.1 保证工期的组织措施

园林绿化种植工程中存在着大量的多单位交叉施工现象，交叉施工单位之间如果没有进行有效的协调组织，就容易影响施工进度。道路面层、绿化、土建、照明、水景等任何一个项目延期，均会严重影响总体工程进度。因此，只有根据施工计划，合理组织协调施工单位，加强施工单位之间的沟通，才能够确保工程按照计划进行。保证园林绿化种植工程工期的组织措施主要包括以下几点：做好各项工程资源配置计划，合理分配人力、材料、机械设备等资源；加强指挥协调，选派专业能力强、经验丰富的领导组成高效、精干的项目管理部，对各个施工单位进行组织、协调；精选施工队伍，选用技术水平较高的施工人员，投入适当的施工机械设备；进行短期网络计划控制，争取在每个施工区域内实现流水化作业；实施内部责任承包制，责任到人，激发员工的创造性与积极性；确保材料、设备的采购、供应以及储备；做好设备保养、维修等后勤保障工作。

3.3.2 现场成本控制

为了降低种植工程造价，就必须加强园林绿化种植工程施工现场的成本控制。通常，成本控制是指指导、调节、监督、限制工程施工中的物质资源、人力资源和相关费用的消耗，在保证工程质量的前提下，争取将费用、成本降至最低。[6]成本控制是对施工进度、现场管理水平、工程质量的综合反映，是一项系统的工程，一般主要包括以下内容。第一，控制工程材料费。园林绿化种植工程中，施工材料成本在工程总成本中的比重最大，合理地节约材料成本是降低工程造价的关键。材料采购应当在确保质量的前提下，遵循运输距离最短、价格最低、储存合理等原则。在采购中应严格控制材料数量与质量；在施工中，进行材料消耗控制，争取最大限度地降低消耗率。第二，控制机械台班费。第三，控制人工费。第四，对于可以分包的工程，应合理分包。

4 园林绿化种植施工存在的问题及改进措施分析

园林绿化种植工程是一个城市的重要组成部分，对于整个城市的环境和特色有着重要的作用，园林绿化种植工程施工质量控制更是整个园林工程施工的关键。只有保证了园林绿化种植工程的施工质量，才能发挥园林绿化的环境效益和社会效益，最终实现人与自然的和谐发展。

4.1 园林绿化种植施工存在的主要问题

4.1.1 标记不清

首先在设计种植园林植被的图纸上，存在标记不清楚，指导性不强的问题。图纸的规划设计更多的是一种方案、一种图意的展示，为此，城市园林的绿化工程地设计图实际也是一种方案、一种图意的展示。设计图与现实的物存在一定的比例，即设计图就是在平面图纸上反映与实现位置的一个比例的对应关系。

其次，大部分设计的绿带图或者效果图跟现实施工中的绿化存在很大的差别，比如绿化物的垂直立体面上，往往图纸平面是无法显示出来的，而现实种植的植物却是垂直立面的，这就使得设计图与现实产生较大差别。

再次，设计图往往是借助某种特定的植物符号或者比例来代表现实中的各种各样的植物品种，但并不能够具体标明该特定的植物符号代表哪种植物、是哪种规格、哪种造型等要求，这种以普遍性代表个性的标记形式，给现实中植物的采购带来很大的问题。对本来是属于同一类型的植物，但由于植被苗的尺寸、高度、造型等的不一样，也会给园林的绿化工作带来很多问题。尤其是非常具备欣赏价值的名树古木等。因为设计人员通常仅仅在设计的图纸上标注符号和标注名称，但是由于平面缺乏现实的植物形状的展示，使得现实中进行施工时就会对植物的形状、规格把握不准，进而混淆工程施工的可操作性与准确性，甚至有时出现错栽种植物的现象。

4.1.2 树苗的规格与形态标记不完善

因为植物通常都具有生长的季节性与周期性，相同品种的植物一般在不同的季节和不同的生长期，它们呈现出来的形态就会不同，这时候对园林植物进行绿化修剪时，对它们的人工修剪方式就会不一样，而正是因为修剪不一的方式，使得修剪出来的园林景观呈现也会各不相同。除此之外，对它们的养护要求、施工技术等各不一样。然而，大多园林绿化工程在设计中，对乔木规格方面一般仅仅标注植物的冠幅或者胸径，却忽视了冠形、干形、分枝状况、枝下高、树高等方面的具体标识，正是因为对树苗规格与形态标记得不完善，使得采购植物时往往出现"张冠李戴"的现象。

4.1.3 不能够科学、准确、合理地对植物结构进行配置

当前，对园林植物的配置首先表现在不能够合理、科学地配置功能区，大致有下面几种情况：一是为了绿化而绿化，进而忽略了对居民生活出行方便的考虑，出现在一部分居住区选择将绿地作为隔离带，使得居民原本两三分钟的路却得绕走 10 多分钟。二是在行人频繁路过的路段配置带有刺的"火棘""枸骨"等植物，严重地影响了行人的过往。三是过多地配置草坪与灌木色块，导致园林景观的复层结构不明显，进而造成园林景观的单调。四是在配置过程中，对植物的生态与生理特点把握与重视不足，导致施工人员在进行植物的种植时忽视了植物对原有环境的依赖性，当栽种后，发现植物跟新的环境无法适应，严重影响植物的成活与长势。比如在对大树进行移植的时候，我们通常的做法就是将植物的根系、主根与主枝树冠的绝大多数切断，这种做法不仅给树体带来严重的伤害，还会制约植物原貌的恢复，最后影响园林植物的绿化效果。

4.1.4 绿化工程的后期的管理与护养不到位，使园林绿化工程出现质量问题

一是对植物的浇水不到位或者不及时，造成植物的成活率比较低。二是对树木扶正的支架不够牢固，造成种植的植物东倒西歪，影响植物枝干以及根系的成长。三是不能够及时对园林进行除草，造成绿地杂草丛生。四是没能够对病虫害进行及早治疗，造成病虫害肆意蔓延等。这些因素都给植物的成活率造成严重的影响。

4.2 园林绿化种植施工改进措施分析

4.2.1 控制园林绿化工程中树种的选择

植物的长势尤其是树苗的长势，直接影响着园林的绿化工程的质量的好与坏，由于不一样的绿化树苗各自具有各自的生长周期与规律，为此，当进行园林绿化工作时，应当充分把握所选取的树苗的生态特性，对树苗适合种植的季节、生长的速度、寿命的长短和对周围环境适应的快慢等，应当有比较高的认识。我们建议，要结合实际，因地制宜，原则上以种植乡土树苗为主，与此同时，充分考虑周围的环境以及植物的生长环境之后，可以适当考虑选用被论证过能适应当地生长条件的树种。[7] 此外，应当考虑所种植的植物必须与四周的功能和服务区有关联，比如说，居民住宅区最好选择栽种低灌木，如果是栽种乔木则需预留一定的距离，并且最好采用落叶乔木为主。

4.2.2 园林绿化工程设计图须具体周密

园林绿化工程设计图与种植方案是进行施工的主要参照，因此它关系到园林绿化工程的质量的好与坏，必须引起高度重视。种植方案是对"抽象化"的园林绿化工程设计图纸的"具体化"，为此，我们必须在现实的施工中将植物详细、具体的种植配置，植物的数量与品种、规格、尺寸，栽种之间的距离等具体落实。此外，还需进一步明确植物的物候、生长习性、生长速度、季相变化、质感、色彩等，尽量提高施工的质量，保证绿化的质量。

4.2.3 做好园林绿化工程施工现场管理

做好园林绿化工程施工现场管理是园林绿化工程质量管理与控制的关键。施工项目现场管理是通过施工项目现场组织机构和施工项目内部的各种工作责任制度实现的，而影响工程施工项目质量的五个方面是人、材料、机械、方法、环境。对园林绿化工程施工项目质量控制就是为了确保合同、规范所规定的质量标准，通过一系列的检测手段和方法及监控措施，在进行园林绿化工程施工中对操作人员、材料、机具设备、施工工艺、生产环境进行落实，为了确保工程质量，重点要做好园林绿化工程现场管理。

4.2.4 加强园林绿化工程后期养护管理

一般的园林绿化工程施工期不超过半年，但工程合同规定从工程施工到工程移交却需2年时间，主要就是保证植物的成活率，确保植物的生长良好。俗话说："三分栽，七分管"，植物移栽后要注意浇水养护，必要地采取一些药剂的使用，来保证移栽植被和树木的成活率。移栽后要设置支柱及保护器，防止自然损害或者是人为有意无意的伤害，避免造成树木的倾斜、损伤。同一路段的保护器要做到规格统一。施工过程中所有施工人员必须佩戴安全帽，严格按照技术规范来操作，减少失误。注意后期的养护，必须要建立相应的管理养护制度，保证后续园林绿化工程的持续。只有这样才能够保证园林绿化工程移交以后的工程质量。

5 结论

园林绿化工程建设是集建筑科学、生物科学、艺术科学和经济管理科学于一体的一项工程建设事业。在施工过程中应加强施工管理及后期养护，重视工作细节，切实完成绿化种植与养护工作，才能使人尽情地享受美好环境所带来的愉悦。

针对目前园林绿化种植工程施工中存在的一些问题，加强施工现场总平面管理、现场信息与沟通管理、文明施工管理、苗源质量与运输保护、栽植与养护、现场成本控制等施工管理，是实现合理进度、高质量、低成本的园林绿化建设的必由之路。

园林植物是园林工程的核心，是有生命的活体，搞好苗木种植能更好地为人们提供一个休息、文化娱乐、亲近大自然、回归大自然的场所，是保护生态环境、改善城市生活环境的重要组成部分。以上阐述的几点是搞好绿化种植工程的基本要素，只要我们能做到科学种植，严格控制，就能营造出一个美好的居住环境。

参考文献

[1] 梁伊任，王沛永，张维妮. 园林工程(修订版)[M]. 北京：气象出版社，2001.
[2] 梁伊任，翟志，王沛永，风景园林工程[M]. 北京：北京林业出版社，2010.
[3] 赵光林. 城市园林绿化及其关键技术探析[J]. 城市建筑，2014，35：220.
[4] 杨丹. 园林工程施工管理的探讨[J]. 科技情报开发与经济，2004，14(5)：243-244.
[5] 吴金宝. 浅谈园林绿化工程施工质量的控制[J]. 城市建筑，2014，33：218.
[6] 马瑞华. 论园林建设工程的合理低价与有序竞争[J]. 广东园林，2006，28(2)：56-60.
[7] 华国柱. 浅议园林绿化工程施工管理中存在的问题及管理措施[J]. 城市建筑，2013，7：113.

作者简介

胡新杰，女，1989 年生于北京，2012 年毕业于北京农学院园林工程技术专业，大专学历，2016 年毕业于北京林业大学园林工程专业，本科学历。曾先后担任北京绿视点园林工程有限公司工程部资料员、北京东方园林股份有限公司采购部资料员。现任北京市昌平区园林绿化局城北林业工作站科员。曾参与远洋东方公馆和远洋天著园林工程项目。现在城北林业工作站主要负责专业技术方面工作：山区森林防火，平原生态林和平原造林日常养护，辖区内病虫害防治等重要工作。

浅谈北京行道树的栽培管理

刘 佳

北京市昌平区园林管理处

摘要：行道树具有悠久的历史，在我国道路绿化中占有举足轻重的地位。如今道路绿化事业迅速发展，行道树的栽培管理更应贴合自然因素、传承历史文化、体现人文情怀。结合现代技术，统筹规划、科学管理、合理实施道路绿化事业具有重要意义。

关键词：行道树；自然因素；历史文化；人文情怀；栽培管理；科学管理

1 行道树的概述

1.1 行道树的概念

行道树栽植是指经过科学、合理、艺术的设计，在各种不同性质、等级、类别道路的绿地上栽植植物，达到改善空气质量、辅助交通组织、美化环境景观、创造宜人活动空间的目的（图1）。

图1 道路和行道树

1.1.1 我国行道树的起源和发展

我国是栽植行道树最早的国家，道路绿化在我国有悠久的历史。根据古书《周礼·野庐氏》记载，周代政府设置野庐氏官“掌国道路于四畿，比国邻及野之道路宿息并树”。可见，五千多年前，我国已开始种植行道树。

秦始皇时代开始了大规模的修建驰道，栽植行道树。西汉长安城的街道几乎都成行地种植槐、榆、松、柏、杨等；东汉洛阳各大街道的两侧则种植栗、漆、梓、桐等行道树。

汉朝至南北朝时期，都城内利用水沟将御道分流，在沟旁植柳，路旁种榆、槐，即现代城市道路板带形式演化的前身。

魏晋时，行道树用来标记公路里程，“一里种一树，十里种三树，百里种五树”。《邺中记》中记载：“襄国邺路千里之中，夹道种榆。盛暑之月，人行其下。”

到隋唐后，道路绿化逐渐形成了较为严谨的道路网规划，且有了较为成熟的道路规范，绿化树种不再局限于少数几种，在原有基础上加入了石榴、樱桃、李等观花观果树种，丰富了道路绿化效果。

唐朝时，长安街道两旁种植槐、榆、柳等树种。长安承天门至朱雀门的天街两旁因植有不少槐树而被人们称作“槐街”或“槐衙”，政府也多次颁令全民植树。唐诗“古道槐花满树开”“万里杨柳色”，体现了当时种植行道树的盛况。不仅如此，还出现了关于行道树种植的“路树制度”，强调多层次、乔灌搭配的植物造景形式，开创性地将绿化形式由单一列植提高到植物造景的层面，成为中国道路绿化美化历史上的一个里程碑。

宋朝的街道绿化将传统绿化形式发展到了相当丰富的程度。御街由水沟将路分成三道，桃、李、梨、杏等列植于沟边，沟内则种植荷花、莲花等水生植物。这种利用季相变化带来不同景观效果的造景手法对现代道路绿化有着深远的影响。

清代，左宗棠进军新疆，曾命人在道路两旁种植柳树，至今有些依然存活，人称“左公柳”。由于历史、整治等原因，清朝中叶以后，随着国门的开放以及西方列强入侵，沿海城市首次引入刺槐、二球悬铃木、意大利杨、黑杨等树种，作为行道树加以推广应用。

新中国成立以来，在中国古代城市道路绿地悠久历史的影响和新政府正确政策的指引下，我国道路绿化事业朝着积极的方向迅速发展。道路绿化不仅从功能性上下工夫，还突出了观赏性等要素，打破了传统意义上“一条路两行树”的简单布局模式，派生出行道树绿化带、分车绿带、路侧绿带、立交桥绿化、街道绿带等多种形式，在城市重点路段还出现了花园林荫路、园林景观路，以线串点或以线带面的形式连接零散的绿地空间，并巧借沿途森林、山河、农田、建筑等自然人文风光，很大程度上弥补带状绿地的单薄，增加了道路空间的生态效益、生活情趣和文化内涵，对展现城市风貌起到了重要的作用。近年来，道路绿化已越来越受重视，创建生态、美学兼备的多样性植物群落的道路绿化已成为一种趋势。

1.1.2 国外行道树的起源和发展

公元前10世纪，在喜马拉雅山麓连接印度加尔各答和阿富汗的干道中央与两侧种植三行树木，这是史书记载的较为古老的行道树种植，世称大树路。公元前8世纪后半期，在美索不达米亚宫殿以对称的规划布局配置松树与意大利丝柏，由此拉开了欧洲道路绿化的序幕。

公元前7世纪至公元4世纪的罗马时代，神殿前广场和竞技场前的散步道路旁种植了法国悬铃木，罗马城的主要道路上种植了意大利丝柏。

文艺复兴时期后，由于思想的进步，欧洲一些国家街道绿化有了较大的改善，道路景观真正得到了发展。1625年，英国一些城市设置了公共散步道，并种植几行二球悬铃木形成林荫大道，虽然只有1km长，但景观效果整齐、优美，开创了都市性散步道栽植的新概念，也成为美国华盛顿市林荫步道的原型，是美国各大都市设计林荫道的典范以及日本购物街的起源，对后世欧美各国的道路绿化产生了深远的影响。

18世纪末至19世纪初，法国政府制定了有关道路须栽植行道树的法令，相继颁布1720年的枢密院令、1781年的勒令、1825年的国道及县道行道树管辖法令以及1851年的行道树栽植法令等，对各项绿化事宜加以规范。

工业革命后，随着科学技术的发展，城市化速度日益加剧，人们的审美观念也在变化，行道树栽植日渐盛行成为必然，道路绿化最为突出的变化就是出现了园林大道的新模式，树种选择也越来越科学严谨。19 世纪后半叶，欧洲宽阔的游憩散步路，以修饰景观为主要功能，如 1858 年法国巴黎修建的香榭丽舍大道，成为近代园林大道之经典，对欧美各国产生了极大的影响。

行道树及养护如图 2 所示。

图 2 某会议中心行道树及养护

现今，许多西方国家的道路绿化讲究以自然的整体美为主要特征，以创造完整的、连续的绿色空间为主要目的，以卫生防护、组织交通、点缀街景和美化环境为主要功能，以简洁实用、体现地区特点为主要原则。良好的道路绿化构成简洁、大方、鲜明、开放、清新、自然的景观，并与公园、建筑绿地、广场一起，形成完整的绿色生态系统，充分体现园林绿化城市的主要特色。

1.2 行道树绿化的类型

1.2.1 按树木的生长习性分

(1)乔木

树体高大，有直立发达的主干(图 3)，主侧枝分布鲜明。其中，小乔木树高 5～8 m，如圆柏、樱花、碧桃等；大乔木树高 20 m 以上，如银杏、悬铃木、梧桐、千头椿、毛白杨等。

图 3 城市一级道路两侧乔木行道树

(2)灌木

树体矮小,无发达主干或多主干(图 4)。其中,小灌木株高不足 1 m,如紫叶小檗、胡枝子等;中灌木株高 1～2 m,如小叶女贞、郁李等;大灌木株高 2 m 以上,如榆叶梅、海桐等。但是有些树木也不是绝对的,通过一定的整形修剪手段的处理,比如月季、迎春可能是小乔木,也可能是灌木。

图 4　城市快速路中央隔离带花灌木类型行道树

(3)竹木

竹木是园林树木栽培应用中的特殊单子叶类植物,其生长点与上述树种迥然不同,具独特的节间生长特性(图 5)。

图 5　社区内竹类行道树及养护

1.2.2　按叶存在期的长短分

(1)常绿树

常年着生绿色枝叶的树木。大多数松柏类树木属于常绿树。常绿树的叶子并非不落,只是叶片寿命比落叶树的叶片寿命长一些,如冬青叶可活 1～3 年,松树叶可活 3～5 年,罗汉松的叶子可活 2～8 年(图 6)。

图 6　油松类常绿树种的行道树及养护

(2)落叶树

在秋季落叶过冬,第二年春天生长新叶且旺盛生长的树木。常见的有杨、柳、银杏、梅(图 7)。

图 7　落叶树种做行道树

1.2.3　按光照因子分

(1)喜阳树

喜好在阳光强烈处生长的树种。喜阳树生长环境缺乏阳光,则往往会生长不良或枯死。月季、牡丹、棕榈、苏铁、银杏、紫薇、杨属、松属等属于喜阳树。

(2)喜阴树

适于在适度遮阴的环境中生长,不能忍受直射光线的树种,云杉、冷杉等属于喜阴树。

(3)中性树

在充足阳光下生长良好,但稍受庇荫时也不致受害的树种。如侧柏、槭类等。

1.2.4　按树木的植物学特点分

(1)阔叶树

叶片扁平宽,叶形随树种不同而有多种形状的多年生木本植物,如杨树、柳树、银杏等。

(2)针叶树

树叶细长如针,多为常绿树,如雪松、油松、侧柏、桧柏、水杉等。

1.2.5 按树木的观赏特性分

(1)观形树木

指形体及姿态有较高观赏价值的一类树木,如雪松、龙柏、龙爪槐等。

(2)观花树木

指花色、花形、花香等有较高观赏价值的树木,如梅花、蜡梅、栾树、白玉兰等。

(3)观叶树木

树木叶之色彩、形态、大小等有独特之处,可供观赏,如银杏、鸡爪槭、黄栌、七叶树、鹅掌楸等。

(4)观果树木

果实具有较高观赏价值的一类树,或果形奇特,或其色彩艳丽,或果实巨大等,如文冠木、栾树等。

(5)观枝干树木

这类树木的枝干具有独特的风姿,或具奇特的色彩,或具奇异的附属物等,如白皮松、梧桐、白桦、红瑞木等。

(6)观根树木

这类树木裸露的根具观赏价值,如榕树、蜡梅等。

1.2.6 按绿带与车行道的关系分类

(1)行道树绿化地

是指在公路和道路两旁种植树木的绿化带。选择行道树时要考虑本地区的环境特点与植物的适应性,一般以遮阳类型和观叶类型为主。

(2)街道绿带

包括分车绿带、人行道绿带、街道防护绿带和基础绿带。

分车绿带:是指在车行道之间可以绿化的分隔带(图8)。植物配置应以花卉、灌木、草坪或与地被植物相结合,避免尘土飞扬。

图8 分车绿带及养护

人行道绿带：又称步行道绿带，指车行道和人行道之间的绿化带（图 9）。它的主要功能是为行人遮阴，最简单的布置形式是种植单行乔木。如果绿带宽 2 m 以上，可种植乔木、灌木或布置绿篱，还能起到防尘、降噪的作用。

图 9　人行道绿带及养护

街道防护绿带：人行道和建筑物之间的绿带（图 10），可以减少人流、车辆的噪声干扰，植物选择一般以高大乔木为主。

图 10　街道防护绿带及养护

基础绿带：紧靠建筑的绿化带，可以和防护绿带合并。有些退到建筑红线以内的建筑，可把基础绿带变成门前的庭院（图 11）。绿化与建筑保持适当距离，避免树木杂乱，有条件时可作墙面绿化。

（3）交叉路口绿地

是指在两条或两条以上道路在同一平面相交的部位的绿化。宜用低矮灌木与草本植物，视距三角区不得遮挡视线。

（4）交通岛绿地

是指对在车道之间设置的高出路面的岛状绿地。在城市街道可采用草坪灌木型、大花坛型或整形矮篱型，在居住区可采用小游园和花园广场方式处理（图 12）。

图 11　基础绿带及养护

图 12　交通岛绿地

(5)游憩林荫道

简单式游憩林荫道:最窄 8 m,含一条宽 3 m 步道和两条绿带。两条绿带内可设座椅,并可各种一行乔木和一行灌木,林荫道节点处可设花坛、小水池、花架等。

复式游憩林荫道:宽 20 m 以上,含两条游步道与三条绿带,中间一条绿带可布置花坛、花境、灌木、绿篱或种植乔木,两侧绿带旁设休息设施。

游园式游憩林荫道:宽 20 m 以上,有两条以上游览道及多种景观与休息设施。

(6)滨河路绿地

指在河的沿岸内所有绿化地段。岸上树木的林冠线应高低起伏,使对岸所见树林变化更丰富,增加水景的艺术性。水边宜种植耐水湿的树种,如垂柳、旱柳、竹类、枫杨等。

(7)步行街绿地

指位于步行街道内的所有绿化地段。以遮阴乔木配以花台、花坛及草坪为主,以盆栽、花钵、花箱作补充。

(8)立交桥绿地

草坪加乔灌木或点缀花灌木,近桥面不种高树,靠近桥面处不得种遮挡视线的树木。

1.3 道路绿化的功能

1.3.1 生态保护功能

由于植物固有的生物学和生态学特性，使得植物在道路绿化上具有如下生态保护作用(图13至图17)。

图13 行道树生态保护功能(1)

图14 行道树生态保护功能(2)

图15 行道树生态保护功能(3)

图 16　行道树生态保护功能(4)

图 17　行道树生态保护功能(5)

(1)遮阳

据史料记载,我国于公元 5 世纪就在洛阳的街道旁种植列树,以供来往行人在树荫下休息。可见道路绿化的基本功能是遮阳,给行人一个遮阳、纳凉的舒适的行走空间,并且降低地面温度,提高道路的舒适度。

(2)净化空气,降低噪声

道路上的粉尘、飘尘以及车辆行驶时排放出来的有害气体形成的烟尘,严重污染环境。道路绿地是很有效的道路空气“洁净器”,它可以通过枝叶、树皮、绒毛、黏液等,发挥降低风速、吸滞粉尘、吸收有害气体、净化空气的作用。通过密植形成的屏蔽作用及植物枝叶特有的排列方式,可以有效地吸收声波,降低噪声。

(3)降低辐射热,调节和改善道路环境小气候

植物在夏天可以通过树冠的遮阳,减少太阳对地面的直射,降低辐射能量,通过叶片的蒸腾作用消耗热能,通过绿化廊道的通风形成凉风调节气温,增加空气湿度。

(4)保护路面,稳固路基

道路绿化可以改善地温,防止路面老化。树荫下路面温度比裸露路面温度,夏季可以降低 5～7℃,冬季可以增高 1～3℃,从而减弱路面老化程度。植物根系稳固土壤,涵养水分,保持水土,防止或减弱地表径流,降低冲刷造成的危害,防止水土流失破坏路基。

1.3.2 交通辅助

(1)防眩作用,减轻视觉疲劳

夜间相向行驶的车辆其灯光照射会产生眩光,影响行车安全和行车速度。道路中央隔离带绿化能遮蔽对面车辆的灯光,防止夜间强烈的眩光引起司机的视觉不适合,有利于夜间车辆的安全快速行驶。且道路沿线绿化给司乘人员提供一个良好的视觉享受,减弱路面色彩的单调感,减轻驾驶员长时间注视路面引起的视觉疲劳,提高其注意力。

(2)交通组织,引导视线

配合道路交通设施,在交通岛、中心岛、导向岛等处,树木可以引导视线,阻隔人流,起到引导、控制人流、车流的作用。在道路中间设置绿化分隔带,可提示道路线形的变化,减少车流的互相干扰,使车流在同一方向行驶,保证行车安全。

1.3.3 景观组织

(1)衬托城市建筑和美化城市环境

城市街道两侧往往是建筑物林立的地方,硬质材质使街景空间形态呆板、生硬,缺少活力。这时植物可以充当一条导线,经过绿化,可以由植物形成清晰的绿化景观界面,柔化硬质景观,增添环境色彩,起到衬托城市建筑、美化城市环境的作用(图 18)。

图 18 行道树美化城市环境功能

(2)对周围环境进行空间分隔和景观组织

道路是城市的骨架,穿梭于城市各区域,利用道路绿化植物的连接、分隔、围合空间功能,可对城市景观及游览路线进行合理的组织和安排,把各个空间组织成流畅合理的整体,而有别于硬质景观(如街道护栏、路障等)对空间的机械性分割。利用植物形成的遮挡,将行人的注意力进行潜意识的引导,使所见空间有较大的深远感。另外,植物能使空间更显而易见,更易被识别和辨明。例如,对弯道的强调、对前方红线变化的预示以及对交通路口的突出。植物特殊的大小、形状、色彩、质地和排列都能发挥识别作用(图 19)。

图 19　行道树对周围环境进行空间分割和景观组织功能

(3)遮蔽装饰

由于各种不同的原因,有些道路附属设施如挡土墙、排水明沟、高架桥墩等,影响道路景观,绿化可以对其进行遮蔽装饰。一般可采用紧密的中高绿篱或树屏来达到美化目的(图 20)。

图 20　行道树对周围环境遮蔽装饰功能

(4)构造韵律视觉廊道

道路绿地中的植物材料的组织,常以耐修剪的植物品种为主要元素,结合其他植物,强调其线性变化韵律,构成流线形、波浪形、S 形、直线形的各种具有强烈韵律感的空间(图 21)。

图 21　行道树构造韵律视觉廊道功能

1.3.4 文化隐喻

道路绿化是城市的"门厅""过道",是城市形象的一面旗帜。可通过植物的选用以及植物的组合形成不同的图案,表达特有的思想,隐喻一定的文化内涵。

(1)体现地域性特色

道路绿化植物的选择一般都具有浓郁的地域特色,多以当地乡土树种为主,不仅能达到适地适树的要求,而且代表了一定的地域风情和植被文化。如椰子树被视为典型的南国风光代表。在以北京为代表的北方城市中,道路绿化多以高大挺拔的杨、柳、榆、槐为骨干树种,搭配松柏等常绿树种,并点缀大量的花灌木,体现雄浑壮美、四季分明的北国风光。

(2)彰显文化内涵

道路植物景观的文化内涵包括两方面的含义:一是植物文化;二是城市文化。许多植物被赋予了人格化的品格或独特的象征意义,如松、竹、梅为"岁寒三友";梅、兰、竹、菊寓意"四君子";玉兰、海棠、牡丹、桂花表示"玉堂富贵";桃花在民间象征幸福、交好运;垂柳依依,表示惜别及报春;桑和梓表示家乡等,因此植物的配置也能传达一定的文化信息。

1.3.5 经济功能

道路绿化在满足道路绿化的各种功能要求的同时,可种植果树、药材用树等经济林,既能使城市春夏之间繁花似锦、秋季果实累累,也可以增加经济收入。

2 行道树树种的选择、配置和形式

2.1 选择原则和要求

2.1.1 满足交通功能需要

以人为本,确保车辆行人安全原则。道路绿化应符合行人、行车视线和行车净空要求,达到庇荫、滤尘、减噪、利于诱导行车视线、减少驾驶员视觉疲劳的要求,在满足功能需要的同时,改善行车环境和条件,提高道路生态效应(图 22)。

图 22 行道树满足交通功能需要

2.1.2　适地适树

应依据道路的地形和周边环境选择行道树，充分考虑到路沿线建筑物、市政设施和人为活动对行道树的要求、限制和影响。因地制宜，选择抗性强、粗放管理的树种，且考虑环境绿化的季相和色彩变化(图 23)。

图 23　行道树适地适树功能

2.1.3　体现地方特色

以乡土树种为主，体现地方特色，并考虑植物多样性。要从道路绿地所处的自然环境、物候和地域特点出发，以乡土树种为主，与植物多样性相结合，体现地方特色。如道路绿化中“市树”的应用。运用植物的多样性营造景观的多样性(图 24)。

图 24　行道树体现地方特色功能

2.1.4　科学性与艺术性相结合

因地制宜，合理布局，结合周围环境和历史人文等多种因素，群落设计、复层栽植。在统一中求变化，重点突出，特色鲜明，以改善和美化环境，增加内涵，增彩添绿(图 25)。

图 25　行道树科学性与艺术性相结合功能

2.1.5　经济节约型

要保护道路沿线原有植物资源和自然生境。行道树选择、配置和绿化效果的体现上应与经济效益相结合，可操作性强，有利于节水、节能、降低养护管理成本（图 26）。

图 26　行道树经济节约型功能

2.2　行道树配置

在行道树的应用上，目前我国有“一板式”“两板式”“三板式”和“花园林荫道”等形式，大都在道路的两侧以整齐的行列式进行种植。如悬铃木有“行道树之王”的美称，故北自华北，南至华南，东自沿海，西至山城重庆都有种植。在配置上一般均采用规则式，其中又可分为对称式及非对称式。

2.2.1　考虑栽植位置和距离

一般行道树距车行道边缘的距离不应少于 0.7 m，以 1～1.5 m 为宜，树距房屋的距离不宜小于 5 m。树池通常约为 1.5 m 见方，在有条件处可用林带方式，带宽不应小于 1 m。植树坑中心与地下管道的水平距离最少应大于 1.5 m，必要时需适当修剪和搭设其他防护措施。

2.2.2 避免树种单一问题

行道树的配置应根据城市和道路区域的实际特点，确定道路的基调树种，并与其他树种合理搭配，避免树种过于单一的现象。在比较狭小的道路或繁华的街道应以种植落叶树为好，如银杏、鹅掌楸等树种。

2.3 行道树绿化的形式

2.3.1 城市道路路侧绿化形式

城市道路绿地植物景观应按照变化统一的原理进行植物配置，使道路整体有序、景观各异，把不同形态、大小的园林植物有机结合在一起，形成多层次变化的植物景观。以乔木为主的植物景观模式主要有以下几类。

(1)花境主题景观式

该模式主要表现形式是在绿篱前将各种生活型的小乔木、灌木以及地被草花材料精巧组合，形成局部范围内的主题性植物景观，营造亮点。由于是主题性景观，因此须在具有重要标识性的路段节点使用；为体现草花地被多样性，应保证每种植物栽植面积控制在 5 m^2 以下，这样能形成丰富多彩、变幻统一的主题景观模式。

(2)滨水绿篱乔木间隔式

滨河道路绿地，水岸线一带以安全性为根本，远离水体一方应采用通透性的配置，保证具有一定的透景空间。例如，昌平新城滨河森林公园在河流穿越道路的地段运用绿篱乔木交错的布置形式，邻近河道一侧满栽千屈菜，并用大叶黄杨、小叶黄杨、棣棠、月季等绿篱及地被进行空间分隔，保证了滨水空间的安全。造型大乔木垂柳、油松、栾树、刺槐、香花槐、桧柏等栽植于低矮灌木之上，人们透过树间空隙亦能欣赏到河道美景。此类绿地由于有河流穿越，绿化面积相应减少，宽度约 10 m，采用典型的行列规则式带状植物设计。

(3)大树色带微地形造景式

选择体量大、造型优的高大乔木作为主景观能够很好地突出重点地段的街景。该模式运用了园林设计中对比与强调等手法，一方面通过栽植体型较小的草花、灌木突出大树的景观效果；另一方面，将其所在地有意识地进行微地形改造，模拟“高处胜景”的手法，有效配合了植物景观设计意图的表达。

(4)绿篱密林结合乔木点缀式

道路路侧绿地设计要和周边公园绿地、居住区绿地等结合考虑。在背面是公园的情形下，道路植物设计还兼顾分隔道路和公园的作用。例如，道路临湖一侧可以选用造型优美的乔木树种，局部打开视线，路人可以透过树与树之间空隙隐约观赏湖景。

(5)彩叶灌木球密植式

该模式是以密林为背景，在密林前面自然式栽植灌木球和彩叶树种，例如可以栽植的灌木球有金叶女贞、胶东卫矛、棣棠等。不同规格的灌木球形成高低错落的层次，中间可以点缀彩叶树种，达到空间、色彩、质感等俱佳的效果。

2.3.2 高速公路路侧绿化形式

两侧预留绿化带的绿化是高速公路绿化景观效果表现的重点之一，绿化手法应因地制宜，追求自然，从而淡化高速公路与两侧的界线，将高速公路与周围环境融为一体。

(1)观赏式

在高速公路途径地形平坦开阔区域时,两侧绿化应体现园林化特点,乔灌草立体布局,常绿与阔叶有机搭配,充分展示错落的层次与丰富的季相变化。配置形式多为:以2～3行大乔木为主体,结合观花或观叶小乔木、花灌木或彩叶灌木、宿根花卉、常绿草本、地被植物及草花等。

(2)水体式

在水网密布区域,高速公路会经常穿越河、湖、池塘等水体。微波荡漾的水面本身就是一道亮丽的自然景致,应留出足够的观景空间,利用原来的水体,在周边点缀反映当地特色而又能很好体现水体秀丽景色的植物。

(3)隔离式

高速公路的建设由于需要占用大量的农田,为节约耕地,故两侧绿化带用地受到严格限制。没有树木的天然屏障,为防止行人进入公路区域,多设有铁丝网状的隔离栅。为降低维护成本,可使用植物刺篱防护带代替隔离栅。刺篱篱墙植物配置组合的基本原则是:选择1～2种分枝密、刺多而尖锐的篱墙植物作为禁入功能强的主题树种,如野蔷薇、黄刺玫等;选择2～4种常绿、有花、净化功能好的藤本植物或观叶、观花、观果的小灌木作为搭配树种。

(4)防护林式

在以农业为主的区域,高速公路两侧绿化带应采用防护林式,即种植4～6行大乔木,其中以落叶阔叶树种为背景,加1～2行常绿针叶乔木,形成树形、色彩及质感对比,与当地农田林网相协调。

(5)特色植物种植式

不同的地区有着不同的特色植物,高速公路绿化应充分利用这些植物资源,营造出反映当地一定历史文化内涵或风情的独特景观。

3　行道树种植地案例概况

昌平为北京市辖区,位于北京市西北部。区域地理坐标介于东经115°50′17″～116°29′49″、北纬40°2′18″～40°23′13″,北与延庆区、怀柔区相连,东邻顺义区,南与朝阳区、海淀区毗邻,西与门头沟区和河北省怀来县接壤。全区总面积1 352 km^2,耕地面积28万亩。

昌平区属暖温带,半湿润大陆性季风气候。春季干旱多风,夏季炎热多雨,秋季凉爽,冬季寒冷干燥,四季分明。年平均日照时数2 684 h,年平均气温11.8℃,年平均降水量550.3 mm。

昌平区域内地势由西北向东南逐渐形成一个缓坡倾斜地带。西部、北部为山区、半山区,以南口及居庸关为界,西部山区统称西山,属太行山脉;北部山区称军都山,属燕山山脉。山区海拔400～800 m,最高峰(高楼峰)海拔1 439.3 m。最著名的山脉有天寿山、银山、龙泉山、叠翠山、虎峪山等,层叠交错,为高山、峡谷、悬崖、陡壁等丰富的地貌特征。

昌平北部山区岩性主要是花岗岩、白云质灰岩和片麻岩。土质为岩石风化形成的薄层褐土,适于发展林果业。南部平原为第四纪冲积物上形成的厚层潮土,适宜种植各种农作物。

4 园林树木的土、肥、水管理

以下介绍园林树木的土、肥、水管理，为行道树养护提供参考。

4.1 园林树木的土壤管理

土壤的质量直接关系着园林树木的生长好坏。土壤管理结合园林工程的地形地貌改造，有利于增强园林景观的艺术效果，并能防止和减少水土流失与尘土飞扬的发生。园林树木土壤管理的任务就在于，通过多种综合措施来提高土壤肥力，改善土壤结构和理化性质，保证园林树木健康生长所需养分、水分、空气的不断有效供给。

4.1.1 土壤物理改良

合理的土壤耕作可改善土壤的水分和通气条件，促进微生物活动，加快土壤的熟化进程，使难溶性营养物质转化为可溶性养分，从而提高土壤肥力；也为根系提供更广的伸展空间，以保证树木随着年龄的增长对水、肥、气、热的不断需要。

(1)深翻熟化

深翻就是对园林树木根区范围内的土壤进行深度翻垦。深翻可改善土壤的理化形状，促进根系生长。深翻一般在秋季结合秋施基肥进行，有利于根系恢复，对树体损伤小。

深翻深度以深于树木主要根系分布层为度，行道树的树池土层薄、土质较黏重或地下水位较低时，深翻深度宜深一些；平地沙质土壤，且土层深厚，深翻可适当浅些。

土壤深翻的效果能保持多年，一般情况下，黏土、涝洼地深翻后容易恢复紧实，因而保持年限较短，可每1～2年深翻一次；而地下水位低，排水良好，疏松透气的沙壤土，保持时间较长，则可每3～4年深翻一次。

园林树木深翻方式主要有树盘深翻与行间深翻两种。树盘深翻是在树木树冠边缘，于地面的垂直投影线附近挖取环状深翻沟，有利于树木根系向外扩展；行间深翻则是在两排树木的行中间，沿列方向挖取长条形深翻沟，达到了对两行树木同时深翻的目的。

各种深翻均应结合施肥和灌溉进行。深翻时，最好将上层肥沃土壤与腐熟有机肥拌和，填入深翻沟的底部，以改良根层附近的土壤结构，为根系生长创造有利条件，而将新土放在上面，促使新土迅速熟化。

(2)中耕通气

中耕可以减少土壤水分蒸发，防止土壤泛碱，改良土壤通气状况，促进土壤微生物活动，有利于难溶性养分的分解，提高土壤肥力。中耕深度一般大苗6～10 cm，小苗2～3 cm，过深易伤根，反之则起不到中耕的作用。中耕是一项经常性工作，中耕次数应根据当地的气候条件、树种特性以及杂草生长状况而定。土壤中耕大多在生长季节进行，如为消除杂草，在杂草出苗期和结实期中耕效果较好。一般每年土壤的中耕次数要达到2～3次，在土壤灌水之后，要及时中耕。

(3)客土

为了某种特殊要求，某些苗木种类要在苗圃地栽植，而该苗圃地土壤又不适合苗木生长时，可以给它换土栽培，即“客土”。一般偏沙土壤可以结合深翻掺一些黏土，偏黏土壤可以掺一些沙土，或在树木的栽植穴中换土。

(4)培土

培土是在树木生长地添加部分土壤基质，以增加土层厚度，保护根系，补充营养，改良土壤结构。北方寒冷地区一般在晚秋初冬进行，可起到保温防冻、积雪保墒的作用。土质黏重的应培含沙质较多的肥土，沙质土壤可培塘泥、河泥等较黏重的土壤。

4.1.2 土壤化学改良

(1)施肥改良

有机肥又称完全肥料或迟效性肥料，多做基肥使用。生产上常用的有机肥有堆肥、禽类粪、鱼肥、人粪尿、土杂肥、绿肥等，这些有机肥均应经过腐熟发酵才可使用。有机肥料不仅能供给植物所需的营养元素和某些生理活性物质，还能增加土壤的腐殖质；可增加土壤的孔隙度，改良黏土的结构，提高土壤保肥保水能力，缓冲土壤的酸碱度，从而改善土壤的水、肥、气、热状况。施肥改良常与土壤的深翻工作结合进行。

(2)土壤酸碱度调节

土壤的酸碱度与园林树木的生长发育密切相关，主要影响土壤养分物质的转化与有效性，以及土壤微生物的活动和土壤的理化性质。

绝大多数园林树木适宜中性至微酸性的土壤。我国南方城市的土壤 pH 偏低，北方偏高，所以，土壤酸碱度的调节是一项十分重要的土壤管理工作。

①土壤酸化

对偏碱性的土壤进行必要处理，使之 pH 降低，符合酸性园林树种生长需要，即土壤酸化。目前，土壤酸化主要通过施用释酸物质进行调节，如施用有机肥料、生理酸性肥料、硫黄等，通过这些物质在土壤中的转化，产生酸性物质，降低土壤的 pH。

②土壤碱化

对偏酸的土壤进行必要处理，使之 pH 提高，符合一些碱性树种生长需要，即土壤碱化。土壤碱化的常用方法是向土壤中施加石灰、草木灰等碱性物质，以石灰应用较普遍。

(3)土壤疏松剂改良

土壤疏松剂可大致分为有机、无机和高分子三种类型。它们的功能分别表现在，膨松土壤，提高置换容量，促进微生物活动；增多孔穴，协调保水与通气、透水性；使土壤离子团粒化。

目前，我国大量使用的疏松剂以有机类型为主，如泥炭、锯末粉、谷糠、腐叶土、腐殖土等，这些材料来源广泛，价格便宜，效果较好，但在运用过程中要注意腐熟，并在土壤中混合均匀。

4.1.3 土壤生物改良

(1)植物改良

植物改良主要指通过种植地被植物来达到改良土壤的目的。所谓地被植物是指那些低矮的(高度在 50 cm 内)，铺展能力强，能生长在城市园林绿地植物群落底层的一类植物。地被植物在园林绿地中的应用，一方面能改善土壤结构，降低蒸发，控制杂草丛生，减少水、土、肥流失与土温的日变幅等，有利于园林树木根系生长；另一方面，地面有地被植物覆盖，可避免地表裸露，防止尘土飞扬，丰富园林景观。因此，地被植物覆盖地面，是一项行之有效的生物改良土壤措施，效果显著。

地被植物要求适应性强，有一定的耐阴、耐践踏能力，根系有一定的固氮力，枯枝落叶易于腐熟分解，覆盖面大，繁殖容易，有一定的观赏价值。

(2)动物改良

土壤中的蚯蚓,对土壤团粒结构的形成及土壤通气状况的改善都有很大益处。土壤中有些生物繁殖快,活动性强,能促进岩石风化和养分释放,加快动植物残体的分解,有助于营养物质转化,所以,利用有益动物也是改良土壤的好办法。

微生物肥料也称菌肥,又称微生物接种剂。它含有大量有益微生物,施入土壤后,或能固定空气中的氮素,或能活化土壤中的养分,改善植物的营养环境,或在微生物的生命活动过程中,产生活性物质,刺激植物生长。

4.2 园林树木的水分管理

水分管理是根据各类园林树木对水分要求,通过多种技术和手段,来满足其对水分的合理需求,保障水分的有效供给,达到园林树木健康生长的目的,同时节约水资源。

4.2.1 园林树木需水特性

制订合理的灌溉方案,合理安排灌溉工作,确保园林树木的健康生长,要求正确全面认识树木的需水特性。

(1)园林树木种类与需水特性

不同的园林树木种类、不同的品种需水情况不同。一般来说,生长速度快,生长期长,花、果、叶量大的种类需水量大,反之则小。通常乔木比灌木,常绿树种比落叶树种,阳性树种比阴性树种,浅根性树种比深根性树种,中生、湿生树种比旱生树种需要较多的水分。要注意需水量大的种类不一定需要土壤常湿,需水量小的也不一定要土壤常干,苗木的耐旱力与耐湿力并不完全是相反的。

(2)生长发育阶段与需水特性

在树木的一生中,种子萌发时必须吸收足够的水分,以便种皮膨胀软化,此时需水量大;幼苗时期,苗木的根系细弱,分布浅,抗旱力差,需水量小,但要经常保持湿润状态;以后随着树体增大,根系的发达,总需水量增加,对水分的适应能力也有所增强。在一年当中,生长季节的需水量要大于休眠期,秋冬季节大多数树木处于休眠状态,这时要少浇水或不浇水,防止烂根;春季气温回升,随着树木开始生长,其需水量也逐渐变大。

(3)栽植年限与需水特性

栽植年限越短需水量越大,刚刚栽植的园林树木,受损根系还没有恢复吸收功能,短时间内根系必须借助灌水才能与土壤紧密接触,这时要经常多次灌水,才能保证成活。如果是常绿树种,还有必要对枝叶进行喷雾。树木定植经过一定年限后,进入正常生长阶段,地上部分与地下部分间建立起了新的平衡,需水的迫切性会逐渐下降,就不需经常浇水。

(4)立地条件与需水特性

生长在不同地区的园林树木,受当地的气候、地形、土壤等的影响,需水状况差别很大。气温高、光照强、空气干燥而且风大的地方,树木的蒸腾作用就强,其需水量就大,反之则小。土壤的质地、结构与灌水密切相关。如沙土,保水性较差,应“小水勤浇”,较黏重土壤保水力强,灌溉次数和灌水量均应适当减少。若种植地面经过了铺装,或对有人践踏严重,透水差,还应给予经常性的在叶面喷雾,以补充土壤水分的不足。

(5)管理措施与需水特性

管理措施对园林树木的需水情况有较多影响。一般说来,经过了合理的深耕、中耕、客土,施用丰富有机肥料的土壤，其结构性能好，可以减少土壤水分的消耗，土壤水分的有效性高，能及时满足树木对水分的需求，因而灌水量较小。

(6)园林树木用途与需水特性

园林绿化的灌溉工作因受水源、灌溉设施、人力、财力等因素限制，常常难以对全部树木进行同等的灌溉，而要根据园林树木的用途来圈定灌溉的重点。一般灌水的优先对象是观花灌木、珍贵树种、孤植树、古树名木等观赏价值高的树木以及新栽树木。

4.2.2 园林树木灌溉技术

(1)灌水时期

正确的灌水时期对灌溉效果以及水资源的合理利用都有很大影响。理论上讲，科学的灌水是适时灌溉，也就是说在树木最需要水的时候及时灌溉。根据林业生产管理实际，不妨将树木灌水时期分为以下两种类型：

①干旱性灌溉

干旱性灌溉是指在发生土壤、大气严重干旱，土壤水分难以满足树木需要时进行的灌水。在我国，这种灌溉大多在久旱无雨，高温的夏季和早春等缺水时节，此时若不及时供水就有可能导致树木死亡。

根据土壤含水量和树木的萎蔫系数确定具体的灌水时间是较可靠的方法。一般认为，当土壤含水量为最大持水量的60%～80%时，土壤中的空气与水分状况，符合大多数树木生长需要，因此，当土壤含水量低于最大持水量的60%以下，就应根据具体情况，决定是否需要灌水。

所谓萎蔫系数就是因干旱而导致园林树木外观出现明显伤害症状时的树木体内含水量。萎蔫系数因树种和生长环境不同而异，一般可以通过栽培观察实验，很简单地测定各种树木的萎蔫系数，为确定灌水时间提供依据。要注意，不能等到树木已显露出缺水影响时才开始灌水。

②管理性灌溉

管理性灌溉是根据园林树木生长发育需要，在某个特殊时段进行的灌水。例如，在栽植树木时，要浇大量的定根水；在我国北方地区，树木休眠前要灌“冻水”；许多树木在生长期间，要浇花前水、花后水、花芽分化水等。管理性灌溉的时间主要根据树种自身的生长发育规律而定。

灌水的时期应根据树种、气候、土壤及季节等条件而定。具体灌溉时间则因季节而异，夏季灌溉应在清晨和傍晚，此时水温与地温接近，对根系生长影响小；冬季因早晨气温较低，灌溉宜在中午前后。

(2)灌水量

树种、品种、土质、气候、植株大小、生长发育时期等对灌水量都有影响。灌水需要一次灌透灌足，应渗透至土壤的80～100 cm的深处，达到土壤最大持水量的60%～80%。

(3)灌水方法

灌水的方法影响灌水效果，正确的灌水方法，有利于水分在土壤中均匀分布，充分发挥水效，节约用水量，降低灌水成本，减少土壤冲刷，保持土壤的良好结构。

①分区灌溉

把树划分成许多长方形或正方形的小区进行灌溉。缺点是土壤表面易板结，破坏土壤结构，费劳力且妨碍机械化操作。

②沟灌

一般应用于高床和高垄作业，水从沟内渗入床内或垄中。此法是我国地面灌溉中普遍应用的一种较好的灌水方法。优点是土壤浸润较均匀，水分蒸发量与流失量较小，防止土壤结构破坏，土壤通气良好。

③树盘灌溉

灌溉时，以树干为圆心，在树冠边缘投影处围成树盘，进行灌水。此法能防止因灌水过多使土壤产生次盐渍化，土壤不板结，并能防止水土流失，工作效率高，节省劳力，所以广泛用于园林苗圃、园林。

④滴灌

滴灌是将灌水主管道埋在地下，支管伸出地面，支管上有滴孔，水缓慢滴入土壤中，水的利用率可达95%。其不足之处是滴头易结垢和堵塞，因此，应对水源进行严格的过滤处理。滴灌可以结合施肥，提高肥效一倍以上。

⑤渗灌

渗灌是一种地下灌水方式，其主要组成部分是地下管道系统。地下管道系统包括输水管道和渗水管道两大部分。输水管道两端分别与水源和渗水管道连接，将灌溉水输送至灌溉地的渗水管道，水通过渗水管道上的小孔渗入土壤中。

4.2.3 园林树木的排水

(1)排水的必要性

土壤中水分含量与空气含量互为消长。排水的作用是减少土壤中多余的水分，增加土壤中空气含量，促进土壤空气与大气的交流，加快有机质的分解，改善树木营养状况，使土壤的理化形状全面改善。

(2)排水的条件

树木生长在低洼地，当降雨强度大时，汇集大量地表径流，且不能及时渗透，而形成季节性涝湿地。

土壤结构不良，渗水性差，特别是土壤下面有坚实的不透水层，阻止水分下渗，形成过高的假地下水位。

园林绿地临近江河湖海，地下水位高或雨季易遭淹没，形成周期性的土壤过湿。

有一些盐碱地区，土壤下层含盐量高，不及时排水洗盐，盐分会随水的上升而达到表层，造成土壤次生盐渍化，对树木生长很不利。

(3)排水方法

园林绿地的排水系统是一项专业性的基础工程，在园林规划及土建施工时应统筹安排，建好畅通的排水系统。园林树木的排水通畅有四种方法。

①明沟排水

明沟排水是在地面上挖掘明沟，排除径流。它常由小排水沟、支排水沟以及主排水沟等组成一个完整的排水系统，在地势最低处设置总排水沟。

②暗沟排水

暗沟排水是在地下埋设管道，形成地下排水系统，将地下水降到要求的深度。暗沟排水系统与明沟排水系统基本相同，也有干管、支管和排水管之别。

③滤水层排水

滤水层排水实际就是一种地下排水方法。它是在低洼积水地以及透水性极差的地方栽种树木，或对一些极不耐水湿的树种，在栽植树木前，就在树木生长地土壤下面填埋一定深度的煤渣、碎石等材料，并在周围设置排水孔，当遇有积水时，就能及时排出。

④地面排水

这是目前使用较广泛、经济的一种排水方法。它是通过道路、广场等地面，汇聚雨水，然后集中到排水沟，从而避免绿地树木遭受水淹。

4.3 园林树木的营养管理

园林树木生长过程中，需要多种营养元素。正确的施肥，才能确保园林树木健康生长，增强树木抗逆性，延缓树木衰老，花繁叶茂。

4.3.1 科学施肥的依据

(1)根据树木营养状况、种类、用途合理施肥

不同树种，需肥量不同。根据树体营养诊断结果进行施肥，能使树木的施肥达到合理化、指标化和规范化。开花结果多的大树应较开花结果少的小树需肥量大，树势衰弱的也应多施肥。对行道树、庭荫树、绿篱树种施肥，应以饼肥、化肥为主；郊区绿化树种可更多地施用人粪尿和土杂肥。

(2)根据生长发育阶段合理施肥

树木生长旺盛期需肥量大；生长旺盛期以前或以后需肥量相对较小；在休眠期几乎不需肥。营养生长阶段，树木对氮素的需求量大；开花、结果阶段则以磷、钾为主，所以，一年中生长前期主要施氮肥，生长后期要控制氮肥量，增加磷、钾肥的量。

(3)根据土壤条件合理施肥

土壤温度、土壤养分和水分含量、土壤酸碱度、土壤结构等均对树木的施肥有很大影响。低温，一方面减慢土壤养分的转化，另一方面削弱树木对养分的吸收功能。

(4)根据养分性质合理施肥

养分性质不同，影响施肥的时期、方法、施肥量。一些易流失挥发的速效性肥料，如碳酸氢铵、过磷酸钙等，宜在树木需肥期前施入，而有机肥，腐烂分解后才能被树木吸收利用，故应提前施入。

4.3.2 常用肥料种类和性质

(1)有机肥

园林树木常用的肥料很多，可分为有机肥和无机肥。有机肥如堆肥、绿肥、饼肥、腐殖质、人粪尿等，含有多种元素，又称为完全肥料，可以长期缓慢供给植物营养。

(2)无机肥

由物理或化学方法制成，其养分形态为无机盐或化合物，又被称为化学肥料(化肥)、矿质肥料。无机肥主要包括氮肥、磷肥、钾肥。

4.3.3 施肥时期

(1)基肥施肥时期

以有机肥为主。有机肥是较长时期供给树木多种养分的基础性肥料，如腐殖酸类肥料、堆

肥、圈肥、粪肥、鱼肥、骨粉及植物枯枝落叶等。基肥一般在树木生长期开始前施用，通常有栽植前、春季萌芽前和秋季施基肥。基肥以秋施为好，此时正值根系生长高峰，切断一些小细根，起到根系修剪的作用，可促进发新根，有利于翌年春季萌芽、开花和新梢早期生长。

(2)追肥施肥时期

追肥又叫补肥。基肥肥效发挥平稳缓慢，当树木需肥急迫时就必须及时补充肥料，才能满足树木生长发育需要。追肥一般多为速效性无机肥，并根据园林树木一年中各物候期特点来施用。追肥次数和时期与气候、土质、树龄等有关。高温多雨地区或沙质土，肥料易流失，追肥宜少量多次；反之，追肥次数可适当减少。观花灌木、庭荫树、行道树以及重点观赏树种，每年可在生长期进行 2～3 次追肥，土壤追肥与根外追肥均可。

4.3.4 施肥量

施肥量过多，树木不能吸收，既造成肥料的浪费，有可能使树木遭受肥害；施肥量不足，达不到施肥目的。施肥量受许多因素的影响，如树种习性、物候期、树体大小、树龄、土壤与气候条件、肥料的种类、施肥时间与方法、管理技术等，难以制定统一的施肥量标准。

施肥量指标有许多不同的观点，一些地方，以树木每厘米胸径 0.5 kg 的标准作为计算施肥量的依据。

4.3.5 施肥方法

(1)土壤施肥

土壤施肥就是将肥料直接施入土壤中，肥料通过树木根系被吸收。它是园林树木主要的施肥方法。土壤施肥必须根据根系分布特点，将肥料(有机肥)施在吸收根分布区附近，才能被根系吸收利用，充分发挥肥效，并引导根系向外扩展。

施肥深度和范围还与树种、树龄、土壤和肥料种类等有关。深根性树种、沙地、坡地、基肥以及移动性差的肥料等，施肥时，宜深不宜浅，相反，可适当浅施；随着树龄增加，施肥时要逐年加深，并扩大施肥范围，以满足树木根系不断扩大的需要。

(2)叶面施肥

叶面施肥实际上就是把配制好的一定浓度的肥料溶液，直接喷雾到树木的叶面上。肥料通过叶面气孔和角质层被吸收后，转移运输到树体各个器官。叶面施肥具有用肥量小，吸收见效快，在缺水季节或缺水地区以及不便土壤施肥的地方均可采用叶面施肥，该方法还特别适合于微量元素的施用以及对树体高大，根系吸收能力衰竭的古树、大树的施肥。

(3)枝干施肥

枝干施肥就是通过树木枝、茎的韧皮部来吸收肥料营养，它吸肥的机理和效果与叶面施肥基本相似。枝干施肥大致有枝干涂抹和枝干输液两种方法，前者是先将树木枝干刻伤，然后在刻伤处加上固体药棉，后者是用专门的输液设备给枝干补充营养。

5 行道树的栽培与修剪

根据园林树木的生长于发育特征、生长环境和栽培目的的不同，对树木进行适当的整形修剪，具有调节植株的长势，防止徒长，延缓衰老，促进开花结果等作用。修剪时还要讲究树体造型，使叶、花、果所组成的树冠相映成趣，并与周围的环境相得益彰，以创造协调美观的景致来满足人们观赏的需要。

5.1 垂柳

【科属】杨柳科柳属(图 27)。

【产地分布】产于长江流域与黄河流域,其他各地均有栽培,在亚洲、欧洲、美洲各地均有引种。

【形态特征】落叶乔木,高达 12～18 cm,树冠开展而疏散。树皮灰黑色,不规则开裂;枝细,下垂。叶狭披针形或线状披针形,先端长渐尖,基部楔形两面无毛或微有毛,上面绿色,下面色较淡,叶缘有细锯齿。花序先叶开放,或与叶同时开放。花期 3—4 月,果期 4—5 月。

【生长习性】喜光,喜温暖湿润气候及潮湿深厚的酸性及中性土壤。较耐寒,特耐水湿,但亦能生于土层深厚之高燥地区。萌芽力强,根系发达,生长迅速。对有毒气体有一定的抗性,并能吸收二氧化硫。

【园林应用前景】垂柳因柳絮繁多,城市行道树应选择雄株为好,多用雄株的健壮枝条扦插繁殖。移植应在落叶后至早春萌芽前进行,栽植后立即浇水并立支柱固定。垂柳生长迅速,需大量的水分、肥料,所以应勤施肥,多浇水。

【栽培管理】垂柳苗一般较高大,在定植前将 1 年生顶端短截,短截强度掌握"壮则从轻,弱则宜重"即可。主干高度 1/3 以下的枝条全部剪掉。其上部枝条可选择 2～3 条健壮、错落分布的作为主枝,其余枝条健壮的要疏除,细弱的缓放。主枝维持在 5 条左右,干高达到一定高度时期即可停止修剪。

【整形修剪】垂柳在生长过程中,不容易控制,常常长弯。要使垂柳长直,关键在于修剪。一年生苗的修剪:一年生苗如果不到 1 m 或形状不好,翌年早春应短截成 10 cm 左右,只留一个主枝,其余侧枝全部剪除。一年生苗长至 2～3 m 时,不能剪除全部的侧枝,否则树就容易变弯。可以去除病枝或短截侧枝,使养分供给平衡。这样,树的侧枝虽然多,但树长直了。二年生苗的修剪:二年生苗可剪除下部的侧枝,上部的侧枝进行短截。

图 27 垂柳

5.2 馒头柳

【科属】杨柳科柳属(图 28)。

【产地分布】东北，华北，西北，华东。北京园林中常见栽培。

【形态特征】落叶乔木，高达 18 m，胸径达 80 cm。大枝斜上，树冠广圆形；枝细长，直立或斜展。芽微有短绒毛。叶披针形，先端长渐尖，基部窄圆形或楔形，上面绿色，有光泽，下面苍白色或带白色，有细腺锯齿缘。花序与叶同时开放；雄花序圆柱形，花药卵形，黄色；苞片卵形，黄绿色。花期 4 月，果期 4—5 月。

【生长习性】阳性，喜温凉气候，耐污染，速生，耐寒，耐湿，耐旱。在固结、黏重土壤及重盐碱地上生长不良。不耐荫蔽，喜水湿又耐干旱。

【园林应用前景】馒头柳枝条柔软，树冠丰满，是中国北方常用的庭荫树、行道树。也可孤植、丛植及列植。常栽培在河湖岸边或孤植于草坪，对植于建筑两旁。亦用作公路树、防护林及沙荒造林，农村"四旁"绿化等。是早春蜜源树种。

【栽培管理】主要用扦插繁殖。移栽宜在冬季落叶后至春季萌芽前进行，裸根栽植。移栽后浇透水，设立支架固定。日常管理中注意干旱季节及时浇水。

【整形修剪】馒头柳以多主枝开心形为基本树形。冬季修剪时注意调整主枝长势，形成主枝明显，侧枝层次清楚的圆形树冠。

图 28　馒头柳

5.3　龙爪槐

【科属】豆科槐属(图 29)。

【产地分布】南北各地广泛栽植，华北和黄土高原地区尤为多见。

【形态特征】龙爪槐是国槐的芽变品种，落叶乔木，高达 25 m，小枝柔软下垂，树冠常呈伞状。羽状复叶，对生或近互生，纸质，卵状披针形或卵状长圆形，先端渐尖，基部宽楔形或近圆形。圆锥花序顶生，常呈金字塔形；花冠白色或淡黄色。花期 7—8 月，果期 8—10 月。

【生长习性】喜光，稍耐阴。能适应干冷气候。喜生于土层深厚、湿润肥沃、排水良好的沙质土壤。深根性，根系发达，抗风力强，萌芽力亦强，寿命长。对二氧化硫、氯气等有毒气体及烟尘有一定抗性。

【园林应用前景】龙爪槐姿态优美，是优良的园林树种。宜孤植、对植、列植。观赏价值高，故园林绿化应用较多，常植于门庭、道旁、草坪中；或作庭荫树观赏。

【栽培管理】龙爪槐常用胸径 5～10 cm 的国槐作砧木高接繁殖。栽培以湿润的壤土或沙质壤土为佳，排水良好，生长盛期每1～2个月施肥1次，冬季落叶后整形修剪。

【整形修剪】龙爪槐的伞状造型若想达到理想的形状和大小，修剪至关重要。夏季修剪在生长旺盛期间进行，要将当年生的下垂枝条短截2/3或3/4，扩大树冠。冬剪要剪除病死枝以及内膛细弱枝、过密枝，再根据枝条的强弱将留下的枝条在弯曲最高点处留上芽短截。

图29　龙爪槐

5.4　榆树

【科属】榆科榆属(图30)。

【产地分布】生于海拔1 000～2 500 m及以下之山坡、山谷、川地、丘陵及沙岗等处。长江下游各地有栽培。也为华北及淮北平原农村的常见树木。

【形态特征】落叶乔木，在贫瘠之地长成灌木状；幼树树皮平滑，灰褐色或浅灰色，大树树皮暗灰色，不规则深纵裂，粗糙。翅果近圆形。花期3—4月，果期4—5月。

【生长习性】阳性树种，喜光，耐旱，耐寒，耐瘠薄，不择土壤，适应性很强。根系发达，抗风力、保土力强。萌芽力强，耐修剪。不耐水湿。具抗污染性，叶面滞尘能力强。

图30　榆树

【园林应用前景】榆树是良好的行道树、庭荫树、工程绿化、营造防护林和四旁绿化树种，也是抗有毒气体较强的树种。唯病虫害较多。

【栽培管理】榆树主要采用播种繁殖，也可用分蘖、扦插法繁殖。移植一般在秋季落叶后至春季萌芽前进行，裸根移植，要尽量多带根。

【整形修剪】在树体结构形态基本符合要求的基础上，运用短截、疏枝等技术，使树木的整形更加完善。冬春季在榆树发芽前短截主干，疏除过密枝。

5.5 二球悬铃木

【科属】悬铃木科悬铃木属(图 31)。

【产地分布】原产欧洲，现广泛植于世界各地，中国也广泛栽培。

【形态特征】别名英国梧桐，落叶大乔木，高 30 余 m，树皮薄片状不规则剥落，皮内淡绿白色，平滑；嫩枝叶密，被褐黄色星状毛。叶大如掌，3～5 裂，中裂片长宽近相等，叶缘有不规则大尖齿。雌雄同株，头状花序。果球形，常 2 个生于 1 个果柄上。花期 4—5 月，果熟 9—10 月。

【生长习性】喜光，喜湿润温暖气候，较耐寒，不耐阴。生于微酸性或中性、排水良好的土壤，微碱性土壤虽能生长，但易发生黄化。抗空气污染能力较强。

【园林应用前景】二球悬铃木是世界著名的城市绿化树种、优良庭荫树和行道树，有“行道树之王”之称，以其生长迅速、株型美观、适应性较强等特点广泛分布于全球的各个城市。

【栽培管理】悬铃木常用扦插和播种两种形式育苗。栽植时选择微酸性或中性、排水良好的土壤，微碱性土壤虽能生长，但易发生黄化。悬铃木栽植成活率高，移植宜在秋季落叶后至春季萌芽前进行，可裸根移植。根系浅，不耐积水，注意栽植地的地下水位高低。

【整形修剪】悬铃木作行道树时常用杯状树形，作庭荫树常用自然形。当苗木达一定高度即可定干，在主干上选 3～4 个主枝，注意控制枝下高，主枝短截在饱满芽处。

图 31　二球悬铃木

5.6 银杏

【科属】银杏科银杏属(图 32)。

【产地分布】银杏的栽培区甚广，北自东北沈阳，南达广州，东起华东海拔 40～1 000 m 地带，西南至贵州、云南西部海拔 2 000 m 以下地带均有栽培。

【形态特征】落叶乔木，高达 40 m，胸径可达 4 m。叶扇形，有长柄，淡绿色，在短枝上具波状缺刻，在长枝上常 2 裂，幼树及萌生枝上的叶常深裂。花雌雄异株，稀同株。种子具长梗，下垂，常为椭圆形、长倒卵形。花期 4 月，果期 10 月。

【生长习性】银杏为阳性树，喜适当湿润而排水良好的深厚壤土，适于生长在水热条件比较优越的亚热带季风区。在酸性土、石灰性土中均可生长良好，而以中性或微酸土最适宜，不耐积水之地，较能耐旱，但在过于干燥处及多石山坡或低湿之地生长不良。

【园林应用前景】由于银杏树体高大，秋季落叶前变为黄色，常作为行道树，或庭院孤植观赏。

【栽培管理】银杏可用播种、扦插、嫁接、分株法育苗。银杏喜光、寿命长，应选择土层厚、土壤湿润肥沃、排水良好的中性或微酸性土为好。银杏可裸根栽植，胸径 6 cm 以上的大苗要带土球栽植。以秋季带叶栽植及春季发叶前栽植为主，秋栽比春栽好。

【整形修剪】银杏因主干发达，顶端优势强，放任生长，易形成自然圆锥形树形，作行道树注意疏除主干基部枝条，控制枝下高。

图 32　银杏

5.7　泡桐

【科属】玄参科泡桐属(图 33)。

【产地分布】全国均有分布。

【形态特征】落叶乔木，但在热带为常绿。树冠圆锥形、伞形或近圆柱形，幼时树皮平滑而具显著皮孔，老时纵裂。花期 4—5 月，果期 10 月左右。

【生长习性】泡桐是阳性树种，最适宜生长于排水良好、土层深厚、通气性好的沙壤土或沙砾土，它喜土壤湿润肥沃，以 pH 6～8 为好，对镁、钙等元素有选择吸收的倾向，因此要多施氮肥，增施镁、钙、磷肥。适应性较强，但忌积水。

【园林应用前景】泡桐树态优美，花色绚丽，叶片分泌液能净化空气，常用于城市绿地、道路、工矿区等绿化，既供观赏，又可改善生态环境。

【栽培管理】泡桐繁殖容易，常用播种法和根插法繁殖。春秋两季均可移植，但以春季为好。苗木可裸根移植，定植后应对树干刷白以防日灼。泡桐管理粗放，但喜土壤湿润肥沃，多施氮肥，增施镁、钙、磷肥有利于生长。泡桐适应性强，在较瘠薄的低山、丘陵或平原地区均能生长。

【整形修剪】泡桐枝对生，枝常无顶芽，难保持主干通直生长。泡桐整形修剪常用的方法有抹芽法、平茬法、目伤截干法。

图 33　泡桐

5.8　合欢

【科属】豆科合欢属(图 34)。

【产地分布】产于我国黄河流域及以南各地。分布于华东、华南、西南。

【形态特征】别名绒花树、夜合花。落叶乔木,高达到 16 m,树冠开展;两回羽状复叶,羽片 4～12 对,栽培的有时达 20 对;小叶 10～30 对。花序头状,多数伞房状排列,腋生或顶生;花冠漏斗状,5 裂,淡红色;雄蕊多数而细长,雄蕊花丝犹如缕状,基部连合,半白半红,形似绒球,清香袭人。荚果扁平带状,长 9～15 cm。花期 6—7 月,果期 9—11 月。

【生长习性】性喜光,喜温暖湿润和阳光充足环境,对气候和土壤适应性强,宜在排水良好、肥沃的土壤生长。耐土壤瘠薄及轻度盐碱,对二氧化硫、氯化氢等有害气体有较强的抗性。但不耐水涝。

图 34　合欢

【园林应用前景】合欢花清奇,绿荫如伞,作绿荫树、行道树,或栽植于庭院水池畔等。在城市绿化中孤植或群植于小区、庭院、路边、建筑物前。

【栽培管理】小苗可在萌芽之前裸根移栽,大苗宜在春季萌芽前和秋季落叶之后带足土球移栽。移植后要及时浇水,设立支架,以防风倒伏。每年的秋末冬初时节施入基肥,促使来年生长繁茂;生长季可适当追施复合肥。合欢幼树怕积水,雨季注意排水。

【整形修剪】合欢萌芽力弱，不耐修剪。园林中的合欢，无论是道旁树，还是作为孤植、群植，宜采用自然开心形。

5.9 复叶槭

【科属】槭树科槭属(图 35)。

【产地分布】我国华北、东北、西北、江浙、华南地区均可栽植。

【形态特征】落叶乔木，最高达 20 m，树皮黄褐色或灰褐色。小枝圆柱形，当年生枝绿色，多年生枝黄褐色。羽状复叶，有 3～7 枚小叶；小叶纸质，卵形或椭圆状披针形，边缘常有 3～5 个粗锯齿，稀全缘。雄花的花序聚伞状，雌花的花序总状，均由无叶的小枝旁边生出，常下垂，花小，黄绿色，开于叶前，雌雄异株，无花瓣及花盘。花期 4—5 月，果期 9 月。

【生长习性】生长强健，适生范围广，喜光，耐寒，耐旱，生长能力强。

【园林应用前景】孤植、群植、做造型树均可，广泛用于庭院、公园、休闲场所。

【栽培管理】变种常用嫁接法繁殖。小苗可用裸根移栽，大苗或大树移栽要带土球。金叶复叶槭生长速度极快，因此栽植穴要大，底肥要足，保证水肥供应能满足其生长。每年春季和秋季要各浇一次返青水和冻水。雨季要做好排涝工作。

【整形修剪】复叶槭枝条对生，主枝培养要在生长季去掉一个对生枝，使主枝错落生长。金叶复叶槭直立性强，容易形成“大头”现象，造成枝干弯曲，因此，栽植时每株插入一根竹竿，将苗木绑缚在竹竿上。应及早进行定干，以形成良好的冠形。

图 35　复叶槭

5.10 西府海棠

【科属】蔷薇科苹果属(图 36)。

【产地分布】分布在各个地方。

【形态特征】别名小果海棠，栽培品种有河北的“八棱海棠”、云南的“海棠”等。落叶乔木，高可达 8 m；叶片椭圆形至长椭圆形，先端渐尖或圆钝，边缘有紧贴的细锯齿。花序近伞形，具花 5～8 朵；花瓣白色，初开时粉红色至红色。花期 4—5 月，果期 9 月。

【生长习性】喜光，耐寒，忌水涝，忌空气过湿，较耐干旱，对土质和水分要求不高，最适生于肥沃、疏松又排水良好的沙质壤土。

【园林应用前景】花色艳丽，多栽培于庭院供绿化用，不论孤植、列植、丛植均极为美观。新式庭院中，以浓绿针叶树为背景，植海棠于前列，色彩夺目，若列植为花篱，蔚为壮观。

【栽培管理】海棠通常以嫁接或分株繁殖。海棠栽植时期以早春萌芽前或初冬落叶后为宜。栽植前施足基肥，栽后浇透水。成活后每年秋施基肥，生长季追肥 3～4 次即可。

【整形修剪】西府海棠一般采用自然开心形，有时西府海棠也利用基部分枝形成丛状形。冬剪是维持适宜的株形，对于徒长枝可疏除。夏剪是疏除交叉枝、下垂枝、过密枝等，对长新梢可以摘心或剪梢，控制生长。

图 36　西府海棠

5.11　玉兰

【科属】木兰科木兰属(图 37)。

【产地分布】现北京及黄河流域以南都有栽培。

【形态特征】别名白玉兰，落叶乔木，高达 25 m，胸径 1 m，树冠宽阔；树皮深灰色，粗糙开裂；小枝梢粗壮，灰褐色；冬芽及花梗密被淡灰黄色长绢毛。叶纸质，倒卵形、宽倒卵形或倒卵状椭圆形。花蕾卵圆形，花先叶开放，直立，芳香；花梗显著膨大，密被淡黄色长绒毛；花被片 9 片，白色，基部常带粉红色。花期 2—3 月，果期 8—9 月。

【生长习性】玉兰性喜光，较耐寒，北京以南可露地越冬。爱干燥，忌低湿，栽植地渍水易烂根。喜肥沃、排水良好而带微酸性的沙质土壤，在弱碱性的土壤上亦可生长。在气温较高的南方，12 月至翌年 1 月即可开花。玉兰花对有害气体的抗性较强，对二氧化硫和氯气具有一定的抗性和吸硫的能力，因此，玉兰是很好的防污染绿化树种。

【园林应用前景】古时多在亭、台、楼、阁前栽植。现多见于园林、厂矿中孤植、散植，或于道路两侧作行道树。

【栽培管理】玉兰常用播种法繁殖。玉兰不耐移植，一般在萌芽前 10～15 天或花刚谢而未展叶时移栽较为理想。玉兰既不耐涝也不耐旱，新种植的玉兰应该保持土壤湿润。玉兰喜光，幼树较耐阴，不耐强光和西晒，可种植在侧方挡光的环境下，种植于大树下或背阴处则生长不良。玉兰较耐寒，能耐－20℃的短暂低温，但不宜种植在风口处，否则易发生抽条。在北京地区背风向阳处无须缠干等措施就可以在露地安全越冬。

【整形修剪】玉兰幼树期不需要特殊的整形，为促进幼树生长，幼时采用自然圆锥形，成年后改为自然圆头形。定植后的玉兰，干高一般不宜小于整个树体高度的1/3。修剪期应选在开花后及大量萌芽前，对于树冠内过密的弱小枝，可以适当疏剪，同时清除各种病枯枝、重叠枝与徒长枝。

图37　玉兰

5.12　碧桃

【科属】蔷薇科桃属(图38)。

【产地分布】现北京及黄河流域以南都有栽培。

【形态特征】别名千叶桃花，是桃的变种。落叶小乔木，高3～8 m；树冠宽广而平展；芽2～3个簇生，多中间为叶芽，两侧为花芽。叶片长圆披针形、椭圆披针形或倒卵状披针形，叶色多绿色，少有紫红色品种。花期3—4月，果期8—9月。

【生长习性】碧桃性喜阳光、耐旱，不耐潮湿的环境，喜欢气候温暖的环境，耐寒性较好。要求土壤肥沃、排水良好。不喜欢积水，如栽植在积水低洼的地方，容易出现死苗。

图38　碧桃

【园林应用前景】碧桃的园林绿化用途广泛，绿化效果突出。可列植、片植、孤植，当年既有特别好的绿化效果体现。碧桃常和紫叶李、紫叶矮樱等苗木一起使用，作庭院绿化点缀。

【栽培管理】碧桃用嫁接法繁殖，砧木用山毛桃。一般裸根栽植。碧桃喜干燥向阳的环境，故栽植时要选择地势较高且无遮阴的地点，不宜栽植于沟边及池塘边，也不宜栽植于树冠较大的乔木旁。碧桃耐旱，怕水湿，一般除早春及秋末各浇一次开冻水及封冻水外其他季节不用浇水。但在夏季高温天气，如遇连续干旱，适当的浇水是非常必要的。雨天还应做好排水工作，以防水大烂根导致植株死亡。

【整形修剪】幼树一般采取杯状形或自然开心形，成年碧桃要不断短截、回缩修剪，控制均衡各级枝的长势，通过疏剪使其分布合理，保持健壮圆满树形；要及时疏除交叉枝、细弱枝、病枯枝、伤残枝及不必要的徒长枝。

5.13 樱花

【科属】蔷薇科樱属(图 39)。

【产地分布】在中国北京、青岛、南京、南昌等城市庭院栽培。

【形态特征】樱花为落叶乔木或灌木。高 4～16 m，树皮灰色。叶片椭圆卵形或倒卵形，基部圆形，稀楔形，梗有尖锐重锯齿。单瓣类能开花结果，复瓣类多半不结果。核果成熟时肉质多汁，不开裂。花期 4 月，果期 5 月。

【生长习性】性喜阳光和温暖湿润的气候条件，有一定抗寒能力。对土壤的要求不严，但不耐盐碱土。根系较浅，忌积水低洼地。有一定的耐寒和耐旱力，不宜种植在有台风的沿海地带。

【园林应用前景】樱花常用于园林观赏，可大片栽植造成"花海"景观，可孤植或三五成丛，点缀于绿地，也可作小路行道树。

【栽培管理】以播种、扦插和嫁接繁育为主。南方在落叶后至萌芽前均可带土球移植，北方在早春土壤解冻后立即带土球移植。定植后苗木易受旱害，除定植时充分灌水外，以后 8～10 天灌水一次，保持土壤潮湿但无积水。樱花每年施肥两次，以酸性肥料为好。

【整形修剪】樱花常用自然开心形，树冠形成后，每年冬季短截主枝和侧枝的延长枝，使发长枝，扩大树冠；其余的枝条可疏密留稀，留下的缓放不剪，使产生短枝开花。

图 39　樱花

5.14 油松

【科属】松科松属(图 40)。

【产地分布】原产中国。自然分布辽宁、吉林、河北、河南、山西、陕西等地。

【形态特征】油松为常绿乔木，高达 25 m，胸径可达 1 m 以上；树皮灰褐色或褐灰色，裂成不规则较厚的鳞状块盘片，裂缝及上部树皮红褐色；枝平展或向下斜展，老树树冠平顶，小枝较粗，褐黄色。花期 4—5 月，球果第二年 10 月成熟。

【生长习性】油松为喜光、深根性树种，喜干冷气候，在土层深厚、排水良好的酸性、中性或钙质黄土上均能生长良好。

【园林应用前景】油松的枝干挺拔苍劲，分枝弯曲多姿，四季常青，树冠层次有别。常种植在人行道内侧或分车带中；或孤植、丛植在园林绿地，亦宜行纯林群植和混交种植。

图 40　油松

5.15　雪松

【科属】松科雪松属(图 41)。

【产地分布】北京、大连、青岛、上海、南京、武汉、昆明等地已广泛栽培作庭院树。

【形态特征】常绿乔木，树冠尖塔形，大枝平展，小枝略下垂。叶针形，长 8～60 cm，质硬，灰绿色或银灰色，在长枝上散生，短枝上簇生。10—11 月开花。球果翌年成熟，椭圆状卵形，熟时赤褐色。

图 41　雪松

【生长习性】在气候温和凉润、土层深厚排水良好的酸性土壤上生长旺盛。喜阳光充足，也稍耐阴。

【园林应用前景】雪松是世界著名的庭园观赏树种之一。它具有较强的防尘、减噪与杀菌能力。雪松树体高大，树形优美，最适宜孤植于草坪中央、建筑前庭之中心、广场中心或主要建筑物的两旁及园门的入口等处。列植于园路的两旁，形成甬道，亦极为壮观。

【整形修剪】雪松顶端优势较强，自然属性为尖塔形。雪松萌芽力不强，整形修剪应在秋到冬季进行，将病虫枝、干枯枝、畸形枝从基部疏除。雪松需重视幼树的整形修剪，成年后每年稍加修剪即可。

5.16 侧柏

【科属】柏科侧柏属(图 42)。

【产地分布】我国大部分地区均有分布。

【形态特征】侧柏是乔木，高达 20 m 以上，胸径 1 m；树皮薄，浅灰褐色，纵裂成条片；枝条向上伸展或斜展，幼树树冠卵状尖塔形，老树树冠则为广圆形；生鳞叶的小枝细，向上直展或斜展，扁平，排成一平面。叶鳞形，长 1～3 mm，先端微钝，小枝中央的叶的露出部分呈倒卵状菱形或斜方形，背面中间有条状腺槽，两侧的叶船形，先端微内曲，背部有钝脊，尖头的下方有腺点。雄球花黄色，卵圆形，长约 2 mm；雌球花近球形，径约 2 mm，蓝绿色，被白粉。

【生长习性】喜光，幼时稍耐阴，适应性强，对土壤要求不严，在酸性、中性、石灰性和轻盐碱土壤中均可生长。耐干旱瘠薄，萌芽能力强，耐寒力中等，耐强太阳光照射，耐高温、浅根性，在山东只分布于海拔 900 m 以下，以海拔 400 m 以下者生长良好。抗风能力较弱。

图 42　侧柏

【园林应用前景】侧柏在园林绿化中，有着不可或缺的地位。可用于行道、亭园、大门两侧、绿地周围、路边花坛及墙垣内外，均极美观。小苗可做绿篱，隔离带围墙点缀。在城市绿化中是常用的植物，侧柏对污浊空气具有很强的抗性，在市区街心、路旁种植，生长良好，不碍视线，吸附尘埃，净化空气。侧柏丛植于窗下、门旁，极具点缀效果。夏绿冬青，不遮光线，不碍视野，尤其在雪中更显生机。侧柏配植于草坪、花坛、山石、林下，可增加绿化层次，丰富观赏美感。它的耐污染性，耐寒性，耐干旱的特点在北方绿化中，得以很好地发挥。侧柏是绿化道路，绿化荒山的首选苗木之一。使用侧柏，作为绿化苗木，优点是成本低廉，移栽成活率高，货源广泛。

【栽培管理】侧柏苗木多二年出圃，翌春移植。有时为了培养绿化大苗，尚需经过2～3次移植，培养成根系发达、冠形优雅的大苗后再出圃栽植。依据各地经验，以早春3～4月移植成活率较高，一般可达95%以上。

【整形修剪】侧柏常常在11—12月的初冬或早春进行修剪。剪掉树冠内部的枯枝、病枝，同时还要修剪密生枝及衰弱枝。若枝条过于伸长，则于6－7月进行1次修剪，以保持完美的树形，并促进当年新芽的生长。剪掉枝条的1/3，促进分枝，使树冠更丰满。

5.17 广玉兰

【科属】木兰科木兰属(图43)。

【产地分布】广玉兰原产于美国东南部，分布在北美洲以及中国大陆的长江流域及以南，北方如北京、兰州等地已由人工引种栽培。是江苏省常州市、南通市、镇江市、连云港市，安徽省合肥市、六安市，浙江省余姚市的市树。在长江流域中的上海、南京、镇江、杭州也比较多见。

【形态特征】常绿乔木，在原产地高达30 m；树皮淡褐色或灰色，薄鳞片状开裂；小枝粗壮，具横隔的髓心；小枝、芽、叶下面、叶柄均密被褐色或灰褐色短绒毛(幼树的叶下面无毛)。叶厚革质，椭圆形，长圆状椭圆形或倒卵状椭圆形，长10～20 cm，宽4～7 cm，先端钝或短钝尖，基部楔形，叶面深绿色，有光泽；侧脉每边8～10条；叶柄长1.5～4 cm，无托叶痕，具深沟。花白色，有芳香，直径15～20 cm；雄蕊长约2 cm，花丝扁平，紫色，花药内向，药隔伸出成短尖；雌蕊群椭圆体形，密被长绒毛；心皮卵形，长1～1.5 cm，花柱呈卷曲状。聚合果圆柱状长圆形或卵圆形，长7～10 cm，径4～5 cm，密被褐色或淡灰黄色绒毛；蓇葖背裂，背面圆，顶端外侧具长喙；种子近卵圆形或卵形，长约14 mm，径约6 mm，外种皮红色，除去外种皮的种子，顶端延长成短颈。花期5—6月，果期9—10月。

【生长习性】广玉兰生长喜光，而幼时稍耐阴。喜温湿气候，有一定抗寒能力。适生于肥沃、湿润与排水良好微酸性或中性土壤，在碱性土种植易发生黄化，忌积水、排水不良。对烟尘及二氧化硫气体有较强抗性，病虫害少。根系深广，抗风力强。特别是播种苗树干挺拔，树势雄伟，适应性强。

图43　广玉兰

【园林应用前景】叶厚而有光泽，花大而香，树姿雄伟壮丽，为珍贵的树种之一。其聚合果成熟后，蓇葖开裂露出鲜红色的种子也颇美观。最宜单植在宽广的草坪上或配植成观赏的树丛。由于其树冠庞大，故在配置上不宜植于狭小的庭院内，否则不能充分发挥其观赏效果。花大且香，可孤植、对植或丛植、群植配置，也可作行道树。

【栽培管理】广玉兰常用嫁接法和扦插法育苗，嫁接常用木兰作砧木。广玉兰移栽以早春为宜，但以梅雨季节最佳。春节过后半月左右，广玉兰尚处于休眠期，树液流动慢，新陈代谢缓慢，此时即可移栽。

5.18 刺槐

【科属】豆科刺槐属(图 44)。

【产地分布】原生于北美洲，现被广泛引种到亚洲、欧洲等地。

【形态特征】落叶乔木，高 10～25 m；树皮灰褐色至黑褐色，浅裂至深纵裂，稀光滑。小枝灰褐色，幼时有棱脊，微被毛，后无毛；具托叶刺，长达 2 cm；冬芽小，被毛。羽状复叶长 10～25(～40) cm；叶轴上面具沟槽；小叶 2～12 对，常对生，椭圆形、长椭圆形或卵形，长 2～5 cm，宽 1.5～2.2 cm，先端圆，微凹，具小尖头，基部圆至阔楔形，全缘，上面绿色，下面灰绿色，幼时被短柔毛，后变无毛；小叶柄长 1～3 mm；小托叶针芒状。

【生长习性】温带树种。在年平均气温 8～14℃、年降雨量 500～900 mm 的地方生长良好；特别是空气湿度较大的沿海地区，其生长快，干形通直圆满。抗风性差，在风口栽植的刺槐易出现风折、风倒、倾斜或偏冠的现象。对水分条件很敏感，在地下水位过高、水分过多的地方生长缓慢，易诱发病害，造成植株烂根、枯梢甚至死亡。有一定的抗旱能力。

图 44 刺槐

【园林应用前景】根系浅而发达，易风倒，适应性强，为优良固沙保土树种。华北平原的黄淮流域有较多的成片造林，其他地区多为四旁绿色和零星栽植，常见为行道树。刺槐树冠高大，叶色鲜绿，每当开花季节绿白相映，素雅而芳香。可作为行道树，庭荫树，工矿区绿化及荒山荒地绿化的先锋树种。对二氧化硫、氯气、光化学烟雾等的抗性都较强。根部有根瘤，有提高地力之效。冬季落叶后，枝条疏朗向上，很像剪影，造型有国画韵味。

【栽培管理】刺槐过早播种易遭受晚霜冻害，培育道路、庭院、城市绿化等需要的大苗，一般在 4 月下旬至 5 月上旬进行移植，移植密度主要取决于苗木培育规格和年限。

【整形修剪】在自然生长情况下，金叶刺槐分枝力强、生长旺盛，往往形成一个广卵形树冠，但多数树干低矮、枝杈过多，形成“小老树”。整形就是使其树干通直，应从栽后第1年冬或第2年春就开始修去与主干竞争的侧枝，直到5～8年后树干高度在6 m以上，达到民用材标准时。修枝的早晚与修枝量要根据造林目的确定。一般造林，应在幼林郁闭后进行修枝；四旁绿化和防护林带，为了培育较高的树干，防止遮阴过重，头3年内即应适当进行修剪。

5.19 国槐

【科属】蝶形花科槐属(图45)。

【产地分布】中国北部较集中，辽宁、广东、台湾、甘肃、四川、云南也广泛种植。

【形态特征】乔木，高达25 m；树皮灰褐色，具纵裂纹。当年生枝绿色，无毛。羽状复叶长达25 cm；叶轴初被疏柔毛，旋即脱净；叶柄基部膨大，包裹着芽；托叶形状多变，有时呈卵形，叶状，有时线形或钻状，早落；小叶4～7对，对生或近互生，纸质，卵状披针形或卵状长圆形，长2.5～6 cm，宽1.5～3 cm，先端渐尖，具小尖头，基部宽楔形或近圆形，稍偏斜，下面灰白色，初被疏短柔毛，旋变无毛；小托叶2枚，钻状。

【生长习性】应选择地势平坦，排灌条件良好，土质肥沃，土层深厚的壤土或沙壤土为宜。其对中性、石灰性和微酸性土质均能适应，在轻度盐碱土(含盐量0.15%左右)能正常生长，但干旱、瘠薄及低洼积水圃地生长不良。

图45 国槐

【园林应用前景】国槐是庭院常用的特色树种，其枝叶茂密，绿荫如盖，适作庭荫树，在中国北方多用作行道树。配植于公园、建筑四周、街坊住宅区及草坪上，也极相宜。也可作工矿区绿化之用。夏秋可观花，并为优良的蜜源植物。花蕾可作染料，果肉能入药，种子可作饲料等。又是防风固沙，用材及经济林兼用的树种，是城乡良好的遮阴树和行道树种，对二氧化硫、氯气等有毒气体有较强的抗性。

【栽培管理】播种时间一般采用春播，由于苗木顶端枝条芽密，树干极易弯曲，翌年春季将一年生苗按株距40～50 cm、行距70～80 cm进行移栽，栽后即可将主干距地面3～5 cm处截干。因槐树具萌芽力，截干后易发生大量萌芽，当萌芽嫩枝长到20 cm左右时，选留1条直立向上的壮枝作主干，将其余枝条全部抹除。以后随时注意除蘖去侧，对主干上、中、下部的细弱侧枝暂时保留，对防止主干弯曲有利。这样，翌年苗高可达3m以上。

【整形修剪】根据需要可以整形修剪成自然开心形、杯状形和自然式合轴主干形 3 种树形。自然开心形即当主干长到 3 m 以上时定干，选留 3～4 个生长健壮、角度适当的枝条作主枝，将主枝以下侧枝及萌芽及时除去，冬剪时对主枝进行中短截，留 50～60 cm，促生副梢，以形成小树冠；杯状形即定干后同自然开心形，留好 3 大主枝，冬剪时在每个主枝上选留 2 个侧枝短截，夏季时进行摘心，控制生长，形成“3 股 6 杈 12 枝”的杯状造型；自然式合轴主干形是指留好主枝后，以后修剪只要保留强壮顶芽、直立芽，养成健壮的各级分枝，使树冠不断扩大。

5.20 圆柏

【科属】柏科圆柏属(图 46)。

【产地分布】我国大部分地区均有分布。

【形态特征】圆柏是乔木，高达 20 m，胸径达 3.5 m；树皮深灰色，纵裂，呈条片开裂；幼树的枝条通常斜上伸展，形成尖塔形树冠，老则下部大枝平展，形成广圆形的树冠；树皮灰褐色，纵裂，裂成不规则的薄片脱落；小枝通常直或稍成弧状弯曲，生鳞叶的小枝近圆柱形或近四棱形，径 1～1.2 mm。

【生长习性】喜光树种，较耐阴，喜温凉、温暖气候及湿润土壤。在华北及长江下游海拔 500 m 以下，中、上游海拔 1 000 m 以下排水良好之山地可选用造林。忌积水，耐修剪，易整形。耐寒、耐热，对土壤要求不严，能生于酸性、中性及石灰质土壤上，对土壤的干旱及潮湿均有一定的抗性。但以在中性、深厚而排水良好处生长最佳。深根性，侧根也很发达。生长速度中等而较侧柏略慢，25 年生者高 8 m 左右。寿命极长。对多种有害气体有一定抗性，是针叶树中对氯气和氟化氢抗性较强的树种。对二氧化硫的抗性显著胜过油松。能吸收一定数量的硫和汞，防尘和隔音效果良好。常见的病害有圆柏梨锈病、圆柏苹果锈病及圆柏石楠锈病等。这些病的病原以圆柏为越冬寄主，对圆柏本身虽伤害不太严重，但对梨、苹果、海棠、石楠等则危害颇巨，故应注意防治，最好避免在苹果、梨园等附近种植。

图 46　圆柏

【园林应用前景】圆柏幼龄树树冠整齐圆锥形，树形优美，大树干枝扭曲，姿态奇古，可以独树成景，是中国传统的园林树种。耐修剪又有很强的耐阴性，故作绿篱比侧柏优良，下枝不易枯，冬季颜色不变褐色或黄色，且可植于建筑之北侧阴处。中国古来多配植于庙宇陵墓作墓道树或柏林。

【栽培管理】小苗移栽时，先挖好种植穴，在种植穴底部撒上一层有机肥料作为底肥(基肥)，厚度为 4～6 cm，再覆上一层土并放入苗木，以把肥料与根系分开，避免烧根。放入苗木后，回填土壤，把根系覆盖住，并用脚把土壤踩实，浇一次透水。

【整形修剪】圆柏最普通的整形方式为绿篱的圆锥形树冠。主干上主枝间隔 20～30 cm 时及时疏剪主枝间的瘦弱枝，以利于通风适光。

5.21 毛白杨

【科属】杨柳科杨属(图 47)。

【产地分布】分布广泛，在辽宁(南部)、河北、山东、山西、陕西、甘肃、河南、安徽、江苏、浙江等均有分布，以黄河流域中、下游为中心分布区。雌株以河南省中部最为常见，山东次之，其他地区较少，北京有引种雌株。

【形态特征】落叶乔木，高达 30～40 cm，树冠卵圆锥形。树皮幼时青白色，渐变为暗灰色；皮孔菱形。叶阔卵形或三角状卵形，边缘有波状缺刻或锯齿，上面暗绿色，光滑，下面密生毡毛。雄花葇荑花序，长 10～14 cm，雌株大枝较为平展，花芽小而稀疏；雄株大枝多斜生，花芽多而密集。花期 3 月，叶前开放；蒴果小，4 月成熟。

【生长习性】抗寒性较强，喜光，不耐阴，喜湿润、深厚、肥沃的土壤，对土壤的适应性较强。在水肥条件充足的地方生长最快，20 年生即可成材。是中国速生树种之一。

【园林应用前景】毛白杨生长快，树干通直挺拔，枝叶茂密，常用作行道树、园路树、庭荫树或营造防护林；可孤植、丛植、群植于建筑周围、草坪、广场、水滨。

【栽培管理】毛白杨可用播种、扦插、埋条、留根、嫁接等繁殖方法育苗。3 年生以上毛白杨生长快，喜大肥大水，应加强肥水管理。

【整形修剪】幼林在郁闭前，林内光照条件尚好，则少修枝，尽量保留大树冠，以增加光合面积，但必须疏除竞争枝。郁闭后，树干粗度 8～10 cm，除去树冠下部垂死的枝条，上部枝条只修去过粗的枝条及卡脖枝。同时要对密集枝、竞争枝及时进行处理，真正做到“轻修枝、留大冠、去竞争、保主干”。

图 47　毛白杨

参考文献

[1] 中华人民共和国建设部.城市道路设计规范[Z].北京:中国建筑工业出版社,1991.
[2] 中国城市规划设计研究部.城市道路绿化规划与设计规范[Z].北京:中国建筑工业出版社,1997.
[3] 中华人民共和国交通部.高速公路交通安全设施设计及施工技术规范[Z].北京:人民交通出版社,2003.
[4] 祝遵凌.高速公路边坡回复及景观重建[D].南京:南京林业大学,2007.
[5] 刘骏,蒲蔚然.城市绿地系统规划与设计[M].北京:中国建筑工业出版社,2004.
[6] 周荣沾.城市道路设计[M].北京:人民交通出版社,1988.
[7] 熊广忠.城市道路美学——城市道路景观与环境设计[M].北京:中国建筑出版社,1990.
[8] 周维权.中国古典园林史[M].北京:清华大学出版社,1998.
[9] 陈有民.园林树木学[M].北京:中国林业出版社,1999.
[10] 祝遵凌.景观植物配置[M].南京:江苏科技出版社,2010.
[11] 梁永基,王莲清.道路广场园林绿地设计[M].北京:中国林业出版社,2001.
[12] 王浩.城市道路绿地景观设计[M].南京:东南大学出版社,2001.
[13] 杨俊平.景观生态绿化工程设计模式研究[M].南京:东南大学出版社,2001.
[14] 杨俊平.景观生态绿化工程设计模式研究[M]. 北京:北京科学出版社,2005.
[15] 徐化成.景观生态学[M].北京:中国林业出版社,1996.
[16] 郎惠卿.中国湿地植被区划.中国湿地研究和保护[M].上海:华东师范出版社,1998.
[17] 赵魁义.地球之肾——湿地[M].北京:化学工业出版社,2002.
[18] 芦建国.种植设计[M].北京:中国建筑工业出版社,2008.
[19] 祝遵凌.园林植物景观设计[M].北京:中国林业出版社,2012.
[20] [日]村越匡芳.图解庭院树木修剪.陆世鈞,译.上海:上海科学技术出版社,2013.
[21] 汪景彦,等.苹果树合理整形修剪图解[M].北京:金盾出版社,2004.
[22] 郭育文,等.园林树木的整形修剪技术及研究方法[M].北京:中国建筑工业出版社,2013.
[23] 吴泽民,等.园林树木栽培学[M].北京:中国农业出版社,2003.
[24] 徐晔春,等.观赏乔木[M].北京:中国电力出版社,2012.
[25] 南京市林业局,南京市园林科研所.大树移植法[M].北京:中国建筑工业出版社,2004.
[26] 王鹏,贾志国,冯莎莎.园林树木移栽与整形修剪[M].北京:北京化学工业出版社,2010.

作者简介

刘佳,女,1992 年生于北京,2014 年毕业于沈阳农业大学园林专业园林植物与栽培方向,园林设计方向,本科学历,初级工程师。曾参与《昌平区 2015 年为民办实事工程》后期专家组的绩效考评工作;《昌平区2016年为民办实事工程》全程参与全部地块的设计、施工、养护工作;《昌平区2017年为民办实事工程》参与全部地块的方案设计工作;《昌平新城滨河森林公园景观提升工程》参与第六标段及“绿道”的设计、施工工作;及各类园林自建工程预算工作。目前主要从事昌平城区内道路绿地绿化养护工程,主要负责的工作内容为园林植物修剪检查及指导工作;病虫害防治检查及指导工作;全年绿化养护计划的落实及管理工作;园林预算工作。

长寿花规模化生产技术

宋文雁
北京昊景卉丰农业科技有限公司

摘要：盆栽长寿花因其株型紧凑，花期长，颜色丰富，观赏效果好，广受大众欢迎，具有良好的发展前景。本文介绍长寿花的栽培管理技术，以供生产者参考，进而促进该产品的推广和应用。

关键词：长寿花；生产技术

长寿花（*Kalanchoe blossfeldiana*）是广受大众欢迎的盆栽花卉之一，为多年生肉质草本花卉，别名矮生伽蓝菜、圣诞伽蓝菜、寿星花，景天科伽蓝菜属，原产非洲的马达加斯加。因其花期长，颜色丰富，观赏效果好，耐干旱，易管理，故其发展前景很好，市场潜力很大。

1　对环境条件的基本要求

1.1　温度及光照控制

长寿花的最佳生长温度为20℃。日温高于32℃生长植株徒长，夜温高于23℃或低于16℃，则会影响花芽分化。如果夜温高于日温3℃以内，会有矮化剂的效果，将抑制植株生长。温度低于10℃生长停滞，0℃以下则易冻死。生产过程中温度越接近其最佳生长温度，则开花越大。故而在规模化生产过程中，光照强烈时，需用透光率60%左右的遮阳网降低温度，使长寿花处于散射光充足的半阴环境中。一般来说，夏季生产，光照强度大于55 000 lx开始遮阳；春季生产，光照强度大于45 000 lx开始遮阳。遮阳同时注意通风，降低温度。在温度较低时，注意加温、保温，增加光照，提高生产区内温度。

1.2　湿度控制

北京地区长寿花的生产最佳湿度大约为75%，湿度超过95%植株会变软，超过最佳湿度20%会造成植株徒长，同时也会产生传染真菌的风险。如果湿度低于40%则植株生长较慢，整体株型不够健康。

1.3　基质的选择

长寿花的基质选择由生产商的栽培系统来决定，不同的栽培系统选择不同的生产用基质。基质的好与坏直接影响植物的生长，所以要选择排水性能较好的，同时又具有保水性和透气性的生产用基质。长寿花的基质pH维持在5.5～6.0最佳。

2 花期控制

在适宜的温度条件下，进行长短日照处理，长寿花可实现周年开花。

2.1 长日时期

3月底到9月中旬为长寿花自然生长长日时期。在规模化生产过程中，长寿花在此阶段每天所需自然及人工光照之和不低于13 h，不超过18 h，在自然光照时间少于13 h，夜晚必须辅助人工光照，否则长寿花将进入花芽分化阶段。自然及人工光照之和超过18 h，花青素（红色素）会沉积在叶片上。补光强度最少15 W/m^2（100 lx），最佳距离为：距离植物2～2.5 m。理想的气温为21～22℃。生根时期尽量保持干燥。不可喷雾降温或加湿。

2.2 短日时期

9月中旬以后到翌年3月中旬为自然生长短日时期。在规模化生产过程中，当植株达到预期的高度或叶片数时，即可结束长日管理，进入短日管理。长寿花在此阶段每天至少所需黑暗14 h，光强度要小于10 lx。不足14 h的，需要人工遮光处理，如果遮黑时间达不到12 h，或者遮黑时出现漏光、遮黑不彻底等都会造成花芽不分化的情况。短日时期最少需要6周。

2.3 扦插

通常规模化生产中采用扦插繁殖（图1，图2），在5—6月或9—10月进行扦插，效果最好[1]。因为生根很容易，所以一般不需用生根激素进行处理。扦插基质选用pH在5.5～6.0的草炭为佳。先将基质浇透水，放置半天后即可进行扦插。扦插后可覆盖无纺布保湿。温室内温度保持在20℃左右，大约12天即可生根。生根前若基质变干，只要稍微喷雾一下即可，生根后开始少量给水和施肥。

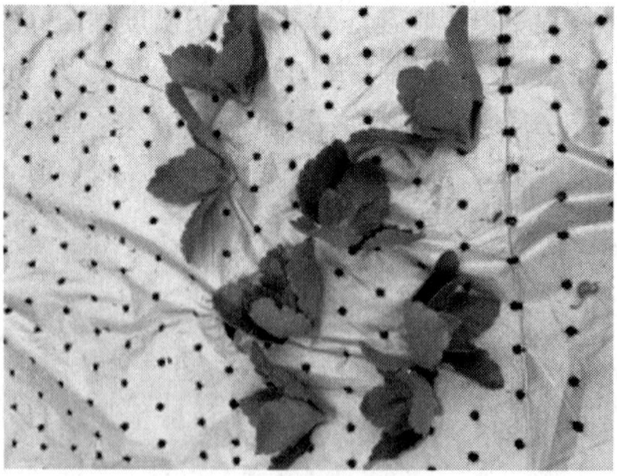

图1 长寿花插穗

图2 长寿花扦插

2.4 灌溉

长寿花属于多年生肉质草本植物，体内含有较多的水分，故较耐旱而怕涝。生产过程中，基质保持湿润即可，不可过湿。过干会造成花青素（红色素）沉积在叶背，而过湿会造成根系死亡。特别是在长日生长阶段不可喷雾。

2.5 pH 控制及 EC 值控制

长寿花生长最适合的土壤 pH 为 5.8，pH 太高或太低都会影响 EC 值的平衡。长日照期间的 EC 值为 0.7～1.0。短日照期间的 EC 值为 1.0～1.5（表 1）。如果日温超过 25℃则需要降低 EC 值。

表 1　各阶段土壤 EC 值控制范围

长日时期	短日时期
第 1 周至第 3 周	第 4 周至第 13 周
EC 值为 0.7～1.0	EC 值为 1.0～1.5

2.6 二氧化碳控制

二氧化碳浓度最佳为 400～1 100 mg/kg，高于或低于都会导致植株生长发育不良的状况。在夜晚施用 CO_2，主要是在生长期开始的前 2 周（发根期）以及最后几周（开花期）。在白天施用 CO_2，主要是在长日时期的后期，以及短日处理的前期（包括花芽诱导时期）。

2.7 生长调节剂的使用

为了提高长寿花的品质，培育出株型矮小、枝干紧凑、叶片密集及花朵繁茂的植株，常采用喷施生长调节剂的方法，常用的生长调节剂为矮化剂 Alar，B9。

2.7.1 生长调节剂选用注意事项

有些生长调节剂对植物及土壤有一定影响，比如会与负责制造花青素的荷尔蒙竞争而造成褪色问题，或者影响盆内 pH 或其稳定性。故而在选择生长调节剂时，应先做小范围试验，再应用于大田生产。

2.7.2 生长调节剂的使用

生长调节剂需储藏在冷凉没有光照的地方。不可与其他化学药剂混合使用。长日照期间一般仅需喷洒一次生长调节剂，短日照期间需要根据品种和长势喷洒 3～5 次生长调节剂，以抑制新枝徒长，缩短节间，增加叶片厚度，促进开花。一般来说早晨植株生长最活跃、环境湿度较大时喷洒生长调节剂效果较佳。最好在花芽开始出现时喷施，如果喷施太迟，将会缩短花茎长度而不是叶茎长度，影响品质。[2]每处理一次皆延迟植物生长 3～4 天。长寿花的营养生长阶段见图 3。

图 3　长寿花的营养生长阶段

3 病虫害防治

一般液体农药都含有油剂附着剂,易造成叶烧及叶斑,故在除非有安全注明或小范围试验后方可大田使用。使用农药时,要谨慎施用展着剂,以防药害发生。另外农药不可与生长调节剂混合使用。长寿花主要病害有白粉病和叶枯病,可用代森锌喷洒防治。虫害有介壳虫和蚜虫危害叶片和嫩梢,可用吡虫啉、溴氰菊酯等农药喷洒防治。

长寿花成品如图 4 所示。

图 4 长寿花光照控制及成品包装

参考文献

[1] 史建林,曹骏.长寿花栽培养护技术[J].上海农业科技,2012,2:94.
[2] 张杰,庄严.长寿花盆栽技术[J].天津农林科技,2012,12(6):19-20.

作 者 简 介

宋文雁,女,1971 年生于辽宁省。1997 年开始花店鲜切花卉的零售与花卉租摆业务,2007 年成立北京昊景花卉种植园,2011 年成立北京昊景卉丰农业科技有限公司,开始与荷兰 DUMMEN ORANGE 公司进行长寿花生产与销售的深度合作。2012 年和 2013 年成功引进盆菊——女王菊系列和美人菊系列,并签订了中国区长江以北独家生产权;2016 年,将长寿花——宝石系列成功引进中国,并成为全球独家生产商,同时,也成为国内能够生产 7 cm 盆径长寿花的种植企业。生产中,本人注重理论与实践结合,自行研发了一套“自吸式苗床灌溉”系统,实现了产品的规模化、专业化和标准化生产。现公司温室总面积 38 500 m^2,其中欧洲标准智能连栋温室 5 栋,年生产盆花近 300 万盆,全国合同经销商 15 家,注册商标“昊景种植”“昊景卉丰”。在第九届中国花卉博览会上,公司生产的长寿花及盆菊等盆花以其优良品质获得银奖一项,铜奖两项,优秀奖一项。

蝴蝶兰现代化智能温室生产工艺

王军峰
北京中农富泉农业发展有限公司

摘要：本文对现代化智能温室设备需求、蝴蝶兰栽培管理及常见病虫害的预防进行详细的阐述，总结蝴蝶兰在现代化智能温室里的生产流程。

关键词：蝴蝶兰；现代化智能温室；栽培技术；病虫害预防

蝴蝶兰是世界上栽培最广泛的洋兰品种之一，被誉为“洋兰”皇后，为多年生的草本花卉，目前已发现有70多个原生种，且大多数产于湿热的亚洲地区。我国宝岛台湾的蝴蝶兰享誉全球，拥有国际领先的蝴蝶兰育种体系，新品种层出不穷[1]。目前全球用于商业化生产的蝴蝶兰都采用的是无性繁殖。依据我们在北方地区现代化智能温室蝴蝶兰生产管理的多年经验，现总结以下蝴蝶兰苗期的生产流程，供相关行业交流探讨。

1 现代化智能温室的设备需求

根据蝴蝶兰的生长习性，要求温室内具备能够控制和调节温度、湿度以及光照强度等功能。北方地区一般选择现代化智能连栋温室，其设施齐全，能够很好控制蝴蝶兰所需要的温度。一般温室的顶部以阳光板材料覆盖（最好是玻璃覆盖材料），配有移动苗床，天窗、水帘-风机和空调的降温系统，自动内、外遮阳系统，多级纯净水处理系统，内保温系统，温泉热源（地源热泵）加温系统，补光系统以及可调节室内空气流动的内循环系统[2][3]。

2 蝴蝶兰的开花习性

2.1 低温促进花芽形成

蝴蝶兰经低温（18～25℃）处理或者8～10℃的昼夜温差会产生花芽，花芽的分化率与日低温处理的时间长短有关系，日低温处理达到不低于12 h，花芽率可达95%以上，反之，花芽率降低。

2.2 强光促进花芽形成

在不灼伤蝴蝶兰叶片的前提下，光照达到30 000～40 000 lx，可促进花芽分化，提高开花率。蝴蝶兰的花梗长到15～20 cm时，蝴蝶兰的花芽分化才算完成。蝴蝶兰的整个催化期一般在110～130天。依据此时间，可以在现代化智能温室里通过空调调节低温催花的处理时间，来实现蝴蝶兰在北方地区的周年（小苗—中苗—大苗—成品花）生产。

3 蝴蝶兰苗期的工艺流程

3.1 小苗的养护方法

3.1.1 预出瓶苗的管理

预出瓶小苗（图 1）的长度需达到 4 cm 以上，根系需 2 条以上。瓶苗温度控制在 25～27℃。湿度适当保持干燥，控制在 30%左右。光照控制在 4 000～6 000 lx。

3.1.2 出瓶前所需物料及生产面积的计算

每株小苗需特级水苔 4 g，每 5 株小苗使用一个大花钵，每个 50 孔托盘中摆放 30 株小苗，每平方米面积大约摆放小苗 240 株。

3.1.3 裹苗

用前一天泡好的含水量 30%特级水苔裹苗。同一尺寸的苗要裹入同一花钵中，钵底垫二级水苔 3 cm，每 5 株小苗放入一大花钵中，尽量避免损伤根系和叶片。花苗裹得太松，容易造成脱水，过紧水分过多，容易导致根系腐烂，滋生病菌。裹苗后，苗的根系不能露在外面，叶片不能裹入水苔中（图 2）。

图 1 预出瓶苗

图 2 裹苗

3.1.4 施药

刚裹好的苗立即用托布津 2 000 倍或杀毒矾 2 000 倍浇半透，以后每三天叶面施药一次，连续三次后，再每周叶面施药一次（杀毒矾、托布津 1 500 倍液交替使用），缓苗期（1 个月左右）过后，每隔半个月施用一次杀菌剂和杀虫药，整个温室的地面每隔半个月使用杀菌剂和杀虫剂交替喷洒。

3.1.5 浇水

刚裹好的花苗第一次浇水应在药水干透后，方可浇半透，每周浇半透水一次，叶面每天喷淋一次，苗保持少量水分即可。

缓苗期（缓苗期约在30天）过后，在晴天的上午叶面喷淋小苗专用肥料水4 000倍液，花钵中的水分根据天气情况决定浇水量，如未来三天都是晴天，可多浇一些，如为阴雨天，可只淋湿表面。每次自动喷淋过后，工人检查干苗进行补水，花钵中浇的水为小苗专用肥料水4 000倍液。水苔水分过干或过湿，都会造成花苗的生长速度不均。

3.1.6 温度

白天为25℃以上，不超过32℃，夜间为23～25℃。

3.1.7 湿度

湿度控制在40%～80%。

3.1.8 光照

刚裹完的小苗光照6 000～8 000 lx。小苗正常生长时8 000～10 000 lx。

3.2 中苗的养护方法

3.2.1 小苗分成中苗标准

小苗经出瓶后生长5个月左右，两片叶子长度达到12 cm，宽度不低于3 cm，叶片完好，根系发育良好，无病株，即可分盆。

3.2.2 分苗前准备工作

每株苗需一级水苔12 g，一个小花钵，每15株花苗放置于一个15孔的托盘中，每平方米大约摆放90株花苗。分苗前一天不要浇水，花苗吸过多水分，根叶易折断，易感染病害。

3.2.3 裹苗

用前一天泡好的含水量30%的一级水苔裹苗。裹苗后根系不能露在外面，叶片不能裹入水苔中。

3.2.4 施药

刚裹好的苗立即用托布津1 500倍或杀毒矾1 500倍液浇半透，以后每三天叶面施药一次，连续施三次后，每周在叶面施药一次（杀毒矾、托布津1 500倍液交替使用），缓苗期（大约1个月）过后，每隔半个月施用一次杀菌剂和杀虫剂，整个温室的地面每隔半个月使用杀菌剂和杀虫剂交替喷洒。

3.2.5 浇水

花苗第一次浇水应在药水干透后，方可浇水小半透，每周浇半透水一次，叶面可每天喷淋一次，苗保持少量水分即可。

缓苗期过后，在晴天的上午叶面喷淋时，应采用中、大苗用肥料水2 000倍液，花钵中的水分控制可根据天气情况决定浇水量，如未来三天都是晴天，可多浇一些，如为阴雨天，可只淋湿表面。花钵中浇的水为中、大苗用肥料水2 000倍液。每次浇完水过后进行检查，人工评价浇水结果，并进行补浇。

浇水对花卉的生长来说非常重要，水分过干或过湿，都会造成花苗的生长速度不均，病虫害的发病率也比较高。还会造成花苗脱水或根系腐烂，以及水资源的浪费。

3.2.6 温度

白天 25℃以上但不能超过 32℃，夜间为 23～25℃。

3.2.7 湿度

空气湿度控制在 40%～80%。

3.2.8 光照

裹完的花苗光照要求不是很强，控制在 10 000～12 000 lx 以利于生根。花苗生长要求的光照为 15 000～18 000 lx。

3.3 大苗的养护

3.3.1 中苗分成大苗标准

中苗经分盆后生长至 4 个月左右，有一片叶子长度达到 15 cm，宽度不低于 4 cm，叶片完好，根系发育良好，无病株，即可分盆。

3.3.2 分苗前的准备工作

每株苗需二级水苔 30 g，一个大花钵，每 8 株花苗放置于一个 12 孔的托盘中，每平方米大约摆放 40 株花苗。分苗前一天不可浇水，花苗吸入过多水分，根系易折断，易感染病害。

3.3.3 裹苗

用前一天泡好的含水量 30%二级水苔裹苗。裹苗后根系不能露在外面，叶片不能裹入水苔中。

3.3.4 施药

刚裹好的苗立即托布津 1 500 倍液或杀毒矾 1 500 倍液浇半透，以后每三天叶面施药一次，连续施三次后，再每周叶面施药一次(杀毒矾、托布津 1 500 倍液交替使用)，缓苗期(1 个月左右)过后，每隔半个月施用一次杀菌剂和杀虫剂，整个温室的地面每隔半个月使用杀菌剂和杀虫剂交替喷洒。

3.3.5 浇水

刚裹好的花苗第一次浇水应在药水干透后，方可浇到小半透，每周浇半透水一次，叶面可每天喷淋一次，苗保持少量水分即可。

缓苗期过后，在晴天的上午叶面喷淋中、大苗用肥料水 2 000 倍液，花钵中的水分控制可根据天气情况决定浇水量，如未来三天都是晴天，可多浇一些，如为阴雨天，可只淋湿表面。

浇水对花卉的生长来说非常重要，水分过干或过湿，都会造成花苗的生长速度不均，病虫害的发病率也比较高。

3.3.6 湿度

空气控制在 40%～80%，如达不到以上湿度可采用喷淋、地面浇水、塑料布上储水等方式来增加湿度；采用打开门窗、强制排风等方式加强通风，来降低湿度。

3.3.7 温度

大苗期所需的生长温度为白天 25℃以上但不能超过 32℃，夜间为 23～25℃。达不到以上温度即可采用加温或降温来解决。

3.3.8 光照

光照控制在 10 000～12 000 lx 以利于生根。正常花苗生长要求的光照为 20 000～25 000 lx，冬天可控制在 25 000 lx 左右。

3.3.9 大苗长成熟可进行催花的标准

叶片完好，根系发育良好，无病株，量苗时从花茎中部量至叶尖，从达到 15 cm 叶片往上数有 4 片叶，最上面叶各达到 20 cm 以上，长出第五片叶。

3.4 大苗催花及出箭后的养护方法

3.4.1 适时催花

大苗经分盆后长生至 6 个月左右，叶片完好，根系发育良好，无病株，量苗时从花茎中部量至叶尖，从达到 15 cm 叶片往上数有 4 片叶，最上面两片叶各达到 20 cm 以上，长出第五片叶，即可视为成熟的花苗，可进行催花。

3.4.2 施药

整个温室的地面每隔半个月使用杀菌剂和杀虫剂交替喷洒。小花蕾形成后，停止施用任何药物。

3.4.3 浇水

在晴天的上午叶面喷淋中、大苗用肥料水 2 000 倍液，花钵中的水分控制可根据天气情况决定浇水量，如未来三天都是晴天，可多浇一些，如为阴雨天，可淋湿表面。每次自动喷淋过后，人工评价浇水结果，并进行补浇，花钵中浇的水为中、大苗用肥料水 2 000 倍液。小花蕾形成后，取消叶面喷淋，施行钵中浇水方式。

3.4.4 温度

催花期所需的温度为白天 25～28℃，夜间为 18～20℃，或者昼夜温差达到 10℃。达不到以上温度即采用加温或降温来解决。

3.4.5 湿度

湿度控制在 40%～80%，如达不到以上湿度可采用喷淋、地面浇水、塑料布上储水等方式来增加湿度；采用打开门窗、强制排风，来降低湿度。湿度过大容易滋生病害，湿度过低，影响花苗的正常生长。

3.4.6 光照

光照控制在 25 000～30 000 lx。冬季可控制在 30 000 lx 左右。约 1 个月花苗陆续抽出花箭，此时需及时按品种挑出，统计好数量上报至相关部门。花箭长到 15 cm 左右，及时调整花箭的方向并固定花梗（插铁丝），长至形成大花蕾时开始人工造型（打丝）。

4 开花株的分级标准及包装运输

当蝴蝶兰开始开第一朵花时，就可以停止施肥，控制水分，开始出货前的分级准备工作。

当蝴蝶兰开始开第四朵花时,就可以打包装运输。

4.1 开花株分级标准

a 级 8～11 朵花(含花蕾);b 级 6～7 朵(含花蕾);c 级 5 朵(含花蕾)及以下。蝴蝶兰成品见图 3。

4.2 包装运输

长途运输前必须做好包装,首先准备好纸箱、软铁丝(90 cm)、无纺布和胶带等。其次依客户的需求进行分级(a、b、c 级)准备,然后卸去花梗以前的花夹和铁丝,先铺好无纺布,放上成品花并用胶带固定,每箱重复 20 次,最后封箱。

图 3　蝴蝶兰出箭大苗

5 展望

随着人民生活水平日益提高,我国的花卉生产和消费发生了重大的变化,现已成为世界最大的花卉生产基地和花卉消费国、出口国,花卉产业成为国家重点扶持的优势产业。花卉正逐渐成为平常百姓的消费时尚,同时花卉业由于较好的经济效益和潜在的国内外市场,已成为当今较具发展前途的朝阳产业,被誉为 21 世纪的“黄金产业”。

中农金旺(北京)农业工程技术有限公司现有的现代化智能温室北京 6 000 m^2,山西 2 000 m^2。基本实现蝴蝶兰的种苗生产和成品花的周年供应,且品种丰富,颜色多样。我们依托小汤山现代农业科技示范园的 4A 级景区和昌平区打造花卉旅游业的社会平台,充分发挥我们在蝴蝶兰新品种引种示范、推广和企业的标准化生产上的优势,为整个花卉产业的良性发展奠定坚实基础。

图 4　蝴蝶兰成品展示

现代化智能温室蝴蝶兰生产可提升花卉产业发展的形象，加快优质花卉产业的发展步伐，丰富昌平区乃至北京市优质花卉的产销品种，为引导和带动当地花卉企业、花农起到良好的示范作用。为形成规模化、产业化种植，带动创业就业，增加农民收入，最终实现花卉产业的标准化、健康和可持续性发展做出应有的贡献。

参考文献

[1] 朱根发. 专家教你种花卉[M]. 北京：温室园艺，2004.
[2] 黄建，林霞，张庆良，等. 蝴蝶兰工厂化设施栽培技术[J]. 林业科技开发，2006，20(3)：52-55.
[3] 杜君，符真珠，孟月娥，等. 蝴蝶兰智能温室优质高效栽培技术[J]. 江西农业学报，2015，27(4)：57-61.

作 者 简 介

王军峰，男，1979 年出生于山西，2002 年毕业于山西农业大学园艺系，专科学历。2003 年任顺鑫农业长青公司技术总监。现任中农金旺(北京)农业工程技术有限公司副总经理；北京中农富泉农业发展有限公司总经理；北京中农环科生态农业工程技术有限公司技术顾问。2015 年组织企业(北京中农富泉农业发展有限公司)参加小汤山农业园“企业联盟”，并于 2016 年成功完成企业联盟在新疆建设兵团农七师 129 团蝴蝶兰新品种引种、示范和推广，获得兵团领导的高度认可。2017 年带领企业开展蝴蝶兰种苗换盆装置和成品花组盆装置的研究和发明专利技术的申请工作。

红掌生产管理技术

于号兵
北京彩冰花园艺科技有限公司

摘要：本文从生产实际出发，从温、光、水、气、肥、换盆、病虫害防治等方面总结北京地区红掌生产管理关键技术，为红掌在北京地区工厂化生产提供参考。

关键词：红掌；栽培；温室

红掌（*Anthurium andreaum* Linden），又名安祖花、花烛，为天南星科花烛属植物，原产南美洲热带雨林，在我国北方多为温室栽培。因其花色艳丽，花型高雅，故多用于烘托喜庆气氛。目前，红掌已是仅次于热带兰的第二大热带花卉商品[1]。通过多年的生产实践，总结了红掌温室生产技术（图 1），现介绍如下，以供生产者参考。

图 1　红掌的工厂化生产

1　温室内温度、湿度、光照控制

温度、湿度、光照三者要协调配合，其中一项变化，其他两项都应相应变化。

1.1　温度控制

红掌适宜夜温 17～20℃，白天 21～28℃。温度低于 16℃或高于 30℃时，红掌只能维持生存，不能持续生长。阴天时，温度要比晴天低 3～5℃。

1.2 湿度控制

红掌适宜的湿度范围是夜间湿度 60%～70%，白天湿度 70%～85%，最小相对湿度不低于 50%，最大相对湿度不高于 90%[2]。气候干燥时，应特别注意湿度，及时加湿。

1.3 光照控制

红掌喜欢散射光，所需光照强度要低于 2 万 lx。非红色品种及红色品种中“骄阳”光照最高不高于 1.5 万 lx；红色品种一般不超过 1.8 万 lx；红色品种里如“马都拉”“火焰”“维多”等生长速度快易徒长品种可最高不超过 2 万 lx。

1.4 温度与湿度的协调配合

温度高时必须提高湿度、降低光照，否则红掌易出现花褪色、叶片发黄、卡苗、灼伤的情况。反之当温度低时必须降低湿度。低温高湿易造成冻害，出现花发黑、花变绿，有些品种的叶缘还会出现坏死斑点的情况。

1.5 温度与光照的协调配合

高温高光易灼伤叶片，在温度过高时，可利用遮阳网降低光温度，由此可能会造成光照低于 6 000 lx，出现光照不足的情况。所以要在早晚温度较低时使红掌多见光。当温度较低，太阳光斜射且光照弱时，要及时使红掌充分见光，并且摆放不宜太密，同时及时疏盆，否则可能造成下部空间湿度偏大，老叶发黄，新叶片见光少而徒长。

1.6 温度、湿度与光照的协调配合

温度高时必须提高湿度、降低光照。反之温度低时需降低湿度，增加光照。

2 肥水控制

2.1 肥料配方

目前市场上有专门的花卉无土栽培营养液配方，可以直接买成品。但红掌不同品种、不同生长发育阶段对营养物质的需求不同，所以建议自己配制。经过多年试验，利用表 1 基础配方，在红掌不同生长阶段进行微调。施肥时，在纯净水 EC=0，pH=7.0 时加 A、B 母液（避光保存，不能接触金属物品）各 10 L 到 1 t 纯净水中，肥水测得值应为 EC=1.3，pH=5.7。

2.2 肥料利用情况检测

利用挤水检测法检测盆土内 EC 值、pH 及盆土内营养元素情况。

表 1　红掌营养液基础配方

A 母液			B 母液		
名称	单位	用量	名称	单位	用量
硝酸铵钙	kg	42.7	硝酸钾	kg	8.61
硝酸钾	kg	4.69	磷酸二氢钾	kg	14.28
DTPA 螯合铁 13%	kg	1	硫酸钾	kg	10.5
			硫酸镁	g	14
			硫酸锰	g	35
			硼酸钠	g	66.5
			硫酸锌	g	54
			硫酸铜	g	13.3
			钼酸钠	g	13.3

2.2.1　盆土内可吸收肥料检测

浇水后 2 h，随机抽取红掌 5 盆，检测盆内中部土壤基本情况。此时 EC 值应小于 1.5，pH 在 5.2～6.2。所测得营养元素为施入盆内的肥料中可吸收的部分。

2.2.2　盆土内残留肥料检测

浇水后 24 h，随机抽取红掌 5 盆，检测盆内中部土壤基本情况。此时 EC 值应在 0.4～0.9，pH 在 5.2～6.2。所测得营养元素为盆土内肥料吸收后的残留量。

2.3　水分管理

2.3.1　浇水时间及浇水温度控制

盆土干湿变化不能太大，一般来说，刚换盆的红掌浇透水后，浇水间隔为 10～15 天(图 2)。根系发育良好后，浇水间隔为 1 周左右。冬季浇水间隔相对夏季可略长。浇水水温越接近盆土温度越好，夏季不高于 25℃，冬季最低不低于 18℃。一般来说夏季下午 4:00 后停止浇水，冬季下午 3:00 停止浇水。冬季切不可停水时间过晚，否则会增加空气湿度，降低土壤温度，降低红掌抗病性。

图 2　红掌水分管理

2.3.2　浇水量检测

合适的水量会促进植株，特别是根系的生长。健康的根系反映的是合适的浇水量，其特点是根尖嫩黄或浅红，黏滑，根毛多，粗根上有很多细根。

3　换盆与疏盆

换盆与疏盆是红掌生产的日常工作。换盆工作决定了换盆后水肥施用频率，也影响红掌根系及叶的生长速度。疏盆工作影响红掌的株型。

3.1 基质的选择

红掌原生态根系裸露在空气中，因此喜欢透气良好的土壤环境。但为了工厂化生产及考虑浇水频率及人工用量等因素，现在全世界普遍用泥炭种植红掌。一般来说，小苗用 10～30 mm 的泥炭基质栽培，大苗用 20～40 mm 的基质栽培。也可以在大苗基质中掺入适量椰糠或珍珠岩以增强基质透气性。

3.2 换盆

事先应准备相关物资，安排、培训换盆人员。小苗种植后 12～16 周，当根系将盆土全部包围，俯看叶片将盆土全部遮盖时，可以换盆。换盆前一周把达到换盆标准的苗挑出，大小分类，换盆后大小分开码放，以便以后浇水施肥能达到一致。

3.3 疏盆

当苗生长到一定程度要及时疏盆，大概标准从上往下看不到盆，正面看叶片重叠 2/3 以上时疏盆。生长速度快易拔高的品种要早疏盆，以免徒长使下部变空。冬天要及时疏盆，太密时下部叶片易形成密闭空间使局部湿度太高。疏盆后叶片最多重叠 1/3，以充分利用空间，保证花卉光照。

红掌成品如图 3 所示。

图 3　红掌装箱销售

4 病虫害

病害分病原性病害和生理性病害，病原性病害又分真菌性病害和细菌性病害。虫害主要有蚜虫、菜青虫、蓟马、螨虫、蕈蚊、蜗牛等。

4.1 病虫害防治的基本要求

病虫害要以“预防为主，综合防治”的原则。生产区门口放置脚垫、洗手液，进入生产区须换工作服，手脚消毒，脚垫每天浇消毒剂。清理生产区内及周围杂草，生产区 50 m 内不可种植其他植物，同时配置防虫网隔离虫源。苗床清空后需立即清理、消毒。

4.2 病害发生条件及特点

一旦发现真菌及细菌性病害，要及时装袋掩埋或处理，不要放置于温室任何地方。

4.2.1 真菌性病害

高湿、机械损伤、不通风条件下易发生真菌性病害。真菌性病害以孢子或菌丝传播，患病部位比较干燥，不易大面积传播。

4.2.2 细菌性病害

高湿、机械损伤、不通风条件下易发生细菌性病害。细菌性病害患病部位比较湿润或有油渍状，叶片正反面都有，通过叶脉传播到整个植株，易大面积传播。

4.2.3 生理性病害

环境或水肥不适时易发生生理性病害。表现有黄叶、花朵败育、烂根等。

4.3 虫害发生条件、特点及防治方法

4.3.1 蚜虫

湿度低温度高时易生蚜虫。蚜虫不易大面积传播。主要防治药剂有甲维盐、吡虫啉、阿维菌素等。

4.3.2 菜青虫

菜青虫于夏秋季易发生。发现后可人工捕杀，若较多发生，可区域喷万灵、溴氰菊酯、阿维菌素等。

4.3.3 蓟马、螨类

气候干燥时易生蓟马、螨类。这两类害虫繁殖速度快，易大面积传播。一旦发现必需全棚喷洒多杀菌素、吡虫啉、阿维菌素等。

4.3.4 蕈蚊

温室四季均可发生。蕈蚊幼虫生活在土里，危害根系。主要药剂为灭蝇胺。

4.3.5 蜗牛

环境潮湿时易生蜗牛。蜗牛可用土豆、啤酒诱捕。药剂可选用四聚乙醛或甲硫威防治。

4.4 喷药注意事项

避免高温高光时喷药，以下午喷药为佳，可减少对人体危害，且昆虫一般夜间觅食，效果更好。红掌对 Zn、Cu 药剂敏感，喷药时特别注意忌用含有 Zn、Cu 的药剂。

5 部分品种特性介绍

5.1 骄阳

生长紧凑，易分蘖，光照需控制在 1.5 万 lx 左右，对低温敏感。

5.2 阿拉巴马

对微环境敏感，由于温度、湿度及疏盆关系可能导致底部叶变黄。湿度大、温度低时花会变黑。

5.3 马都拉

生长速度快，对逆境不敏感，叶片脆，易造成机械损伤(图 4)。

5.4 特伦莎

疏盆过快易产生分蘖，导致植株矮小。在开始阶段基质可以偏干一些，以便长根。种植时建议深植 1～1.5 cm。耐寒不耐高温，温度高易褪色(图 5)。

图 4 马都拉

图 5 特伦莎

5.5 皇冠

生长速度较慢，耐低温(图 6)。

5.6 维多

抗性好，生长速度快，需及时疏盆。不易产生侧枝(图 7)。

图 6 皇冠

图 7 维多

5.7 康莎斯

花柱上易长霉，前期花不大，后期花大，易长高，下部叶片空。

参考文献

[1] 杜平,邵小斌.我国红掌的研究进展[J].江苏农业科学,2011,39(6):325-327.
[2] 崔楠楠,杨迎东,王伟东,等.日光温室盆栽红掌鲜切花栽培技术[J].现代农业科技,2010,16:205,207.

作者简介

于号兵,男,1977年生于山西省,2005年毕业于中国农业科学院环境与可持续发展研究所,研究生学历。现任北京彩冰花园艺科技有限公司总经理。自2006年公司成立之初定位于高档盆花生产,2007年公司与全球最大的红掌育种公司荷兰Anthura合作,引进红掌种苗开始红掌的规模化生产,其品质得到了市场的认可,2015—2017年连续三年被荷兰Anthura公司认定为优质红掌种植企业,诸多红掌新品种如菲力西塔、密西根等均由北京彩冰花园艺科技有限公司引进并种植成功后推向市场。2016年与丹麦Graff公司合作,引进木槿种苗开始木槿的规模化生产,成为京津地区木槿独家生产企业。2017年成功推出了9 cm盆径的红掌和木槿。公司凭借成功的种植经验及高度的市场认可度,与昌平职业技术学院、新疆农业职业技术学院、山西临汾职业技术学院等农校建立了校企合作机制,促进了产学研的进一步融合。北京彩冰花园艺科技有限公司生产的红掌及木槿以其优质的品质,在中国第九次花卉博览会上获得银奖两项,铜奖两项。

附 录

北京市地方标准　切花百合设施生产技术规程　DB11/T 682—2009

北京市地方标准　花卉产品等级　切花百合　DB11/T 1049—2013

ICS 65.020.20
B 62
备案号:26855—2010

DB

北　京　市　地　方　标　准

DB11/T 682—2009

切花百合设施生产技术规程

Code of practice of protected production for cut lily

2009-12-12 发布　　　　2010-04-01 实施

北京市质量技术监督局 发布

前　言

本标准由北京市园林绿化局提出。

本标准由北京市农业标准化技术委员会归口。

本标准由北京市园林绿化局组织实施。

本标准起草单位:北京盛斯通生态科技有限责任公司、北京花卉协会。

本标准主要起草人:杨春起、王春城、单宏臣、李邱华、李文颖、赵五一。

切花百合设施生产技术规程

1 范围

本标准规定了切花百合设施生产的设施要求、品种与鳞茎选择、栽植前准备、栽植、栽培管理、切花采收与贮运及病虫害防治的技术要求。

本标准适用于北京地区切花百合设施生产。

2 规范性引用文件

下列文件对于本文件的应用是必不可少的。凡是注日期的引用文件，仅注日期的版本适用于本文件。

凡是不注日期的引用文件，其最新版本(包括所有的修改单)适用于本文件。

GB 3838—2002 地表水环境质量标准

GB/T18247.1 主要花卉产品等级第 1 部分：鲜切花

GB/T 18247.6—2000 主要花卉产品等级第 6 部分：花卉种球

DB11/T 291 日光温室建造规范

3 术语和定义

下列术语和定义适用于本文件。

3.1 切花百合设施生产 protected productionof cut lily

运用设施栽培技术，实现百合鲜切花周年供应的栽培方式。

3.2 鳞茎萌芽期 bulb germinationphase

从百合鳞茎栽植到苗高 20cm 左右为鳞茎萌芽期。本阶段的主要发育过程为鳞茎萌芽出土、基生根恢复生长能力和茎生根生长发育。不同品种的鳞茎萌芽期时间长短不同，约 15d～30d。

3.3 营养生长期 vegetative growth phase

从苗高 20 cm 到植株显蕾为营养生长期，即植株快速生长期。该期主要是茎、叶生长期，不同品种的时间长短有一定差异，约 40d～60d。

3.4 花蕾发育期 flowerbud development phase

从花蕾可见开始到花蕾透色的时期称为花蕾发育期。该期主要是花蕾和花序生长发育，不同品种该期的时间长短有所不同，约 30d～40d。

3.5 鳞茎 bulb

地下茎变态成肉质扁平短缩的鳞茎盘，其上的叶片肥厚肉质化，并相互抱合而形成的球状物称为鳞茎。

3.6 长日照处理 artificial long-day treatment

用人工照明设备补光的方法，使每天连续光照时间达到 14h～16h，可调节百合的花期、改善百合切花品质，并减少盲花。

3.7 盲花 blind bud

在百合生长过程中，由于鳞茎质量差、连续高温或低温等不良环境条件的影响，造成百合植株不形成花芽或刚形成花芽又干枯萎缩的现象。

3.8 落蕾 budabortion

设施光照不足、高温或连续低温等不良环境条件，造成百合植株的花蕾在发育过程中自然脱落的现象。

3.9 轮作 rotation

在同一地块上按预定顺序在生长季节间或年度间轮换种植不同作物，以克服连作障碍的耕作制度。

3.10 高温闷棚 high temperaturetreatment of solar greenhouse

作物种植前关闭温室所有放风口及门窗，使室内温度达到50℃以上，7d后打开通风口，降温后再种植作物，这种通过高温对土壤和室内设施进行杀菌消毒方法称为高温闷棚。

4 设施要求

4.1 设施类型

切花百合设施生产所用的日光温室等设施，应符合 DB11/T 291 的要求。

4.2 建址环境

4.2.1 产地环境

交通方便，地势高燥，排水良好，周围没有高大的建筑物，两侧没有高大的防风林带。

4.2.2 土壤

4.2.2.1 富含有机质的沙壤土，土层深厚、肥沃、疏松，有较好的保水保肥能力。

4.2.2.2 微酸性，pH 值为 5.5～6.5。

4.2.2.3 总盐分含量(EC 值)低于 0.9ms/cm，氯离子含量低于 1.5mmol/L。

4.2.2.4 忌用前茬作物种植中使用过影响百合正常生长的除草剂和植物生长调节剂的地块，忌用前茬种植过地下芽茎类植物的地块。

4.2.3 水质

种植切花百合的灌溉用水，应符合 GB 3838—2002 中Ⅳ类标准。

5 品种与鳞茎选择

5.1 品种选择

在北京地区种植切花百合，可选择东方百合杂种系、麝香百合杂种系、亚洲百合杂种系、L/A 百合杂交系和 O/T 百合杂交系五个杂交系列的品种。具体参见附录 A。

5.2 鳞茎选择

品种混杂度小于 3%，鳞茎饱满、根系健壮、无病虫害、无冻害，具体见 GB/T 18247.6—2000 中对一级鳞茎的规定。五个杂交系不同季节宜栽植的鳞茎规格见表 1。

表1　五个百合杂交系不同季节宜栽植的鳞茎规格

杂交系	季节	鳞茎周长/cm
东方百合杂种系	春夏季(2～6月)	14/16
	夏秋季(7～11月)	16/18
	冬季(12～1月)	18/20
麝香百合杂种系	春夏季(2～6月)	12/14
	夏秋季(7～11月)	14/16
	冬季(12～1月)	16/18
亚洲百合杂种系	春夏季(2～6月)	12/14
	夏秋季(7～11月)	14/16
	冬季(12～1月)	16以上
L/A百合杂交系	春夏季(2～6月)	12/14
	夏秋季(7～11月)	14/16
	冬季(12～1月)	16以上
O/T百合杂交系	春夏季(2～6月)	14/16
	夏秋季(7～11月)	16/18
	冬季(12～1月)	18/20

6　栽植前准备

6.1　土壤选择和改良

6.1.1　土壤选择

应按4.2.2的要求进行。

6.1.2　土壤改良

6.1.2.1　pH值调节

对pH值偏高的土壤，可在土壤表层施加泥炭等有机质进行改良。泥炭$2.0m^3/100m^2$～$3.0m^3/100m^2$，或充分腐熟牛粪$1.5m^3/100m^2$～$2.5m^3/100m^2$，撒施并与表土混匀。

6.1.2.2　含盐量调节

对含盐或含氯成分较高的土壤，应预先用清水淋洗，避免施用新鲜未腐熟的有机肥料和过量的化肥。灌溉水的含盐量(EC值)应低于0.5ms/cm。

6.2　基质选择和配制

6.2.1　基质选择

应选择安全卫生、对周围环境无污染，轻质、易搬运，结构适当、能支撑百合植株生长的基质。

6.2.2　基质配制

常用基质及体积配比为：泥炭∶沙＝8∶2，草炭∶蛭石＝1∶1，泥炭∶腐熟牛粪＝3∶1。按比例充分混匀。

6.3 整地做畦

6.3.1 小高畦

畦高 15cm～20cm，畦宽 80cm～100cm，畦间距 25cm～30cm。

6.3.2 栽植床

宽 80cm～100cm，高床或平床。

高床高 40cm～50cm，用砖和水泥砌槽，床底设孔以利排水。

平床则可在地面挖槽，应在床底铺设炉渣或沙石以利于排水；也可直接用普通烧制泥砖就地码放成栽植槽，砖码放在两架骨架之间成 24cm 宽的矮墙，高 18cm，将栽植床内清理干净、整平后填入基质。

6.4 消毒

6.4.1 物理消毒

6.4.1.1 高温闷棚。

6.4.1.2 蒸汽消毒，即装上管道，将蒸汽通到 20cm～25cm 深的土层中，使土壤温度达到 78℃～80℃，保持 1h 以上。

6.4.2 化学消毒

6.4.2.1 必速灭广谱土壤消毒剂，30g/m～60g/m^2。消毒前清除残茬并保持土壤湿润 7d，土壤温度高于 10℃，施药并与土壤混匀后盖膜消毒 4d～12d，揭膜透气 2d～8d，共需 13d～27d，消毒所需时间随土壤温度的升高而减少。

6.4.2.2 70%敌克松＋5%辛硫磷，使用量分别为 5g/m～10g/m^2 和 3g/m^2～5g/m^2。

6.4.2.3 5%辛硫磷＋70%土菌消＋50%福美双，使用量分别为 6g/m、2000 倍和 400～500 倍。

6.5 基肥

根据土壤的结构、营养状态、EC 值，施用充分腐熟的有机肥或长效复合肥，使土壤有机质含量达到 3%以上。

6.6 土壤温度检测和调节

定植前应检测土壤温度，确保 10cm 深处的土壤温度处于 12℃～15℃之间，夏季低于 20℃即可。

温度偏低可采用覆膜闷棚等方法提高，温度偏高可通过加强通风、冷水淋地或提前遮阳等方法降低。

6.7 鳞茎处理

6.7.1 解冻与催芽

在 10℃～12℃的环境中缓慢解冻，在 12℃～15℃环境中避光保湿催芽，至芽长 3cm～4cm，一般需 7d～10d。

6.7.2 消毒

可用 50%甲基托布津 600 倍液，或 70%百菌清 600 倍液对待种鳞茎进行消毒。

易发病的季节，可用 50%恶霉灵 2000 倍＋70%代森锰锌 800 倍＋25%多菌灵 500 倍混合液浸泡 30min 进行消毒，阴干表面水分后种植。

7 栽植

7.1 栽植方法

沟植或穴植。

7.2 覆土厚度

鳞茎上覆土厚度为冬天 6cm～8cm,夏天 8cm～10cm。

7.3 栽植密度

种植密度因品种类型、季节、品种和鳞茎大小而异,一般株距为 10cm～15cm,行距为 15cm～20cm,冬季疏,夏季密,具体见表 2。

表 2 五个百合杂交系不同规格鳞茎种植密度 单位:头/m^2

杂交系	鳞茎周长/cm			
	12/14	14/16	16/18	18/20
东方百合杂种系	40～50	35～45	25～35	25～30
麝香百合杂种系	45～55	40～50	35～45	25～35
亚洲百合杂种系	55～65	50～60	40～50	25～35
L/A 百合杂交系	40～50	40～50	35～45	25～35
O/T 百合杂交系	—	30～40	25～35	25～35

8 栽培管理

8.1 鳞茎萌芽期管理

8.1.1 水分

定植初期田间持水量应为 70%左右,茎根生长期田间持水量降至 60%左右。空气相对湿度为 60%～80%。

8.1.2 温度

8.1.2.1 东方百合杂种系,土壤温度 12℃～14℃;气温白天 18℃～22℃,夜间 13℃～15℃。

8.1.2.2 麝香百合杂种系,土壤温度 12℃～15℃;气温白天 20℃～25℃,夜间 15℃～18℃。

8.1.2.3 亚洲百合杂种系,土壤温度 12℃～13℃;气温白天 18℃～20℃,夜间 8℃～10℃。

8.1.2.4 L/A 百合杂交系,土壤温度 12℃～14℃;气温白天 18℃～20℃,夜间 8℃～10℃。

8.1.2.5O/T 百合杂交系,土壤温度 12℃～14℃;气温白天 18℃～22℃,夜间 13℃～15℃。

8.1.3 光照

光照强度应为 6000Lux～12000Lux。光照过强时应进行适当遮阳,一般选用遮光率达 70%～80%的遮阳网,夏季采用外遮阳、冬季采用内遮阳。

8.1.4　施肥

适当进行叶面喷肥，通常喷施 0.1%螯合铁+0.2%尿素 1 次，或 0.1%磷酸二氢钾+0.2%尿素 1 次。

8.1.5　中耕浇水后及时中耕，应中耕 2～3 次。

8.2　营养生长期管理

8.2.1　水分

田间持水量应保持在 60%左右，空气相对湿度为 50%～80%。

8.2.2　温度

8.2.2.1　东方百合杂种系，气温白天 20℃～22℃，不高于 25℃，夜间 15℃～17℃。

8.2.2.2　麝香百合杂种系，气温白天 20℃～25℃，不宜高于 28℃，夜间 15℃～18℃。

8.2.2.3　亚洲百合杂种系，气温白天 20℃～25℃，夜间 10℃～12℃。

8.2.2.4　L/A 百合杂交系，气温白天 14℃～16℃，不高于 25℃，夜间 10℃～12℃。

8.2.2.5　O/T 百合杂交系，气温白天 16℃～18℃，夜间 12℃～14℃。

8.2.3　光照

光照强度应为 30000Lux～40000Lux。光照过强时应进行适当遮阳，一般选用遮光率达 70%～80%的遮阳网，夏季采用外遮阳、冬季采用内遮阳。

8.2.4　施肥

每 15d～20d 追施 1 次硝酸钾型复合肥，每次 $15g/m^2$～$20g/m^2$。同时间隔 7d～10d 追施硝酸钙肥，每次 $10g/m^2$；叶面喷施 0.1%螯合铁+0.2%尿素或 1%硫酸镁，共喷 4～5 次。随时监测土壤 EC 值，高于 1.0ms/cm 时，应停止土壤或基质施肥。忌施含氯的肥料及含氟量较高的肥料。

8.2.5　补充 CO_2 气肥

空气中 CO_2 含量一般应保持在 1000mg/kg～2000mg/kg，补充应在晴天上午进行。

8.2.6　铺设支撑网

营养生长期开始时铺设支撑网，之后应随植株生长同步提升支撑网，使支撑网的位置始终处在植株上部的 1/5 处。

8.3　花蕾发育期管理

8.3.1　水分

田间持水量保持在 60%左右，空气相对湿度为 40%～60%。

8.3.2　温度

8.3.2.1　东方百合杂种系，气温白天 20℃～22℃，夜间 15℃～17℃。

8.3.2.2　麝香百合杂种系，气温白天 20℃～25℃，夜间 15℃～18℃。

8.3.2.3　亚洲百合杂种系，气温白天 20℃～25℃，夜晚 10℃～12℃。

8.3.2.4　L/A 百合杂交系，气温白天 16℃～22℃，夜间 12℃～17℃。

8.3.2.5　O/T 百合杂交系，气温白天 18℃～23℃，夜间 14℃～19℃。

8.3.3　光照

光照强度 30000Lux～40000Lux，光照过强时，根据季节和品种的不同，夏季采用外遮阳、冬季采用内遮阳，一般选用遮光率达 70%～80%的遮阳网。冬季结合催花采用人工长日照处理。

8.3.4　施肥

以Ca、K肥为主。硝酸钾∶硝酸钙＝2∶1，每次$20g/m^2$～$25g/m^2$；磷酸二氢钾∶磷酸铵＝4∶1，每次$25g/m^2$～$30g/m^2$。每7d～10d施一次，切花采收前两周停止施肥。忌施含氯的肥料及含氟量较高的肥料。

8.3.5　补充CO_2气肥

同8.2.5。

8.3.6　疏蕾

花蕾长1cm～2cm时进行第一次疏蕾；花蕾长5cm～6cm时进行第二次疏蕾。及时疏除病残蕾及多余的花蕾。

8.4　轮作

与豆类、瓜类、茄果类和叶菜类蔬菜及非百合科花卉轮作，恢复土壤地力、克服连作障碍。

9　切花采收与贮运

9.1　采收时间与标准

9.1.1　采收标准

3～4个花蕾的花枝，基部第1个花蕾显色即可采收；5个花蕾以上的花枝，采收时应有2个花蕾显色。

需远距离运输或长时间贮藏的，基部第1个花蕾尚未充分显色即采；就近或从速销售的，基部第1个花蕾应充分显色并已显开放状态，第2个花蕾已显色并膨胀。

9.1.2　采收时间

宜上午进行，中午强光和傍晚不宜采收。

9.1.3　采收方法

用锋利的枝剪或刀子斜切，在保证花枝长度的情况下从距地面6cm～10cm的位置切割，切下后应立即插入水中，忌阳光暴晒。

9.2　预冷、分级和包装

9.2.1　预冷

采收后30min内及时将采收的切花和水桶一起放入2℃～4℃的冷库内预冷，预冷4h以上。

9.2.2　分级

分级标准按照GB/T 18247.1的要求执行。

9.2.3　包装

同级别10支一扎。花蕾头部应对齐一致，基部20cm的叶片应去除，应标明品种和级别。

9.3　贮藏和运输

9.3.1　贮藏

1℃～2℃环境中干藏，贮藏时间可达15d；4℃～5℃环境中湿藏，贮藏时间不超过2d。

9.3.2　运输

运输过程中应保持2℃～4℃，若无冷藏条件，应在运输前预冷包装箱。

10　病虫害防治

10.1　防治原则

10.1.1　严格执行国家植物检疫条例,防止检疫性病虫害的蔓延。

10.1.2　认真贯彻落实“预防为主,综合防治”的植保方针,根据病虫害发生发展规律,因地制宜,综合运用各种生产技术措施,经济安全有效地控制病虫害。

10.1.3　提倡生物防治,生产健康花卉。

10.2　防治方法

病害防治参见附录 B。虫害防治参见附录 C。禁止使用的农药品种见附录 D,常用农药的使用规定见附录 E。

附录 A
(资料性附录)
北京地区宜栽品种

表 A.1 东方百合杂种系(Oriental hybrids)北京地区宜栽品种

品种	花色	株高/cm	生长期/周	不同周长鳞茎(cm)可形成的花苞数/个				
				12/14	14/16	16/18	18/20	20+
西伯利亚 Siberia	白	110	16	2—4	3—6	5—7	7—10	8+
索邦 Sorbonne	粉	105	14	2—4	3—5	4—8	6—9	8+
马可波罗 Marco Polo	浅粉	100	14	2—4	3—5	5—8	8+	
元帅 Acapulco	粉	120	12	2—4	3—6	4—6	5—8	8+
星球大战 Starfighter	白/粉	110	15	2—4	3—5	5—7	6—8	8+

表 A.2 麝香百合杂种系(Longiflorum hybrids)北京地区宜栽品种

品种	花色	株高/cm	生长期/周	不同周长鳞茎(cm)可形成的花苞数/个				
				10/12	12/14	14/16	16/18	18/20
晶体 Gelria	白	100	16	1—2	2—4	3—5	4+	
雪皇后 Snow Queen	白	115	16	1—2	2—4	3—5	4+	
素雅 White Elegance	白	150	15	1—3	3—5	5—7	6+	
白狐 White Fox	白	130	16	1—2	2—4	3—5	4+	
白天堂 White Heaven	白	110	13	1—3	2—3	3—5	3—6	5+

表 A.3　亚洲百合杂种系(Asiatic hybrids)北京地区宜栽品种

品种	花色	株高/cm	生长期/周	不同周长鳞茎(cm)可形成的花苞数/个				
				9/10	10/12	12/14	14/16	16+
阿蒂琳娜 Adelina	黄	100	13	—	4-6	5-8	8-10	10+
精粹 Elite	橙	110	12	3-5	4-7	6-9	8-10	9+
普瑞头 Prato	橙	110	12	—	2-4	4-6	5-7	7+
横滨 Yokohama	黄	75	10	—	—	3-5	4-7	5+

表 A.4　L/A 百合杂交系(L/A hybrids)北京地区宜栽品种

品种	花色	株高/cm	生长期/周	不同周长鳞茎(cm)可形成的花苞数/个				
				10/12	12/14	14/16	16/18	18+
耀眼 Aladdin's Dazzle	黄	100	13	2-4	4-6	6-9	6-9	8+
冰山 Iceberg	白	100	12	1-3	2-4	4-5	5+	

表 A.5　O/T 百合杂交系(O/T hybrids)北京地区宜栽品种

品种	花色	株高/cm	生长期/周	不同周长鳞茎(cm)可形成的花苞数/个				
				12/14	14/16	16/18	18/20	20+
曼尼莎 Manissa	白/黄	120	13	1-3	2-4	3-6	5-8	7+
康伽德奥 Conca d'or	白/黄	110	14	1-3	2-4	3-6	5-8	7+
耶罗林 Yelloween	金黄	120	13	2-4	3-6	5-7	6-9	8+
整洁 Redding	黄	110	12	2-3	3-6	5-7	6-9	8+
罗宾娜 Robina	深粉	130～135	14	1-3	2-4	3-6	5-8	7+
赛热诺 Serrano	白/黄	100	13	2-3	3-4	4-5	5-6	

附录B
(资料性附录)
切花百合设施生产主要病害及其防治

表 B.1 切花百合设施生产主要病害及其防治

病害种类	病害名称	主要症状	防治方法
真菌性病害	百合叶枯病	又称灰霉病。常危害幼嫩茎叶的顶部,使茎尖变软、腐烂、折断;在成熟叶片上出现红棕色的小斑块,之后斑块发展成椭圆形,中央变成黄褐色,再扩展至整个叶片,并在坏死部位形成黄色的晕环,湿度大时病斑上产生灰色的霉;花蕾发病则产生褐色斑点,斑点逐渐扩大腐烂成粘连状,有时可见到孢子块和黑色菌核。	保持植物层通风、透光和干燥,避免过分密植,尽量不重茬;科学施肥,注意增施钾肥,以增加植株的抗病能力;一旦发病,焚毁带病残体。在百合生长期每7d～10d喷洒一次等量100～150倍波尔多液,或65%代森锌600倍液保护叶片,发病后每5d～7d叶面喷一次50%速克灵1000倍和50%多菌灵800倍液,连喷2～3次。
	百合茎腐病	茎叶和鳞茎感病,感病鳞茎长出的叶片发黄,其生长非常缓慢,茎秆低矮。下部叶片逐渐向上变黄枯萎,整株早期枯死。如果鳞茎基盘和鳞片受侵染,鳞茎就会腐烂,导致鳞片脱落。	在鳞茎采收、包装时,应尽量避免损伤鳞茎。种植前要做好土壤消毒工作,鳞茎也要消毒。发病初期可用50%代森铵200～400倍液灌根。或用90%敌克松800倍液和65%代森锌1000倍液和50%恶霉灵3000倍液灌根。
	百合疫病	又称脚腐病。危害百合近地面的根茎部,受害部位呈水渍状,逐渐向上向下扩张,发生腐败变褐色,并皱缩,植株枯萎或茎从受害处折断而死亡。严重受害时花梗也会发病,茎、叶和鳞片的腐败部位的表面产生薄薄的白色霉层。	注意保持土壤排水良好;及时清除病株并销毁;种前用敌克松或氯唑灵浇灌土壤。在栽培管理中,避免碰伤茎根部位;发病初期可喷洒40%的乙磷铝300倍液、25%的瑞毒霉1500倍液。
	百合炭疽病	又称鳞片黑腐病。叶片和花蕾发病则产生几个至十几个卵圆形或不整齐形、周围黑褐色中间淡黄褐色下隘的病斑,成熟后病斑中央稍透明。鳞茎发病则外层的鳞片形成褐色不整齐的病斑,不久变暗褐色干枯。	种植前用40%的福尔马林100倍液浇灌土壤;严格选用无病害的鳞茎,鳞茎可放在50%的苯来特1000倍液或25%多菌灵500倍液中浸泡20min～30min;种植后避免鳞茎周围过分潮湿或受冻,以减少发病的概率;加强田间管理,创造通风透光的栽培环境,以增强植株的抗病力;发现少量病株时,应及时剪去或拔掉。
	百合白绢病	植株感病后全株枯萎,茎基缠绕白色菌索和茶色菜籽状小菌核,土表也可见到大量白色菌索和茶色菜籽状小菌核。	避免连作;发现病株及时拔除并烧毁;药剂防治用5%井冈霉素水剂1000～1600倍液或90%敌克松可湿性粉剂500倍液浇灌病穴和相邻的植株,每株(穴)灌药液0.4～0.5升。
	百合鳞茎青霉病	感病的鳞茎病斑凹陷,病斑上产生青绿色霉层,内部鳞片腐烂。	挖掘和运输鳞茎时尽量减少损伤,贮藏期间要注意通风,降低库内湿度;种植前用2%高锰酸钾溶液浸泡感病的鳞茎1h,晾干后再种。

续表 B.1

病害种类	病害名称	主要症状	防治方法
病毒病	黄瓜花叶病毒(CMV)	单独感染时，叶片上产生褪绿的斑点、条带和叶脉透明化等病症。与百合无症病毒复合感染时，叶片会出现明显的白色块斑或条斑，花色出现变异，叶片卷曲，植株矮化。	选无病毒植株留种；及时清除杂草，铲除蚜虫的栖息处；清除感病植株并焚毁。 控制蚜虫，减少传播和蔓延。发现蚜虫及时喷洒 10%吡虫啉可湿性粉剂 1500 倍液或 50%抗蚜威超微可湿性粉剂 2000 倍液。采用 1%矿物油喷洒植株，降低或防止昆虫携带病毒传播。矿物油应在百合生长的早期使用，每周或 10d 喷洒 1 次，直到没有新的病叶出现为止。 发病初期喷洒 20%毒克星可湿性粉剂 500～600 倍液，或 0.5%抗毒剂 1 号水剂 300～350 倍液，或 5%菌毒清可湿性粉剂 500 倍液，或 20%病毒宁水溶性粉剂 500 倍液，每隔 7d～10d 喷一次，连喷 3 次。
	百合无症病毒(LSV)	单独感染时，在叶脉之间产生褪绿条纹病，叶背的棕色小点发展成褪绿病，引起上表皮组织坏死；造成植株低矮、产量降低、花蕾变小、鳞茎产量减少与瓶花寿命变短等不良后果。	
	郁金香碎花病毒(TBV)	单独感染时，在叶片上产生花叶症状，同一朵花颜色不匀，呈斑驳状。与百合无症病毒复合感染时病症会变得更严重。	
	百合 X 病毒(LXV)	单独感染时，叶片上出现苍白色斑点，引起组织坏死。与百合无症病毒复合感染时，病症会变得较明显，叶片坏疽，花瓣末端枯焦，植株提早死亡。	
	百合斑驳病毒(LMoV)	单独感染时，叶片上产生黄色斑点和花叶，叶片变窄、扭曲，植株低矮并提前死亡，花朵畸形并出现条斑。有些品种的鳞片出现棕色的坏疽斑和坏死的斑点。与百合无症病毒复合感染时，病症会变得更严重，叶片出现坏疽条斑、黄化等病症。	
	百合丛簇病毒(LRV)	植株丛生，叶片呈浅绿色或淡黄色，产生斑驳或条纹；幼叶向下反卷、扭曲，全株矮化。	
细菌性病害	百合细菌性软腐病	多发生在鳞茎贮藏期间，由伤口侵入鳞茎。发病初期，先出现灰褐色不规则形水渍状斑，后逐渐扩展，向内蔓延，导致整个鳞茎成脓状腐烂。	实行轮作；避免造成伤口，清除腐烂鳞茎；收获鳞茎后应充分干燥后贮藏；改善种植条件，做好土壤消毒；种植前用 40%甲醛 60 倍液浸泡鳞茎。
	百合立枯病	鳞茎受侵染后表现为根变淡褐色、腐烂，茎部表现为暗褐色、干枯，叶片发病初期为淡黄绿色斑点，后呈淡黑色干枯。	鳞茎用 20% 石灰乳浸泡 10min，或用 1∶500 的福美双溶液或用 40%甲醛溶液加水 50 倍浸种 15min；用 40%甲醛 40 倍液浇灌土壤；发病期间喷 1∶1∶200 的波尔多液或 65% 代森锌 500 倍液。

续表 B.1

病害种类	病害名称	主要症状	防治方法
生理性病害	黄化病	又称缺铁症或褪绿病。百合幼叶叶脉间的叶肉组织呈黄绿色，而叶脉仍为绿色。	保持土壤排水良好，调整 pH 值至百合生长最适合的范围内，根据土壤 pH 的状态选用螯合态铁。用 500 倍螯合硫酸亚铁调制的酸性水灌溉或螯合态铁 $2g/m^2 \sim 3g/m^2$ 与干沙混合后撒施土中。
	叶烧病	又称日灼病。现蕾前幼叶稍向内卷曲，数天后叶尖出现黄绿色到白色的斑点。严重时白色斑点可转变为褐色，伤害发生处，叶片弯曲。在很严重的情况下，所有的叶片和幼芽都会脱落，植株不会进一步发育。	选择不易受感染的品种，尽量不用大鳞茎种植，选择有良好根系的鳞茎。避免温湿度的剧烈变化，尽量保持空气相对湿度在 70%左右。防止植株过速生长。确保植株保持稳定的蒸腾。
	消蕾和落蕾	由于生长环境不良，光照不足引起的花蕾发育不良而干缩脱落的现象。	改善水肥环境条件。保证充足的光照。当第一个花蕾长到 1cm 长时，用 1.0mmol/L STS 喷花蕾。
	畸形花	花蕾畸形。花蕾膨大期，昼夜温度变化太大、干湿悬殊时易发生。	在花芽分化期严格控制温度在最佳温度范围之内，在花蕾膨大期，应注意温湿度的调控，尽可能保持较稳定的状态，可以减少畸形花。
	软茎	花茎细软。	栽培密度适宜。在花蕾膨大期，应特别注意通风透光，增施硝酸钾、硝酸钙和磷酸二氢钾等肥料。
线虫	叶线虫	主要危害东方百合和麝香百合，使植株顶端发生枯梢，叶片由正常绿色逐渐成为黄色斑块并坏死，最后呈暗褐色。受害植株下部叶片出现脱落。	种植前将鳞茎在 50℃ 温水中浸泡 30min，或在加入 0.5%福尔马林 43℃ 温水中浸泡 3h～4h。发现病叶、病蕾和花，应及时摘除并集中烧毁。应定期用杀线酯或西维因等药剂喷洒植株。采取轮作至少隔 2 年。
	根线虫	百合根部严重损害。露地栽培百合，根部线虫危害的症状首先表现为叶片发黄，早期侵染，主要表现为植株矮小。	种植前将感病鳞茎在 50℃ 热水中浸泡 0.5h，能有效地防治线虫；及时摘除病叶、病蕾和花，集中焚毁；对受害的鳞茎，必须将根全部铲除；土壤用福尔马林熏蒸；定期用杀线酯、西维因等药剂喷洒植株。

附录C
(资料性附录)
切花百合设施生产主要虫害及其防治

表 C.1 切花百合设施生产主要虫害及其防治

虫害名称	危害情况	防治方法
根螨	成群寄生在百合鳞片中，食取鳞茎基盘组织和破坏根部，使鳞片腐烂、叶片枯黄，严重时抑制全株的生长发育。	种植前仔细挑选鳞茎，剔除受根螨侵染的鳞茎，将鳞茎用73%克螨特1000～1300倍液喷洒。进行轮作，防止百合根螨传播。
蚜虫	主要危害百合茎秆、叶片，成虫吸取汁液，引起百合植株萎缩、生长发育不良、花朵畸形。传播黄瓜花叶病毒(CMV)、百合无症状病毒(LSV)等病毒。	清除田间杂草。剪除严重受害的叶片、茎秆，并集中焚毁。喷洒1000～2000倍的10%吡虫啉，或1000～1500倍的50%安得利乳剂。
蓟马	受害花瓣被刺吸处出现灰白色小斑点，花瓣卷缩。受害鳞片呈浅褐色并干枯，若再受到真菌侵染，会引起鳞茎腐烂。受害鳞茎长出的植株非常矮小。	做好清除杂草、清洁田园的工作，消灭越冬成虫和幼虫。发生早期可喷洒50%辛硫磷或50%马拉硫磷等内吸剂1000～1500倍液。
非洲蝼蛄	危害百合的鳞茎、咬食根系，使植株萎蔫枯死。	适当深翻种植地，清除杂草。应使用充分腐熟的有机肥。毒饵诱杀，用5kg麦麸、豆饼等做饵料炒香后拌200g的2.5%敌百虫，每亩用毒饵2kg或200倍的25%西维因液，浇灌根际。人工捕杀幼虫和成虫。
蛴螬	金龟子的幼虫，危害百合的鳞茎和基生根，使植株萎蔫枯死。	

附录D
(规范性附录)
禁止使用的化学农药

表 D.1　禁止使用的化学农药

农药种类	农药名称
有机氯类	六六六、DDT、氯丹、毒杀酚、五氯酚钠、三氯杀螨醇、杀螟威、赛丹
有机磷类	甲基 1605、1605、1059、甲胺磷、久效磷、磷胺、异丙磷、三硫磷、高效磷、氧化乐果、蝇毒磷、甲基异柳磷、高渗氧乐果、增效甲胺磷、马甲磷、乐胺磷、速胺磷、水胺硫磷、甲拌磷(3911)、大风雷、叶胺磷、克线磷、磷化锌、氟乙酰胺、速扑杀
氨基甲酸酯类	速灭威、呋喃丹(克百威)、铁灭克、灭多威(甘蓝除外)
熏蒸剂	磷化铝、氯化苦、二溴氯丙烷、二溴乙烷
其他农药	有机砷、苏化 203、杀虫脒、益舒定、速蚧克、杀螟灭、狄氏剂、溃疡净、401(抗菌素)、敌枯双、普特丹、倍福朗、汞制剂、除草醚、菊酯类

附录 E
(资料性附录)
常用农药的使用规定

表 E.1 常用农药的使用规定

农药名称	一季最多使用次数	用药量或稀释倍数
5%抑太保	3	1000～1500 倍
5%卡死克		1000～1500 倍
40% 毒丝本 EC		500 倍
10%吡虫啉(一遍净)		1000～2000 倍
1%阿维菌素(杀虫素)		2000～3000 倍
73%克螨特 EC		1000～1300 倍
15%扫螨净		3000～3300 倍
50%辛硫磷		1000 倍
50%速克灵	3	1500～2000 倍
50%万霉灵		750～2000 倍
克霉灵		500～1000 倍
50%扑海因	2	1000～1500 倍
60%杀毒矾	3	600～1000 倍
25%多菌灵		400 倍
50%甲基托布津		1000～1200 倍
敌死虫		300 倍
1%多抗灵		150～200 倍
65%代森锌		600 倍
70%代森锰锌		300 倍
70%百菌清	3	600 倍
77%克杀得	3	500～800 倍
50%露速净		600～800 倍
18%爱多收	2	6000～8000 倍
72%链霉素	2	4000 倍
72%绿乳铜		800 倍
病毒 K		1200～1400 倍
20%病毒 A		500 倍
植病灵		500 倍
44%速凯		1500 倍
37%潜克	3	2500 倍
30%爱苗	3	1500 倍
80%402		1500～2000 倍

ICS 65.020.20
B 62
备案号:40362—2014

DB

北　京　市　地　方　标　准

DB11/T 1049—2013

花卉产品等级　切花百合

Classification of flower products Cut lily

2013-12-20 发布　　2014-04-01 实施

北京市质量技术监督局 发布

前　言

本标准按照 GB/T 1.1—2009 给出的规则起草。

本标准由北京市园林绿化局提出并归口。

本标准由北京市园林绿化局组织实施。

本标准起草单位:北京盛斯通生态科技有限责任公司。

本标准主要起草人:杨春起、李邱华、张万清、吴栩、赵雅晴、赵斌。

花卉产品等级　切花百合

1　范围

本标准规定了切花百合产品的采收、等级划分、检测方法、检验规则、包装和标识的技术要求。

本标准适用于北京地区切花百合产品等级划分。

2　规范性引用文件

下列文件对于本文件的应用是必不可少的。凡是注日期的引用文件，仅所注日期的版本适用于本文件。凡是不注日期的引用文件，其最新版本（包括所有的修改单）适用于本文件。

GB/T 18247.1 主要花卉产品等级 第1部分：鲜切花

DB11/T 682—2009 切花百合设施生产技术规程

3　术语和定义

下列术语和定义适用于本文件。

3.1　整体感 whole display

花序、花蕾、花梗、茎杆和叶片的整体观感，包括切花的新鲜度以及是否健康、完整、匀称等。

3.2　新鲜度 freshness

切花的失水状态、色泽表现及鲜活程度等。

3.3　洁净度 cleanliness

切花上尘土、水垢、农药、肥料等污染物的附着程度。

3.4　成熟度 maturing status

花蕾的发育程度，因种、品种、储运时间而异。

3.5　花梗 pedicel

花的柄，是茎的分支、花序的重要组成部分。

3.6　花枝长度 stem length

从茎杆剪口到花序最顶部的垂直距离。

3.7　茎杆硬度 stem strength

花枝茎杆的坚硬程度，常用茎杆弯曲度来衡量。

3.8　缺陷 defect

切花栽培过程中，因环境或人为因素造成的百合生理失调，如叶烧、花蕾开裂或畸形、茎杆粗细不匀、花梗徒长或短粗、叶片扭曲或缺刻等植株畸形现象。

4 采收

切花百合的采收时间和标准应符合 DB11/T 682—2009 中第 9.1 条的要求。

5 产品等级划分

5.1 东方百合杂种系产品等级划分

东方百合杂种系产品等级划分标准见表 1。评价项目中具体指标的判定原则参见附录 A。

表 1 东方百合杂种系(Oriental hybrids)产品等级划分标准

评价项目	级别			
	A 级	B 级	C 级	D 级
整体感	具有该品种特性； 新鲜度、洁净度很好	具有该品种特性； 新鲜度、洁净度好	具有该品种特性； 新鲜度、洁净度较好	基本保持该品种特性； 新鲜度、洁净度较好
花枝	长度≥90cm	长度≥85cm	长度≥80cm	
茎杆	茎杆健壮挺直、粗细均匀一致；茎杆弯曲度≤15°	茎杆挺直、粗细均匀； 茎杆弯曲度≤20°	茎杆允许略有弯曲、细弱或粗细不均； 茎杆弯曲度≤30°	
花蕾	花序完整，花蕾饱满、分布均匀，花梗适中，无缺陷； 成熟度很好； 花蕾数量≥4 个； 花蕾长度：大花型品种≥11cm，中花型品种≥10cm	花蕾饱满、分布均匀，花梗适中，无明显缺陷； 成熟度很好； 花蕾数量≥3 个； 花蕾长度：大花型品种≥10.5cm，中花型品种≥9.5cm	花梗一般，有轻微缺陷； 成熟度好； 花蕾数量≥2 个； 花蕾长度：大花型品种≥10cm，中花型品种≥9cm	花梗一般，有轻微缺陷； 成熟度较好； 花蕾数量≥1 个； 花蕾长度：大花型品种≥9cm，中花型品种≥8cm
叶片	叶色亮绿、有光泽，叶片完好无损，排列均匀整齐	叶色亮绿、有光泽，叶片排列整齐，允许 2 枚叶片有轻微缺陷或损伤	叶色绿色，叶片排列较整齐，允许 3－4 枚叶片有轻微缺陷或损伤	叶色一般，略有褪色，允许 5－6 枚叶片有缺陷或损伤
病虫害	无病虫害症状		允许有轻微病虫害症状	

5.2 亚洲百合杂种系产品等级划分

亚洲百合杂种系产品等级划分标准见表 2。评价项目中具体指标的判定原则参见附录 A。

表 2　亚洲百合杂种系(Asiatic hybrids)产品等级划分标准

评价项目	级别			
	A 级	B 级	C 级	D 级
整体感	具有该品种特性； 新鲜度、洁净度很好	具有该品种特性； 新鲜度、洁净度好	具有该品种特性； 新鲜度、洁净度较好	基本保持该品种特性； 新鲜度、洁净度较好
花枝	长度≥75cm	长度≥70cm	长度≥65cm	
茎杆	茎杆健壮挺直、粗细均匀一致；茎杆弯曲度≤15°	茎杆挺直、粗细均匀； 茎杆弯曲度≤20°	茎杆允许略有弯曲、细弱或粗细不均； 茎杆弯曲度≤20°	
花蕾	花序完整，花蕾饱满、分布均匀，花梗适中，无缺陷； 成熟度很好； 花蕾数量≥6 个； 花蕾长度≥6cm	花蕾饱满、分布均匀，花梗适中，无明显缺陷； 成熟度很好； 花蕾数量≥5 个； 花蕾长度≥5cm	花梗一般，有轻微缺陷； 成熟度好； 花蕾数量≥4 个； 花蕾长度≥4cm	花梗一般，有轻微缺陷； 成熟度较好； 花蕾数量≥2 个； 花蕾长度≥3cm
叶片	叶色亮绿、有光泽，叶片完好无损，排列均匀整齐	叶色亮绿、有光泽，叶片排列整齐均匀，允许 4 枚叶片有轻微缺陷或损伤	叶色绿色，叶片排列较整齐均匀，允许 5－6 枚叶片有轻微缺陷或损伤	叶色一般，略有褪色，允许 7－8 枚叶片有缺陷或损伤
病虫害	无病虫害症状		允许有轻微病虫害症状	

5.3　麝香百合杂种系产品等级划分

麝香百合杂种系产品等级划分标准见表 3。评价项目中具体指标的判定原则参见附录 A。

表 3　麝香百合杂种系(Longiflorum hybrids)产品等级划分标准

评价项目	级别			
	A 级	B 级	C 级	D 级
整体感	具有该品种特性； 新鲜度、洁净度很好	具有该品种特性； 新鲜度、洁净度好	具有该品种特性； 新鲜度、洁净度较好	基本保持该品种特性； 新鲜度、洁净度较好
花枝	长度≥90cm	长度≥80cm	长度≥75cm	
茎杆	茎杆健壮挺直、粗细均匀一致；茎杆弯曲度≤15°	茎杆挺直、粗细均匀； 茎杆弯曲度≤30°	茎杆允许略有弯曲、细弱或粗细不均； 茎杆弯曲度≤30°	
花蕾	花序完整，花蕾饱满、分布均匀，花梗适中，无缺陷； 成熟度很好； 花蕾数量≥5 个； 花蕾长度≥10cm	花蕾饱满、分布均匀，花梗适中，无明显缺陷； 成熟度很好； 花蕾数量≥4 个； 花蕾长度≥9cm	花梗一般，有轻微缺陷； 成熟度好； 花蕾数量≥3 个； 花蕾长度≥8cm	花梗一般，有轻微缺陷； 成熟度较好； 花蕾数量≥1 个； 花蕾长度≥7cm
叶片	叶色亮绿、有光泽，叶片完好无损，排列均匀整齐	叶色亮绿、有光泽，叶片排列整齐均匀，允许 4 枚叶片有轻微缺陷或损伤	叶色绿色，叶片排列较整齐均匀，允许 5－6 枚叶片有轻微缺陷或损伤	叶色一般，略有褪色，允许 7－8 枚叶片有缺陷或损伤
病虫害	无病虫害症状		允许有轻微病虫害症状	

5.4　O/T 杂交型产品等级划分

O/T 杂交型产品等级划分标准见表 4。评价项目中具体指标的判定原则参见附录 A。

表 4　O/T 杂交型(O/T hybrids)产品等级划分标准

评价项目	级别			
	A 级	B 级	C 级	D 级
整体感	具有该品种特性； 新鲜度、洁净度很好	具有该品种特性； 新鲜度、洁净度好	具有该品种特性； 新鲜度、洁净度较好	基本保持该品种特性； 新鲜度、洁净度较好
花枝	长度≥95cm	长度≥85cm	长度≥80cm	
茎杆	茎杆健壮挺直、粗细均匀一致；茎杆弯曲度≤15°	茎杆挺直、粗细均匀；茎杆弯曲度≤30°	茎杆允许略有弯曲、细弱或粗细不均； 茎杆弯曲度≤30°	
花蕾	花序完整，花蕾饱满、分布均匀，花梗适中，无缺陷； 成熟度很好； 花蕾数量≥4 个； 花蕾长度≥12cm	花蕾饱满、分布均匀，花梗适中，无明显缺陷； 成熟度很好； 花蕾数量≥3 个； 花蕾长度≥11cm	花梗一般，有轻微缺陷； 成熟度好； 花蕾数量≥2 个； 花蕾长度≥10cm	花梗一般，有轻微缺陷； 成熟度较好； 花蕾数量≥1 个； 花蕾长度≥8cm
叶片	叶色亮绿、有光泽，叶片完好无损，排列均匀整齐	叶色亮绿、有光泽，叶片排列整齐均匀，允许 2 枚叶片有轻微缺陷或损伤	叶色绿色，叶片排列较整齐均匀，允许 3－4 枚叶片有轻微缺陷或损伤	叶色一般，略有褪色，允许 5－6 枚叶片有缺陷或损伤
病虫害	无病虫害症状		允许有轻微病虫害症状	

5.5　L/A 杂交型产品等级划分

L/A 杂交型产品等级划分标准见表 5。评价项目中具体指标的判定原则参见附录 A。

表 5　L/A 杂交型(L/A hybrids)产品等级划分标准

评价项目	级别			
	A 级	B 级	C 级	D 级
整体感	具有该品种特性； 新鲜度、洁净度很好	具有该品种特性； 新鲜度、洁净度好	具有该品种特性； 新鲜度、洁净度较好	基本保持该品种特性； 新鲜度、洁净度较好
花枝	长度≥85cm	长度≥80cm	长度≥75cm	
茎杆	茎杆健壮挺直、粗细均匀一致；茎杆弯曲度≤15°	茎杆挺直、粗细均匀； 茎杆弯曲度≤30°	茎杆允许略有弯曲、细弱或粗细不均； 茎杆弯曲度≤30°	
花蕾	花序完整，花蕾饱满、分布均匀，花梗适中，无缺陷； 成熟度很好； 花蕾数量≥6 个； 花蕾长度≥8cm	花蕾饱满、分布均匀，花梗适中，无明显缺陷； 成熟度很好； 花蕾数量≥5 个； 花蕾长度≥7cm	花梗一般，有轻微缺陷； 成熟度好； 花蕾数量≥4 个； 花蕾长度≥6cm	花梗一般，有轻微缺陷； 成熟度较好； 花蕾数量≥2 个； 花蕾长度≥5cm
叶片	叶色亮绿、有光泽，叶片完好无损，排列均匀整齐	叶色亮绿、有光泽，叶片排列整齐均匀，允许 4 枚叶片有轻微缺陷或损伤	叶色绿色，叶片排列较整齐均匀，允许 5－6 枚叶片有轻微缺陷或损伤	叶色一般，略有褪色，允许 7－8 枚叶片有缺陷或损伤
病虫害	无病虫害症状		允许有轻微病虫害症状	

6 检测方法

6.1 品种特性

根据品种特征进行目测鉴定。

6.2 新鲜度

根据切花的失水状态、色泽表现及鲜活程度等进行目测和感官评定。

6.3 洁净度

根据花、茎、叶上污染物的附着程度进行目测和感官评定。

6.4 花枝长度

用直尺或皮尺测量,单位:cm。

6.5 茎杆弯曲度

用手掌握住切花茎杆基部,使茎杆垂直于水平方向,轻微左右抖动后,静止时切花与地面垂直方向的倾斜角度或弯曲程度。

6.6 花蕾

花蕾长度用直尺或皮尺测量花序下端第一个花蕾的长度,单位:cm;花蕾数量、花蕾分布及花梗发育情况根据标准要求进行目测和感观评定。

6.7 缺陷或损伤

按标准要求通过目测或感观进行评定。

6.8 病虫害

根据产品销售地的要求进行检查,包括花、茎、叶内是否带有危险性的病原菌或虫体、虫卵,可通过目测评定或配合显微镜检测,必要时可做培养检查。

7 检验规则

7.1 抽样

大批量切花百合产品等级检验采取随机抽样法,其检测样本数见 GB/T 18247.1。每批次合格与否的判定规则见 7.3。

同一产地、同一批次、同一品种、相同等级的产品作为一个检验批次。

7.2 检验分类

7.2.1 出厂检验

每批产品出厂前,生产单位都要进行出厂检验。

出厂检验内容包括品种、整体感、花枝、茎杆、花蕾、叶片及病虫害,产品经检验符合等级要求后方可出厂。

7.2.2 型式检验

型式检验是对产品进行全面考核,即按本标准规定的全部要求进行检验。有下列情形之一者应进行型式检验:

a)产品为新产品且初次投入生产;

b)前后两次抽样检验结果差异较大;

c)质量监督机构提出型式检验要求;

d)有关行政主管部门提出型式检验要求。

7.3　判定规则

凡整体感、花枝、茎杆、花蕾、叶片指标有一项或多项不合格且产品数量占每批产品的5％以上时，判为不合格产品。

凡产品中带有病虫害症状但未检测出带有危险性的病原菌或虫体、虫卵，且不合格产品数量占每批产品的5％以上时，判为不合格产品；凡产品中带有病虫害症状且检测出带有危险性的病原菌或虫体、虫卵，判为不合格产品。

8　包装和标识

8.1　包装

同品种、同级别10枝一扎。去掉茎基15cm～20cm的叶片，对齐花蕾（或花序）最高点后将茎杆基部铡齐，然后用细绳或皮筋捆扎茎杆基部，花蕾（或花序）附近不得捆扎，最后用大小合适的透明塑料袋紧套花束。

8.2　装箱

8.2.1　包装箱规格及装箱数量

包装箱为纸板箱，两侧各打孔2个，孔口距离箱口8cm～10cm。

包装箱推荐使用规格及装箱数量见表6。

表6　切花百合包装箱推荐使用规格及装箱数量

包装箱规格	装箱数量（扎/箱）		
	A级	B级	其他级别
110cm×40cm×36cm	8～10	10～12	装满
110cm×45cm×40cm	10～12	12～14	装满
110cm×60cm×45cm	20～26	24～30	装满

8.2.2　装箱要求

各层切花反向叠放箱中，花蕾朝外，距箱边至少5cm；装箱后，中间应以细绳捆绑固定，最后用胶带封箱。

8.3　标识

每个花束套袋后应在包装袋显眼的地方标明产品品种和级别。

装箱后应在包装箱上注明箱内产品品种、花色、级别、数量、产地、生产单位及采收期。

附录 A

(资料性附录)

切花百合产品等级划分评价项目中具体指标的判定原则

切花百合产品等级划分评价项目中具体指标包括新鲜度、洁净度、花梗发育程度、成熟度、缺陷、损伤及病虫害,具体指标的判定原则如下:

a)新鲜度

1)新鲜度很好:外观目测新鲜,色泽表现自然,没有弯曲、萎蔫和衰老现象;

2)新鲜度好:外观目测较新鲜,色泽表现较自然,没有弯曲、萎蔫和衰老现象;

3)新鲜度较好:外观目测较新鲜,色泽表现较自然,有轻微弯曲、萎蔫和衰老现象。

b)洁净度

1)洁净度很好:花、茎、叶上均没有污染物;

2)洁净度好:花、茎、叶上有少许污染物;

3)洁净度较好:花、茎、叶上有污染物但不影响整体观感。

c)花梗发育程度

1)花梗适中:花的柄没有徒长或缩短;

2)花梗一般:花的柄稍有徒长或缩短;

3)花梗畸形:花的柄明显徒长或缩短。

d)成熟度

1)成熟度很好:基部第一个花蕾充分膨胀和显色,顶部开始轻微开裂;

2)成熟度好:基部第一个花蕾刚开始转色或顶部开始张开;

3)成熟度较好:基部第一个花蕾尚未转色或已经开放。

e)缺陷

1)无缺陷:花、茎、叶上均不存在缺陷;

2)无明显缺陷:花、茎、叶上存在局部缺陷,但不影响观感;

3)轻微缺陷:存在缺陷但不影响整体观感。

f)损伤

1)无损伤:花、茎、叶上均不存在损伤;

2)轻微损伤:存在损伤但不影响整体观感。

g)病虫害

1)无病虫害:花、茎、叶上均没有病虫害伤害;

2)轻微病虫害:整枝切花病虫害的带病率≤ 9%;

3)一般病虫害:整枝切花病虫害的带病率< 20%。